林业信息化系列研究成果之六

森林资源智能化监测及平台研究与应用

方陆明　吴达胜　楼雄伟　郑辛煜　翁卫松　杨来邦　著

中国林業出版社

内容提要

森林资源动态监测是林业管理的核心，是森林资源质量评估的基础。随着大数据、人工智能、传感等信息技术发展，实现森林资源业务与信息技术的深度融合，是现代林业建设的迫切需要。本书以森林资源为对象，以现有森林资源调查、更新、评估方法为基础，基于多年业务系统和数据积累，研究森林资源智能化监测技术方法、森林资源渐变与突变的机理、树木主要指标测量装置设计与实现、样地主要指标一体化测量系统的设计与应用、森林资源动态更新方法与多源数据融合的蓄积量估计方法以及森林资源动态云平台架构，研发森林资源动态感知大数据平台，实现区域森林资源数据互联、动态更新、评测落地、随时出数的目标。

该书可供从事林业信息技术研究的专家学者、森林资源管理和森林资源信息管理人员，以及高等院校广大信息类、林学类专业师生阅读，也可作为信息类、林业类本科生、研究生的教材或辅助教材。

图书在版编目(CIP)数据

森林资源智能化监测及平台研究与应用 / 方陆明等著. — 北京：中国林业出版社，2021.4
ISBN 978-7-5219-1155-8

Ⅰ. ①森… Ⅱ. ①方… Ⅲ. ①智能技术－应用－森林资源－监测－研究 Ⅳ. ①S757.2-39

中国版本图书馆CIP数据核字(2021)第087496号

责任编辑：**宋博洋　刘家玲**

出版发行　中国林业出版社
(100009 北京市西城区刘海胡同 7 号)
网　　址　http://www.forestry.gov.cn/lycb.html
电　　话　(010) 83143625
印　　刷　河北京平诚乾印刷有限公司
版　　次　2021 年 4 月第 1 版
印　　次　2021 年 4 月第 1 次
开　　本　787mm × 1092mm　1/16
印　　张　16.5
彩　　插　4 面
字　　数　340 千字
定　　价　80.00 元

序

林业是最古老的行业之一，它伴随着人类的兴起而诞生。这一古老的行业在面对现代信息技术时亟须做全面而深刻的思考，通过多技术融合、数字化赋能，优化与创新林业管理模式，实现森林资源安全、生态环境优良、林业生产力不断提高的目标。

信息技术与林业业务的融合过程就是林业信息化的建设过程，大致可分为基础设施信息化、工艺过程信息化和管理信息化等三方面。基础设施信息化主要包括以网络为核心的硬件平台建设，以林业基本公共数据库为核心的数据平台建设，以方法、模型为主的公共知识平台建设，以规范化与标准化为核心的环境平台建设以及信息技术支持下的各类生产工具与装备。工艺过程信息化指林业生产、经营、教育和科技各个部门，在生产、经营、科研、教学中的业务过程的信息化，它是以智能化为核心的自动化控制过程。管理信息化指以网络化、数字化为核心系统建设，以森林资源网络化管理为基础，以电子政务为推动，突破传统管理时空限制，实现全时空、广信息、多媒体、快速度、零距离和虚拟交互管理，加速林业走向社会，社会参与林业建设的进程。可以说没有林业信息化就没有林业现代化。

我国林业管理信息化建设总体上走过了一条单机单项应用，单机单系统应用，多机单系统应用，多机多系统应用到网络系统应用的道路。但林业受自然、社会和经济的综合作用，数据源、数据类型和格式多样化增加了管理的复杂度，导致局部研究不少，整体上仍有不少短板，与其他行业相比存在滞后。

针对我国林业管理信息化建设滞后的实际，以及林业管理分层、分块的管理特点，2000年以来，我们坚持以系统理论为指导，以森林资源信息共享联动、管理互动为主线，数据库建设为核心，应用系统建设为目标，以省域林业管理为研究对象，县级林业管理为基点，兼顾地区、省和国家层次管理要求，研发了森林资源地理信息系统、林地管理系统等 20 多个软件产品，通过系统研发与应用，初步实现了各级、各部门各尽其责、信息共享联动、管理互动统一、相互协同规范的机制，出版了《森林资源网络化管理》《森林资源信息理论与应用》《林业电子政务系统研究与实践》《森林防火地理信息系统》《林权一卡通系统研究与实践》等 9 部系列化专著教材。我们的研发团队也由小变大，由弱变强，现已形成了由方陆明、徐爱俊、吴达胜、唐丽华、楼雄伟等 10 余位核心成员，40 余人组成的林业信息技术研究与应用团队。2015 年后，团队重点关注森林资源大数据与综合平台、AI 与机器学习研究以及智能信息采集设备研发。《森林资源智能化监测及平台研究与应用》一书就是近几年工作的总结。

20多年的探索，我们在思想上经历了迷茫、碰撞、统一三个阶段；研究内容上从专题到综合；技术方法上走过了简单系统建设、复杂系统建设、管理模式探索、管理模式优化到物联网系统建设若干过程，初步实现了系统产品化、产品系统化的目标，内心深感欣慰。

在这20多年的探索过程中，得到了诸多领导和专家的关心、支持和帮助。正因有诸多人的付出，才有今天的一点点成绩。北京林业大学关毓秀先生、董乃钧先生、陈谋询先生，原国家林业局资源司司长寇文正先生始终鼓励和关注团队的研究，并在不同阶段给予指导；浙江农林大学原校长周国模教授多次亲临团队组指导，甚至帮助解决一些关键问题；国家林业和草原局森林资源管理司徐济德、张松丹、王洪波等领导，浙江省林业厅叶胜荣、吴鸿、蓝晓光、王章明、李荣勋等领导，资源处、造林处、森林资源监测中心的领导都在不同阶段予以指导或参与此项研究；还有浙江省各地、县以及贵州、广西等省（自治区）林业部门领导和管理人员也参与此项研究或提供基层需求信息，使我们能够把基层管理上的需求和森林资源自身的发展规律结合起来，切实使研究的成果为林业生产经营和管理第一线服务，也使研究不断深入和拓宽，并取得较丰硕的成果。在此，对所有给予我们关心、支持的领导、专家和同志们表示衷心感谢！

林业信息化建设是一个只有起点没有终点的过程，是一项复杂的系统工程建设，没有各方通力合作，没有众多学者的共同努力，没有各级管理人员的积极参与是难有成效的。尽管多年的林业信息化研究与应用仍存在这样或那样的不足，为了使研究成果能更好地为林业生产经营和管理服务，更好地为培养林业信息化人才服务，也为了能广泛地吸收各方的意见和建议，我们对其进行提炼和总结，并以森林资源信息管理、林业电子政务、森林防火信息技术、林权信息管理、森林资源智能化监测与大平台等专题撰书出版奉献给大家。

因时间和水平等诸多原因，书中错误在所难免，恳请广大读者批评指正！

浙江农林大学林业信息技术研究团队

2020年12月于杭州西子湖畔

前　言

森林资源是林业生产、经营与管理的物质基础，其数量多少、质量好坏，直接关系到森林功能的发挥以及国家生态安全。森林资源监测与管理是林业建设的核心内容之一，是带有全局性和根本性的基础工作，是掌握森林资源现状及动态变化的主要技术手段。

然而信息获取手段短板明显，综合应用平台建设滞后，调查效率较低下、持续监测难实现、数据更新难及时、变化评测难落地、林分提质难精准的局面一直没得到根本性改变。近年来，虽诞生了一些新的技术装备，大大提高了测量树木胸径、树高、森林面积、蓄积量的准确度，但存在使用不便或成本高等缺点；虽建立了一批数据标准和应用系统，但数据整合度、共享度不高，数字赋能弱，效果不理想。

“森林资源智能化监测及平台研究与应用”涉及树木胸径测量仪器、持续测量装置和一体化测量系统的研究，将样地树木胸径测量、样木位置测量、样地样木编号获取以及样地样木分布图绘制等于一体，基于角度、拉绳等传感器，UWB（Ultra-Wideband）无线通信等技术研制了 3 款电子化胸径测量样品和样地主要因子一体化测量系统；涉及无人机快速获取突变地块、树木与林分因子的研究与实践，通过反复试用推进了无人机在林业生产、经营一些环节的应用进程；涉及森林资源变化的机理研究，梳理了森林突变与渐变的主要因素，为森林资源的及时动态更新与出数奠定了模型基础；研究了树木生长模型，基于遥感数据、地面调查数据，采用机器学习等多种方法建立蓄积量等估算模型，对增强数字赋能起到了积极的推进作用；涉及团队近 20 年林业信息化研究成果的汇聚，大数据平台建设。以县级为主体，管理上移至地区、省厅乃至国家，服务下延到乡镇（林场）、村、企业、农户，作业在山片，基于统一地理框架和业务舱支撑环境，以森林资源档案为基础，以森林经营利用与保护为补充，将地理信息、森林自然消长、采伐管理、营造林管理、林地征占用管理、森林防灾管理、行政处罚管理等管理系统或数据，通过系统集成、数据融合与建模，实现森林资源数据由静变动，实时更新。

森林资源智能化监测是用人工智能、移动互联网等技术实现快速、及时、持续获取森林信息，并叠置智能分析、“大脑”功能，跟踪森林资源的变化，揭示其发展规律的过程；大数据平台基于云架构，汇聚了林业各层次、各环节的不同类型、不同格式的数据，具有内容动态配置、业务综合集成、大数据支持、个性化服务四大特点，将各级管理与山片作业融为一体，监管与服务融为一体，全方位、多角度展现森林资源及林业生产、经营、管理的全貌及态势。

森林资源智能化监测研究与平台建设是在国家林业和草原局、浙江省林业局的指导下，在浙江省科技重点研发计划（2018C02013）项目支持下，在各地、县林业部门的积极支持和配合下，对森林资源监测这一专题所做的探索与实践，本书就是这一专题研究与实践成果的总结。

本书共分 6 章，从国内外森林资源监测技术方法以及面临问题展开，在对森林资源动态变化与现行调查体系分析的基础上，分别对树木测量装置的研制、森林资源无人机测量、森林资源动态更新方法以及森林资源大数据平台研制进行较详细的阐述，丰富了森林资源监测和林业信息化建设的内容。

森林资源智能化监测及平台建设涉及森林资源调查、经营和管理，涉及移动互联网、大数据、人工智能等信息技术与林业业务融合，涉及政府行政管理和社会管理，是多学科交叉的复合型研究，倾注了众多专家、学者和浙江农林大学林业信息技术团队全体同仁的心血，有几百人参与了整个过程的研究与实践，特别是浙江省森林资源监测中心徐达处长、陈晟处长，杭州感知科技有限公司王永众副总经理以及浙江农林大学研究生孙林豪、刘江俊、郑似青、韦蕾蕾、袁方星、周如意、周润恺等全程参与。在此一并予以致谢并表示崇高的敬意！

著者

2020 年 12 月于浙江农林大学

目 录

CONTENTS

第一章　概述

1.1　研究背景

森林是地球的肺、人类的摇篮。地球不能没有森林，人类更不能没有森林。绿色森林与地球和人类息息相关。按世界绿色和平组织不久前公布的一项调查结果表明，森林被毁的必然结果是：陆地生物的 90% 将消失；全世界 90% 的淡水将白白流入大海，人类将出现严重的用水危机；地球上风速将增加 70%，亿万人将毁于风灾、洪灾，农田、道路、房屋、工厂将被洪水浸蚀；亿万人将得不到柴炭和林副产品，从植物中制取药品将成空谈；空气污染、噪声污染、太阳辐射热增加，人类将难以生存。

目前，我国仍然是一个缺林少绿、生态脆弱的国家，森林覆盖率为 22.96%，远低于全球 31% 的平均水平，人均森林面积仅为世界人均水平的 1/4，人均森林蓄积只有世界人均水平的 1/7，森林资源总量相对不足、质量不高、分布不均的状况仍未得到根本改变，林业发展还面临着巨大的压力和挑战。

森林资源作为林业生产与管理的物质基础，其数量多少、质量好坏，直接关系到森林多种功能的发挥，关系到社会经济和林业可持续发展以及国家生态安全。及时、全面、准确感知森林资源的变化是林业工作的核心内容，是制定森林精准提质、精准治理的基础，也是带有全局性和根本性的工作。

浙江为“七山”格局，山林状况对浙江社会和经济发展起着不可替代的作用，浙江省委省政府将森林资源状态与走势列入县市的考核。官方公布 2017 年的数据显示：森林覆盖率达到 61.17%，为开展省级森林资源年度监测以来的最高值；活立木蓄积 $3.67 \times 10^8 m^3$，森林植被碳储量 $2.58 \times 10^8 t$，森林生态服务功能价值 5778.66 亿元。森林覆盖率保持稳中略升，林木蓄积量保持持续增长势头，但森林质量、生态功能仍有较大的提升空间，结构改善任务仍然艰巨。为有效把握森林资源的变化趋势，切实维护好生态安全，更好地支撑浙江社会经济发展。近几年来，浙江省在森林资源一体化监测方面做了大量基础性的研究和实践工作。但监测手段相对落后，管理模式相对陈旧，获取数据难及时、变化难落地、提质难精准的矛盾仍然突出，很难满足现代监测与管理需求。具体表现在以下方面。

（1）缺乏系统性、整体性

森林资源监管涉及多个业务部门，各业务主管部门不一，存在各自为政的现象。一是造成人力、物力和财力的重复投入，增加了监测成本；二是整体监测工作协调不够，数出多门，成果数据的时效性、综合性、协调性、权威性不够；三是难以形成统一的数据共享与综合分析评价，不适应新时期林业发展和生态建设的要求。

（2）监测手段相对落后，及时更新、及时出数遇到瓶颈

一是森林经营管理档案资料完整性、系统性较差；二是森林资源自然消长情况，目前采用抽样技术进行资源监测，无法落实到山头地块，也无法实时、连续获取监测样地的数据，监测技术与方法相对落后；三是森林资源突变信息获取不及时，技术手段单一，难以真实客观地反映年度森林资源变化情况。

（3）综合应用平台建设滞后

近年来建立了一批业务应用系统，也积累了一些经验，但推广应用面不宽，与全国森林资源“一张图”建设要求存在一定的差距，更难以满足浙江省数字化转型、各县市森林资源考核、资产负债表编制等对数据的及时性、精准性和综合性要求。主要表现在基础数据不扎实，业务系统独立、数据分散，信息关联互通、决策智能推送、管理互动统一机制急需形成，综合应用平台建设刚刚起步。

（4）森林资源信息库整合面临难题

一是现有数据库散、乱、小现象没有根本改变；二是数据标准不够统一；三是信息共享度不高。因此，客观、及时、准确获取区域森林资源及其变化数据，建设安全森林、健康森林和康养森林成为各级政府需要面对的一项新课题，也是老百姓的期盼。

随着信息技术与森林资源业务的不断融合，各类森林资源专题业务系统，如森林资源地理信息系统、林木采伐管理系统、营造林管理系统、林地占用征收管理系统、行政处罚管理系统、森林灾害管理系统等陆续上线运行，并延伸至乡镇、社区和山头地块（赖超等，2015）。遥感、无人机、电子测量仪器以及移动数据采集系统等进入到实质性应用，可实现数据及时采集和入库，可构成较完整丰富的数据源（冯仲科等，2015；刘金成等，2017；周磊等，2016；周冰等，2016；吴鹏等，2013；任俊俊，2013），这些大数据为森林资源动态感知及信息化管理奠定了良好的基础。多数据库融合、多系统集成进行了较长时间的探索，并在一定区域进行了实践应用（赖超等，2015；赵天忠等，2004；侯瑞霞等，2016）。特别是移动互联网、大数据、云计算、无人机、传感器等深入应用，研究森林资源渐变与突变的机理，研制树木生长过程数据精准采集装备，建立更为精准的林木、林分生长模型已成可能；提升现有业务系统的服务能力，构建森林千山万岭数字化采集、智能化处理和个性化应用的动态感知平台，实现森林资源数据由静变动，各级森林资源数据落地、及时更新、实时出数将成现实。

本项研究以现有森林资源调查方法为基础，基于在线运行的业务系统和数据积累，重点解决渐变森林资源变化感知系统的设计，硬件集成、支持软件及感知实时性；突变森林资源变化信息的准确落地确界、获取量化、入库共享方法；森林资源复杂变化过程的感知模型；森林资源时态化、可视化表达等四方面的技术问题，搭建全省统一的数据互联、分布处理、内外有别、管理一体、随时出数、评测落地的森林资源动态感知大数据平台。

1.2　国内外研发现状

森林资源的变化有很强的时间性和空间性，其干扰主要来源于环境变化、人为利用。环境因素主要来自气候变化、旱灾、水灾、火灾和病虫害等，人类利用主要有林木采伐、造林更新、林地征用占用、人为引起的火灾以及制定的政策，而人类的利用类型和强度又与经济发展有关。

各国由于经济发展水平不同，采取的森林资源保护与利用政策也各异，在同一国家对公有林、私有林政策上也有差别，这些都是森林资源变化的诱因，但基本目标都是促进森林资源可持续（李卫东，2006；FAO，2005；周树怀，2003；马祥庆，2001）。

我国学者从空间时间尺度上对森林资源的变化进行研究。石春娜和王立群分析了从1976年到2003年六次全国森林资源清查以来我国森林资源质量的变化情况，并就我国森林资源质量现状进行国际比较，结果表明：从全国宏观层面和关键指标看，森林资源质量基本呈下降趋势，与林业发达国家和世界平均水平有较大差距（石春娜等，2009）。农胜奇、张伟、蔡会德等研究了1977—2010年广西森林资源变化，分析了驱动因素，认为森林资源数量、质量、结构的变化受政策和效益的驱动作用明显，包括补偿机制，桉树高市场价值驱动，使得松、杉面积减幅明显（农胜奇等，2014）。姜洋和李艳以不同时相的Landsat TM/ETM+为数据源，采用面向对象和基于多级决策树的分类方法得到浙江省2000年、2005年以及2010年的森林植被覆被图，通过对三期森林专题图进行空间叠加分析，得到了森林资源动态变化的空间分布，并以此为基础对林地变化的类型及原因进行分析，结果显示浙江省森林资源变化主要分布在浙西北山区、浙中南山区以及沿海地带（姜洋等，2014）。应启围和秦凤梅依据广西柳江县1973年、1980年、1988年、1999年、2009年五次二类调查成果资料，采用统计对比分析等方法对柳江县森林资源面积、蓄积量、主要用材林树种面积、蓄积以及用材林树种组成结构、龄组结构等方面进行横向和纵向的对比分析，结果表明：林地面积、森林覆盖率、防护林、用材林面积、蓄积等指标都有较大增长，中幼龄林所占主要用材树种面积比例继续呈较快增长趋势，杉木、马尾松等本土树种面积占有比例呈下降趋势（应启围等，2015）。刘传达利用云和县1997年和2007年两次森林资源二类调查统计口径一致、具有可比性的数据，分析表明：森林覆盖率稳中有升，森林蓄积量增加明显，森林资源质量持续好转，但全县林分龄组结构不合理，低龄化现象加剧。王柯等根据森林资源经营、保护与利用不同环节之间的关联关系，研究了监管理论模型，有助于揭示森林资源变化的内在规律（王柯，

2011；刘传达，2010）。上述分析结果是滞后的，且难以落到地块，存在着不能及时了解森林资源在哪里变化，变化了多少的难题，亟须解决森林自然渐变规律和模型化问题，森林突变的确界和信息采集入库等问题。

森林资源的渐变核心是林木、林分的渐变，把握住林木和林分的胸径、树高生长规律，构建其生长模型，也就能把握森林资源的渐变规律。实际中由于林分密度不同，林木和林分的胸径、树高生长存在差异，蓄积量、生物量和收获也有不同。

Sharma 等基于立地条件对加拿大安大略湖地区的香脂冷杉、香脂杨树、黑云杉、短叶松、红松、杨木以及白桦树进行调查研究，并建立了算法模型，通过构建的算法模型以及立地条件计算立木的胸径（Sharma 等，2007）。Podlaski 等使用限定的混合体模型进行近似模拟和实证立木的胸径分布，通过威布尔分布或伽马分布来描述、模拟和实证混合立木的胸径分布（Podlaski 等，2014）。Verma 等构建了一个异速生长的模型，通过树冠投影区域的面积来估测孤立和集群的桉树的胸径值，并以澳大利亚的桉树为例进行实际测算（Verma 等，2014）。Gonzalez-Benecke 等通过树高、树冠面积和林分水平参数等开发出了一个模型来预测长叶松的胸径值，并在模型建立的地理区域内，分别从天然林和人工林两方面进行了相应的数据测试，测试结果也较理想（Gonzalez-Benecke 等，2014）。

Li 等通过地球科学激光测高仪系统（GLAS）测量立木的树高，并对误差原因进行了分析（Li 等，2011）。Ozdemir I 等研究了通过激光雷达测量的数据中基于点和网格的变量与激光扫描多样性变量之间的关系，研究表明，从 ALS-CHM 衍生的基于激光的高度百分比和质地措施的组合可以用于估计原始森林的立木尺寸（Ozdemir I 等，2013）。Yan 等利用宾得 R-422N 无棱镜全站仪来提高调查效率及数据质量，并促成了林冠资源领域的三围体积研究（Yan 等，2011）。Lin 等用单机载的扫描机对立木树高的生长进行地面静止和移动两种情况的测量研究，与传统的方法进行比较，探索该方法的可行性（Lin 等，2012）。Wang 等提出了一种基于线性激光二极管和一个低成本的互补金属氧化物半导体（CMOS）图像传感器的手持式胸径（树的胸径）测量系统，对于提出的测量系统，图像预处理和目标立木胸径计算由 MATLAB 完成（Wang 等，2014）。Bragg 对树高测量中的三角函数类测高器进行了研究，研究不同高度的测量技术的应用情况，发现相似三角形和切线方法在树高测量作业中使用最普遍（Bragg，2014）。Saremi 等使用机载激光雷达对立木的树高、胸径数据进行了相应的研究（Saremi 等，2014）。

侯鑫新等提出一种基于单 CCD 相机和经纬仪的树木图像的胸径测量方法，利用单 CCD 相机采集的树木图像信息，经过阈值分割、开运算、边缘提取等步骤提取树木胸径二维坐标；利用经纬仪采集的角度信息转换经纬仪旋转坐标系、相机光心坐标系和图像坐标系，得出胸径的三维坐标，最终计算出胸径尺寸（侯鑫新等，2014）。鄢前飞以测量新方法树基标尺法和前后标尺法为理论基础研制了林业数字式测高、测距仪，以自动分臂三切点法为理论基础研制了林业数字式测径仪，分别实现了立木树高和胸径的测量（鄢前飞，2007，2008）。陈金星和张茂震等研究过基于拉绳传感器的树木直径记录仪，但还是停留在原形设计上，国外类似产品又太昂贵（陈金星等，2013）。王建利等结合光学三角形法、图像处理及最小二乘拟合法，研究了一种新的立木胸径测量方法，并利用该测量方法对 8 株不同径级的立木进行测量计算（王建利等，2013）。侯鑫新通过对摄像机进行内外参数的标定，基于双目视觉原理，建立了林木摄像系统的数学模型，借助 CCD 和经纬仪，研发了林木图像识别系统（侯鑫新，2014）。徐伟恒等基于三角函数原理，研制了一种数字化多功能电子测树枪（徐伟恒等，2013）。黄晓东等研制了可测量胸径和树高的多功能便携式微型超站仪，实现了胸径的自动测量、树高测量、任意处直径自动测量、基本测量 4 项基本功能；还利用普通数码相机对待测样地进行上下方向的任意摄影，并在林地中测量任意一段物体长度以便在解算中反推摄影基线，恢复摄影区域的真实空间比例关系，实现在图像上测量样地样木胸径和树心坐标的位置（黄晓东等，2015）。

上述这些对立木的树高、胸径测量方面的研究主要是获取当时状态的测树因子，仍无法实现林木、林分生长的动态获取，需要结合传感技术、网络技术，研制林木直径渐变测量仪和林分直径渐变测量装置，以便动态获取。捷克 MS Brno 公司的 DRL 26C、西班牙 Libelium 公司的 Dendrometer sensor probe 等仪器虽能用于树木测径，但这些仪器的价格非常昂贵，难以普及应用，也只限于林木。

许多研究是通过几期、多年抽样调查数据来建立树高、胸径、冠幅、蓄积、生物量等生长模型，从而预测相关指标值。包括林木树高、胸径、蓄积等生长模型，林分树高、胸径、蓄积等生长模型，近些年对生物量和碳储量研究显得尤为活跃。

根据模型结构的差异和研究目的的需要，大部分林木生长模型的模拟均属于非线性回归模型，林分模型有多种分类方法（Avery T E，1983；Davis L S 等，1987；孟宪宇，2006），我国在该领域的研究中，主要采用 Avery 提出的方法，将林分模型分为全林分模型、径阶分布模型和单木模型。这些方面的模型研究已有较长的历史，早在 1974 年 Hegyi、Amey，2003 年 Radtke 等各自先后构造了不同林分的与距离有关的单木生长模型（Hegyi F，1974；Amey J D，1974；Radtke P J 等，2003）。孟宪宇和谢守鑫采用潜在生长修正法，建立了华北落叶松单木生长模型（孟宪宇等，1992）。刘微和李凤日将有效冠表面积作为竞争指数，建立了与距离无关的落叶松单木模型，与采用胸径和冠长作为竞争因子的单木模型相比，调整相关系数和模型精度均有所提高（刘微等，2010）。段劼等将海拔、坡度纳入自变量，构建了侧柏胸径生长量模型（段劼等，2010）。董晨以福建杉木人工林为对象，研究并构建了杉木单木生长模型和林分生长模型（董晨，2016）。

全林分模型一般以林分或样地为单位，预测各项常见林分因子，如平均胸径、平均树高、总断面积、蓄积等随着林龄、林分密度等的变化情况（孟宪宇，2006）。全林分模型在人工纯林的生长收获预测中有广泛的应用。在20世纪80年代之前，全林分模型分为生长与收获两个方向，但两者具备较低的相容性，1983年，Buckman等首次将微分和积分的概念引入林分生长收获模型中，实现了生长模型和收获模型的相容（Buckman等，1983）。在我国人工林全林分模型研究中，1991年，唐守正提出了全林整体生长模型的概念，构建了林分因子之间的生长模型组，各模型之间具备相容性，随后邓晓华等（2003），冯仲科等（2008），张雄清、雷渊才（2010），洪玲霞等（2012）构建了相应树种的全林整体生长模型，但由于全林整体模型建立的机理是根据已知的变量方程推导出另一变量方程，因此模型存在较大的系统误差（唐守正，1991；邓晓华等，2003；冯仲科等，2008；张雄清等，2010；洪玲霞等，2012）。2006年Qin J等使用聚解法，2014年张雄清等使用组合预测法，使得模型的残差变小，兼容性更大（Qin J，2006；张雄清，2014）。在全林分模型建模中，理论方程Richards由于覆盖面广，模型拟合精度较高的特点而被广泛地使用（李春明，2009；杜纪山等，1998），随后逐步发展成加入密度因子和立地因子的综合模型。由于林分生长与年龄、密度和立地条件密切相关，因此在构建全林分模型时，为了使模型达到良好的拟合效果，因变量应该尽量考虑林分密度指标和立地质量指标。与这些相关的径阶分布模型、树冠模型、抚育间伐模型和森林经营决策模型等都有助预测森林资源的渐变，用计算机进行动态模拟林木林分的生长，国内外已有不少研究成果，如美国LMS系统（McCarter J B，1997），瑞典Heureka系统（Korosuo A，2011），王久丽和袁小梅的单木生长模型和林分模拟系统（王久丽，1992），唐丽玉等设计与实现的杉木人工林林分可视化模拟系统（王灵霞，2015），张敏、李永亮等研究的抚育间伐可视化模拟系统（张敏等，2009；李永亮等，2013）。

上述模型和模拟研究基于理论层面较浓，真正实现大面积应用却不多，梁赛花、何齐发等基于林分生长模型研究了江西森林资源年度档案更新技术方法（梁赛花等，2013），王永国和冯仲科基于小信息进行林场森林资源的更新（王永国等，2012），陶吉兴、王文武等基于固定样地连续监测数据的林木蓄积生长率月际分布（陶吉兴等，2017）。浙江省有多期二类调查数据和多年的固定样地数据，结合林木、林分渐变高精度测径数据，分区建立森林资源渐变模型群，将使省、地、县、乡镇至村域的森林资源渐变更新落地。

森林资源突变主要源于林木采伐、造林更新、林地征用占用、森林灾害，其与社会进步、经济发展程度密切相关。林权长期稳定、造林补偿机制、采伐限额控制、林地使用审批制度都有助于森林资源的稳定和持续。同时突变信息的及时确界、入库，并进入到网络化平台，才能实现共享，因此需要研制和完善移动采集设备以及发挥无人机在山头地块变化信息获取上的潜力，研制动态感知平台，实现渐变、突变信息的汇聚。

无人机是近年兴起的森林资源监管信息获取的工具，具有成本相对低、机动性能好、使用方便的特点，无人机航拍摄影是以无人驾驶飞机作为空中平台以机载遥感设备获取地面信息，并经计算机信息处理，解析出森林资源、经营与利用及灾害等信息。张园、陶萍、梁世祥等利用无人机影像的高分辨率优势，通过纹理分析有可能对树种组成、树种间或林木个体间的空间关系作出估计（张园等，2011）。杨龙、孙中宇、唐光良等利用微型无人机平台搭载微单相机监测亚热带地区森林生态系统冠层，发现在低空飞行时（飞行高度 100m），仅能识别马尾松、湿地松和大叶相思 3 个冠层树种；但在超低空飞行时（高度 50m）的影像分辨率较高，通过提取冠层的轮廓、纹理、结构、颜色等信息，能成功分辨出近 20 种冠层物种，甚至可以识别出部分林隙中的林下物种（杨龙等，2016）。李卫正、申世广、何鹏等利用低成本小型无人机采集疫情地区的高空间分辨率影像，经摄影测量软件 LPS 正射处理后，导入到美国 GeoLink 软件中，实现病死木位置信息的采集（李卫正等，2014）。张增、王兵、伍小洁等将无人机遥感的高清可见光图像用于森林火灾的监测，监测过程包括森林火灾检测、火灾区域分割、特征提取、火灾识别（张增等，2015）。汪小钦、王苗苗、王绍强等通过分析仅含红光、绿光和蓝光 3 个可见光波段的无人机影像中植被与非植被的光谱特性，结合健康绿色植被的光谱特征，借鉴归一化植被指数 NDVI 的构造原理及形式，提出了一种综合利用红、绿、蓝 3 个可见光波段的归一化植被指数，适用于健康绿色植被信息提取，精度达 90% 以上（汪小钦等，2015）。王伟也采用无人机影像提取森林信息，建立了相关模型，达到了较好的效果（王伟，2015）。

将无人机系统、移动数据采集系统、林木测径动态感知系统以及各项业务系统融合，建立动态感知大数据平台将使森林资源的感知在空间和时间上更及时、更准确。

有关信息平台建设有很多研究、报道和应用，而作为森林资源动态感知平台，应该具有动态配置性、集成性、多系统组合、大数据库支持等特点，这种复杂化的平台，理论研究有一些，但实际应用却少见。赖超、方陆明等在浙江省龙泉市进行了类似平台——森林资源信息集成系统的理论研究与实际应用，该系统以森林资源基础档案为本底，以森林经营利用与保护为补充，基于地理信息、森林自然消长、采伐管理、营造林管理、林地征占用管理、森林防灾管理、行政处罚管理等系统或数据，通过系统集成、数据融合与建模，初步实现了龙泉市域范围森林资源数据由静变动、实时出数、评测落地的目标，部分达到了森林资源动态感知的效果（赖超等，2015）。但作为县、地、省分级控制，各取所需的统一平台，需要有更新的架构，融入更多的技术和方法，来真正实现全省森林资源的动态感知。

1.3 研究目标

1.3.1 总目标

按照森林资源数据快准获取、信息共享联动、管理互动统一、服务决策一体的总体要求，充分运用信息技术，规范资源数据的采集存储、交换互通、动态更新和管理服务，基于“云服务”和“互联网 + 森林资源”，强化信息技术与森林资源管理融合，通过智能化的手段，形成森林资源快速感知、管理协同高效、服务内外一体的森林资源管理环境，打造森林资源“一张图”，构建动态监测“一套数”，搭建业务应用“一系统”，实现资源管理“一体化”。全面提升林业管理水平。

1.3.2 具体目标

基于多年积累，突破关键技术，整合优化森林资源及生产经营相关数据，强化数据标准与数据库建设，强化数据融合、挖掘与可视化，强化移动数据采集与决策服务，构建“森林资源大数据”，彰显产业特色，达到“地貌山林指尖化、变化地块坐标化、经营管理一体化”，实现以下目标。

（1）连续、准确获取森林资源数据

通过研制森林、树木快速测量装置或方法，样地一体化测量系统，将大幅提高劳动生产力，通过研制树木生长的持续监测设备，揭示树木的生长规律以及与环境的关系。

（2）创立森林资源大数据库

包括公共基础数据、森林资源基础数据和森林资源专题数据三大部分，是森林“大数据库”的核心。以森林资源二类数据为核心，整合权属、公益林、南古树名木、野生动植物、风景资源、自然保护地等资源数据，形成互联融通的森林资源大数据库。

（3）一体化的业务监管与服务

基于采伐、营造林、林地审批等业务系（包括 Web 版、移动版），实现采伐前设计、采后检查全过程管理；实现营造林造前数据抽取和作业设计，造中检查，造后验收检查一体化；实现林地征占用调查、审批、查阅、咨询全程电子化、透明化。体现部门的协调，体现为民惠民。

（4）移动化服务与决策

通过平板端和手机端的多层级数据查询、展示实用系列功能开发，实现及时、实时的野外定位、数据采集、数据查询、可视化服务。

（5）全方位、多层次的状态与趋势展现

基于大数据库，通过数据融合分析与建模，全方位、多角度展示区域森林资源状态、历史演变和趋势，充分反映林业生产经营的成效，实现森林资源数据由静变动、由局部走向整体，全面实现“面对面、零距离、广信息、高规范”的服务。

1.4 研究内容与技术路线

1.4.1 研究内容

（1）森林资源渐变与突变的机理

① 研究森林资源渐变影响的因素，包括气候条件、立地条件、树种组成、林分密度、林龄等影响因素，为确定渐变模型及适应范围奠定基础。

② 研究森林资源突变影响因素以及各种突变因素之间的内在关系，包括政治、经济和社会因素，特别是技术水平，也有自然因素。

（2）基于树木胸径生长量监测的森林资源渐变信息采集装置研制

① 研制低成本、高精度的单木直径渐变测量仪，主要包括树木胸径监测电路设计、低功耗设计、保护装置设计等，可以实时获取树径的变化，直接反映了树木的生长量和生长速度。

② 研制林分直径渐变测量装置，通过网络拓扑结构设计，研制具有自组网功能的树径生长量监测装置，对林分胸径分布实施动态采集，提供渐变模型建立所用，提高渐变感知的精度。

（3）自然状态下森林资源渐变信息实时定量获取和精准估算

① 基础模型库建立。收集现有的森林资源渐变状态下的林木、林分生长模型，包括郁闭度变化模型、疏密度变化模型、胸径生长模型、树高生长模型、蓄积量生长模型等，建立基础模型库。

② 优化模型。首先，根据已有的森林资源一类、二类调查历史数据，利用统计方法对基础模型进行优化，得到一级模型。再结合遥感影像数据、无人机航拍数据、DEM 数据、土壤数据等，对一级模型进行综合优化，得到二级模型。最后，根据森林资源渐变信息采集装置传送回来的现场实测数据进一步优化，得到三级模型。

③ 森林资源渐变信息的精准估算。利用上述三级模型动态估算森林资源渐变状态下的郁闭度、疏密度、胸径、树高、蓄积量等森林资源主要监测因子，并在此基础上，延伸估测生物量、碳储量等因子。利用高频率回传的森林资源渐变信息动态调整三级模型，从而持续提高估算精度。

（4）研究移动数据采集技术方法以及多系统协同、多源数据融合机制

① 多系统信息互补、同步跟踪机制。研发移动数据采集系统，及时采集采伐、造林、征占用林地等野外作业的空间与属性数据；研究无人机系统采集数据类型和格式，并研究其与移动数据采集系统协同互补机制，以及与森林资源地理信息系统等多系统同步跟踪的机制，能及时、快速提取与量化森林资源突变地块的信息。

② 多源数据融合机制。研究业务相似或同一时间序列的多源信息，统一其数据格式和交互模式，从整体上获得具有相关和集成特性的融合信息，使得多信息能够互补集成，

改善不确定环境中的决策过程。

③ 森林资源突变信息及时快速获取和量化。研究移动数据采集系统、无人机系统等手段和方法，解决林业生产经营过程中采伐、造林、征占林地以及森林灾害、乱砍滥伐和盗伐等引起的森林资源的突然变化信息的及时快速获取和量化问题，以便利用突变数据及时进行森林资源更新。

（5）研究森林资源复杂变化的内在关系以及时态化、图形化表达

通过森林资源渐变与突变主要因素、渐变信息实时量化获取、突变信息及时量化获取研究，并基于浙江省多年森林资源一类、二类数据，提取业务系统的三类数据。一是分析挖掘：以小班为基本单元，对数据分类、聚类、回归、关联、序列等分析与建模。二是可视化表达：把计算所得的数据以图形的形式加以展示，能较为准确地反映内在关系、趋势。

（6）研发浙江省森林资源动态感知大数据平台

一是进行架构设计，包括技术结构、平台结构；二是基于地理信息，建立以二类调查成果为本底，林木采伐、林地使用、营造林、森林灾害等业务为补充的数据库及关联数据库；三是确立及时采集突变信息，自动更新渐变信息以及数据更新技术方法；四是通过系统集成、数据融合，建立具有功能动态配置、大数据支持和个性化应用三大特点，资源档案管理、资源数据更新、过程监管、综合监管和服务决策五大功能的动态感知平台。

平台首先在浙江龙泉市试点，然后全省统一推广应用。

1.4.2 技术路线

首先，进行已有成果的分析和消化，寻找、整理和确定可用的数据、模型、技术，研究森林资源变化的机理；其次，研制林木渐变测量仪和林分渐变感知装备产品，用于林木、林分渐变精准测量；再次，建立渐变模型库和突变信息移动化（PDA、无人机等）采集技术方法，分析已运行的林木采伐管理系统、营造林管理系统、林地征占用管理系统等数据和接口，做好不同来源、不同类型数据融合，实现数据互补；最后，建立大数据平台，将模型、数据、更新方法融为一体，实现森林资源的可视化表达（图 1.1）。

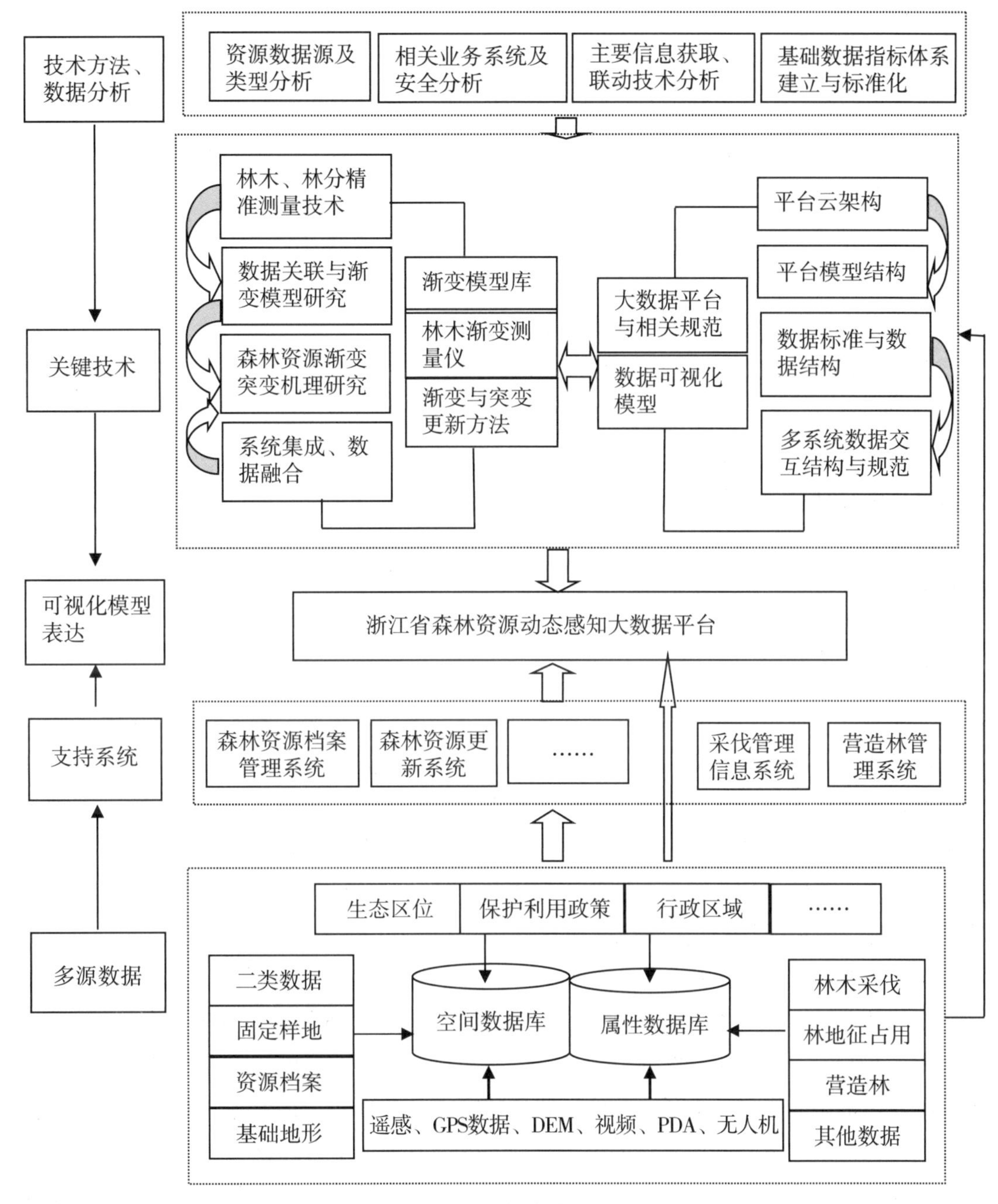

技术方法、数据分析
资源数据源及类型分析
相关业务系统及安全分析
主要信息获取、联动技术分析
基础数据指标体系建立与标准化
关键技术
林木、林分精准测量技术
数据关联与渐变模型研究
森林资源渐变突变机理研究
系统集成、数据融合
渐变模型库
林木渐变测量仪
渐变与突变更新方法
大数据平台与相关规范
数据可视化模型
平台云架构
平台模型结构
数据标准与数据结构
多系统数据交互结构与规范
可视化模型表达
浙江省森林资源动态感知大数据平台
支持系统
森林资源档案管理系统
森林资源更新系统
……
采伐管理信息系统
营造林管理系统
多源数据
生态区位
保护利用政策
行政区域
……
二类数据
固定样地
资源档案
基础地形
空间数据库
属性数据库
遥感、GPS数据、DEM、视频、PDA、无人机
林木采伐
林地征占用
营造林
其他数据

图 1.1 技术路线

1.5 研究意义

以"云服务"和"互联网+"为特征的智慧林业建设在全国正逐步开展，为森林资源监测带来新的发展机遇，浙江省作为经济强省和林业大省，林业工作一直走在全国前列，省厅党组审时度势，全力推进以县为主体，服务上延至地区、省，下延至乡镇、企业、社区，作业至山片的森林资源大数据平台建设，这将成为浙江省林业建设的又一项基础性工程，对浙江省林业发展将具有深远的意义。

（1）加快推进浙江省现代林业建设步伐

浙江省是"全国深化林业综合改革试验示范区"和"全国现代林业经济发展试验区"，林业信息化作为现代林业发展的重要标志，也是现代林业建设的重要组成部分，在林业工作中占有不可或缺的作用。森林资源是一切林业工作的出发点与落脚点，森林资源信息化则是林业信息化的核心与关键。加快森林资源信息化建设，提高资源管理与监测科技含量，使浙江省森林资源管理与监测工作全面走在全国前列，是浙江省林业建设的必然要求，是努力建设林业标杆省的重要支撑和保障。

（2）推动林业科技进步与创新

林业是一个传统行业，在以往的发展过程中，形成了一整套完整的理论体系和技术体系。随着社会发展，政府和民众对林业行业的需求不断增加，要求林业数据时效性更强、信息量更大、涉及面更广、服务更高效，而传统林业技术特别是森林资源调查与监测技术，主要以手工作业方式为主，周期跨度长、投入高、成果表现单一，技术劣势尤为突出，在浙江省乃至全国都是一项现实问题。平台建设是将有力推进林业技术更新与变革，建立全新的森林资源动态监测管理体系，推动林业科技进步，提高浙江省各级林业部门管理水平和服务能力，顺应社会发展。

（3）实现森林资源管理进入大数据和智能化时代

随着林业信息化与林业业务应用深度融合，针对传统森林资源管理存在管理粗放、数字化不及时、查询费时、图属分离、精度不高、标准不一、更新困难等问题。各级业务部门森林资源整合"一张图"和信息共享的需求日益强烈，必须将各类森林资源信息置于统一的框架之下，实现信息的统一整合，交联互通，平台在森林资源"一张图"数据的基础上，构建全省统一的森林信息资源管理与共享服务应用体系，实现森林资源跨地区、跨业务集成应用，实现森林资源数据更新与管理业务过程互动，实现森林资源数据更新与林业绩效考核间的协同，实现数据互联、及时出数、评测落地，为各级林业部门实现科学高效资源监管提供权威、可靠的监测结果，全面提升全省森林资源的监管水平。

（4）扎实推进森林资源管理具体工作落实和跟踪

浙江省于2013年对全省33个县（市、区）开展了年度森林增长指标考核工作；

2016 年湖州市开展了 2011—2015 年自然资源资产负债表编制试点工作，在省厅也有业务部门计划开展资产负债表编制试点；为加强生态文明建设，提出对领导干部实行自然资源离任审计制度；国家林业局于 2016 年开展了新一轮的林地档案变更，从 2017 年开始，林地档案变更工作将作为经常性工作。上述这些工作，均需要有翔实、准确的年度森林资源本底数据为基础。开展平台建设，其成果之一就是解决年度出数问题，建立年度森林资源本底数据，满足政府部门各项工作需求，对于各级政府部门进行科学决策有着非常重要的作用。

第二章 森林资源动态变化与调查体系

森林有其自身的变化规律，无论单株树木还是林分，其生物量基本遵循指数曲线的变化规律。然而随着人类的干预，特别是人类的生产经营活动会改变森林的自然演替规律，人们无法用简单的指数模型来动态感知森林的变化。

2.1 森林资源变化基本规律

森林资源变化反映在森林空间结构上，不同时期空间结构反映了当时森林状态，其形成和发展，决定着森林的发生、发展的方向。可持续森林资源需要保持森林空间结构的健康、稳定和持续。对森林空间结构的获取和控制，需要利用多种理念、方法和技术。研究森林资源动态变化既要了解树木生长规律，也要探究森林空间结构形成机理，既要掌握森林数量变化，更要把握其结构的变化，以便选择适合的技术与方法去揭示其规律。

森林资源变化是长期自然竞争的结果，在长期自然演变中进入稳定状态。然而，随着人类社会出现，森林就不断地接受人类的干扰，从而失去了原本的规律。①原始社会，人类对森林资源的需求体现在林副产品的需求，人们生活在一种“见林不见木”的状态，基本上是人类被森林支配，基本不改变森林自身的演变规律；②农业社会，为了粮食的生产，人类对森林资源的需求体现在把大量的林地资源变成农地资源，是一个“见地不见林”的时代（张建成，2006），由于人类农业生产之需，经常毁林开荒，森林演变自然状态被打破，出现了大量的耕作用地；③工业社会，人口基数逐渐加大，人类对森林资源的需求从林木资源与林地资源全方位扩张，森林资源的掠夺式利用，加之各类战争，使森林遭受了空前破坏，森林分布结构已从自然林的状态变成了破碎的、人工林的空间结构，人类对森林结构的影响起到了主导作用；④可持续阶段，是长期森林破坏给人类不断的惩罚后，人类越来越意识到生存受到致命的威胁。以 1992 年的世界环发大会和 1997 年 10 月 145 个国家的 4000 多名专家发出的《安塔利亚宣言》为分水岭，人们对森林资源的利用已从最初疯狂掠夺转向可持续经营、可持续利用、可持续发展。

2.1.1 长期的自然竞争形成的森林空间结构

在有人类之前，森林分布与结构主要受气候、地质、地貌、土壤等自然因素的影响以及生物个体内在抗性的影响。有了人类以后，由于人类生存发展的需要，人为因素开始影响森林空间结构，某种意义上说，人类的干扰使森林空间结构失去了完全的自然性，不同阶段不同的干扰度，不断影响着森林空间结构变化。但从整体看，气候、地质、地貌、土壤等自然因素仍然是影响森林空间结构的主体因素。

森林资源在地质历史时期从产生到发展直至或灭绝或变迁的过程，可以说是树种适应环境的结果。人类文明出现以前，在自然条件适合于植物萌发和成长的时期，植被开始起源、成长进而达到鼎盛；随着地质条件和气候条件的改变，一部分植物灭绝了，另一部分进化为适应新的自然条件的物种，继续存活或进一步发展形成新的鼎盛时期，森林资源在区域分布的树种不断地演替，在一个缓慢自然环境变化中产生、发展，并在不同地理区域上演替成了各具特色的森林空间结构。我国森林资源的空间在长达几亿年的时间里逐渐形成了东南半部由南往北随着气温的递减的地带性分布：热带季雨林和雨林带、亚热带常绿阔叶林带、暖温带夏绿阔叶林带、温带针阔混交林带、寒温性针叶林带。西北半部内陆地区非地带性分布：在新疆地区天山北部为温带荒漠带，南部为暖温带荒漠带。在青藏高原主要以垂直地带性的山地植被分布，有高寒地带的荒漠草原或灌丛草原、高寒荒漠、半荒漠地带，间有针叶林、落叶阔叶林（中国森林编辑委员会，1997）。

2.1.2　气候对森林空间结构的影响

气候是森林空间的主要因素，而气候对森林的影响主要表现在热量指标与水分指标上。全球生物群落、森林资源结构的类型与全球年平均气温和年降水量有很好的对应关系。自然植被分布的变化最能体现气候变化的影响。距今6000年前左右，我国植被带明显偏北。现今西北地区的草原与荒漠区，在历史上曾是广阔的温带森林和森林草原，各种草原动物也非常丰富。但随着全球气温的波动式下降，同时受第四纪冰期气候波动和青藏高原及其周边山地隆升的影响，我国自然环境出现了明显的区域差异，森林空间、生物多样性也随之发生了显著变化。

气候变化对森林空间结构、生物多样性的影响，取决于气候变化后物种相互作用的变化，以及物种迁移后与环境之间的适应性平衡。在移动过程中，生态系统并不是作为一个一个单元整体迁移的，它将产生一个新的生态结构系统，生物物种构成及其优势物种都将会变化，最终形成森林空间的变化。这种变化的结果可能会滞后于气候变化几年、几十年甚至几百年。植被模拟研究显示，气候变化时，某些物种由于不能适应新环境而有濒临灭绝的危险，也可能出现新的物种体系，这就会改变森林空间。落叶松属的分布区主要在北半球寒温带，但在中欧山地、中国华北和西南山地、日本山地等还有零散的间断分布，并出现许多地理替代种，其成因亦因为第四纪冰期古气候变化所致。冰期的严寒使落叶松向南扩展，其后回暖使分布区间断。全球气候变暖也将对我国植被的水平及垂直分布、面积、森林类型、结构及生产力等产生很大影响，它将改变植被的组成、结构及生物量，使森林分布格局、类型发生变化，生成生物多样性减少等。据研究，除云南松和红松分布面积有所增加（约12%和3%）外，其他树种的面积均有所减少，减少幅度为2%~57%。气候变化后，我国植被净第一性生产力地理分布总体上变化不大，生长率和产量有所增长。中国东部季风区域气候对森林的影响，从北到南表现在热量指标上，可以把≥10℃的天数作为划分气候带、森林类型的主要指标，定≥10℃的218天和365天等值线作为温带落叶阔叶林与亚热带常绿阔叶林、亚热带常绿阔叶林与热带季雨林、雨林的分界线；温带落叶阔叶林与亚热带常绿阔叶林又各以不同的天数分为寒温带针叶林、中温带针阔混交林、暖温带落叶林及松柏林、北亚热带落叶常绿阔叶混交林、中亚热带和南亚热带常绿阔叶林、季风常绿阔叶林。从热量的地区分布可以看到，中国从北到南呈现出寒冷到热的变化趋势，其中某些气候带等值线与中国森林类型的分布界线配合较好。

2.1.3 地貌对森林空间结构的影响

地貌对森林资源结构同样产生很大影响。近数百万年内，阿尔卑斯运动活跃，全球各大山系和高原猛烈抬升，这使其生境性质和结构都发生主要变化，促进原有种类在新的多样的生态条件下加剧趋异演化，植物新种（或变种）陆续出现并分布密集，构成某些属的分布中心（或称多样性中心）。

地貌通过影响气候，造成气候的复杂性和多样性。地貌还可以破坏和掩盖地理环境的纬度地带性，从而影响森林类型与林业生产布局；不同地貌部位上形成的立地类型或林型，影响林木生长，表现出不同的森林生产力。

山体走向和高度对森林有影响，山体的走向和高度对气候的影响尤为显著。东西走向的山系，冬季对由西北南下的干冷气流有阻挡作用，夏季对由东南北上的湿热气流也有阻挡作用。例如，天山南北坡就成为中国干旱温带与干旱暖温带的分界，天山北坡是北来湿气的向风坡，山麓有白梭梭、梭梭沙漠和短期生草类蒿类荒漠，荒漠植被分布最高不超过海拔1500m，向上依次出现山地针茅狐茅草原、山地云杉林、高山嵩草草甸和高山势状植被等山地寒温性针叶林、草原植被，而天山南坡是北面海洋气流的背风坡，气候极端干旱，山麓冲积扇上是膜果麻黄、木霸王、泡泡刺、沙拐枣砾漠和合头草、戈壁察低山岩漠，荒漠植被沿山地可升高达海拔2000m，其上接着是山地针茅草原和以紫花针茅为代表的高寒草原等山地半荒漠草原植被，没有山地云杉林带的出现；又如秦岭——大别山系成为中国湿润北亚热带和半湿润至干旱暖温带的明显分界，界线南北两侧的气候、植被和土壤都有显著的差别，森林类型也很不相同，秦岭、大别山北坡为暖温带落叶阔叶林森林植被，而秦岭、大别山南坡则为北亚热带常绿落叶阔叶混交林森林植被。南北走向的山系，不能阻挡寒流，但对由东南向西北的湿暖气流有阻挡作用。例如，川西山地东坡是来自太平洋湿气的向风坡，山麓雨量丰富，年降水量达1500mm，有常绿阔叶林及其次生的马尾松林、杉木林，依次向高处有常绿阔叶落叶阔叶混交林，再高处为亚高山铁杉、峨眉冷杉常绿针叶林，山顶为箭竹、杜鹃灌丛；而山的西坡是雨影坡，雨量稀少，而且由于气流下沉，焚风作用使气温增高，从而形成干热的气候，西坡的上部出现硬叶常绿阔叶的高山矮林、灌丛，中下部为含刺枣、金合欢的扭黄茅、香茅稀树灌木草原，深谷中则有旱生喜暖的仙人掌、霸王鞭的肉质有刺旱生灌丛，类似亚热带、热带的荒漠植被。又如中国西南横断山脉地区的报春花属、杜鹃花属（*Rhododendron*）、龙胆属、紫堇属（*Corydalis*）等，既拥有极丰富的晚近形成的高山种类，又保存了较低海拔处的古老种类，使此地成为它们分布和分化的中心。

不同地貌部位上形成的立地类型或林型影响林木生长，表现出不同的森林生产力。例如，大兴安岭在不同地貌部位上生长的寒温带落叶针叶林森林植被，通常分布在阳坡坡麓地带或山坡中部的草类落叶松林，水分、土温适中，土壤理化性质良好，土层较厚，林分具有较高的生产力，一般为Ⅰ~Ⅱ地位级；山坡下部的坡麓阶地上，如果是粘壤上母质则经常有永冻层分布，土壤排水不良，导致土壤水分过剩和土温过低，土壤有机质分解差，表潜现象明显，营养元素含量少，在这样的地貌部位一般形成杜香落叶松林，林分生产力较低，一般为Ⅳ地位级；但是在同属河谷地形中，如果土壤母质系砂质或砾石层，尽管雨季或汛期地下水上升，甚至有溪水侵入林内，但非汛期则土壤通透性能良好，土温较高，而且流水往往携入大量有机质及灰分元素，因此土壤肥力较高，在这样的地貌部位分布着红瑞木落叶松林，林分地位级为Ⅱ~Ⅲ；随着地貌部位的上升，在较陡的山坡上或山坡上部，一般分布着杜鹃落叶松林，地表排水良好，土壤水热配合适当，营养元素含量不低，土壤肥力属中等水平，林分地位级一般为Ⅲ；堰松落叶松林分布海拔较高，土层上部全年大半时期处于冻结状态，土层下部有永冻层，土壤中有机质分解缓慢，土温低，土壤肥力差，林分地位级一般为Ⅴ或更低。

地貌破坏和掩盖地理环境的纬度地带性，从而影响了森林植被的分布。在地貌破坏和掩盖地理环境纬度地带性最好的例子是青藏高原，它在中纬度崛起，巨大的高原面占据了对流层 1/3~1/2 的高度，给大气环流以强烈影响，大大地破坏了中国地理环境由南向北的过渡性和沿纬度分布的地带性，按纬度来说，青藏高原约位于北纬 26°~40°，与东部华中地区和部分华北的纬度相当，应属于亚热带与暖温带气候，但是由于高原面积大，而且地势高峻，迫使高空西风环流向高原南北侧分流，在高原上空形成“青藏高压”，使得青藏高原形成一种特殊的温带大陆性高原气候，其特点是干旱少雨，气温低，年较差小而日较差大，辐射强烈。高原一般是海拔 4000~5000m，从东南向西北升高，随着大气水分状况由东南向西北递减，相应地高原植被水平带由东南向西北依次出现寒温性针叶林、高寒草甸、高寒草原和高寒荒漠；在高原的南侧喜马拉雅山，东南侧的横断山脉和东侧的川西山地都是降水量丰富，出现各种冷杉、云杉、铁杉林；青藏高原东段一带，海拔 4000~4300m，年降水量 450~550mm，属半湿润的高寒草甸灌丛带，阴坡或向风坡为杜鹃灌丛，阳坡为嵩草高寒草甸和圆柏灌丛；向西地势稍高，多宽谷，河谷海拔达 4300~4500m，在广大高原面上分布着以矮嵩草、小嵩草为主的高寒嵩草草甸，在地下水溢出的沼泽化草甸上，以苔草、列氏嵩草为主，再向西到了高原面海拔约 4500m 的羌塘高原，年降水量不足 300mm，气候寒冷半干旱，以紫花针茅、羽柱针茅为主的高寒草原为代表，到了黑河公路以北的羌塘高原北部，盆地海拔 5000m 以上，年降水量在 50 ~ 100mm，那里分布着垫状驼绒黎、青藏高寒荒漠草原以及垫状驼绒藜高寒荒漠。青藏高原不论气候、水文、土壤以及动植物等方面，都表现出了与同纬度地区不同的特点，因而农林牧生产布局也就有很大不同。

2.1.4 地势对森林空间结构的影响

地势影响森林分布主要表现在山体高度、山脉走向上，海拔高度同地理纬度一样，对气温影响很大，山体随高度的不同，在各地带形成不同的山地森林植被垂直带谱，以当地的山麓平原为基带，随着海拔高度的上升，气温逐渐降低，湿度逐渐增大，相应出现明显的植被、土壤以及农、林、牧业的明显分异。中国山地森林植被的垂直结构特点如下：在东半部湿润区以各种山地森林类型占优势，北部温带落叶阔叶林区的山地森林内只有落叶阔叶乔木层片，因而出现山地针叶落叶阔叶混交林；在南亚热带和热带山地森林内部都有常绿阔叶乔木层片，因而出现山地针叶常绿阔叶落叶阔叶混交林；在西北部干旱荒漠区的北疆山地以山地草原和高寒草甸占优势，草原以上为山地常绿针叶林，或有山地落叶针叶林，而在极端干旱荒漠区的南疆则只有一狭条的荒漠化草原，温带荒漠几乎直接与高寒荒漠相连接，并没有高寒草甸带，也没有森林带出现，这说明干旱区自北向南因受北大西洋和北冰洋气流影响的程度循序渐减，它们的植被垂直带的结构相应地反映出干旱化现象的渐增；中国各森林植被区的高山上都出现有以云杉或冷杉、云杉为主的亚高山常绿针叶林，这类针叶林在各植被区不仅建群树种不同，其伴生的树种和林下的灌木层片也各异，而且在森林植被垂直带结构上及其下带邻近的植被类型，在各植被区也有所不同；亚高山针叶林下带在温带荒漠区为山地草原，在温带草原区为落叶小叶林，在温带落叶阔叶林区为针叶落叶阔叶混交林，在亚热带为针叶常绿阔叶落叶阔叶混交林。上述中国各植被区山地垂直带的各种森林植被根据海拔高度不同的出现是与水平带相联系的，而且森林植被垂直带的结构是从属于水平地带性特征的。

山地森林植被垂直带谱的结构特点取决于山地所处的水平（纬度）地带的位置，一般以其所在的水平地带——纬度为山地森林植被垂直带谱的基带。

东部湿润山地森林植被垂直带谱的结构从南向北由繁变简，层次减少，垂直带分布高度有所降低，在南亚热带的高山地区森林植被垂直带谱可多达 6~7 个带，而温带山地（如长白山林区）则减少到 4~5 个带，寒温带山地（如大兴安岭林区）则只有 2~3 个带；随着纬度的增高，温度下降，森林分布线下移。

从东部湿润区到西北干旱区，随着干旱程度加大，森林植被的结构趋于简 化，在东部湿润区以各种山地森林类型占优势，而在西北干旱区只有山地草原和高寒草甸占优势，草原之上为山地常绿针叶林或山地落叶针叶林。

2.1.5　人类社会发展对森林空间结构的影响

气候、地貌和地势对森林空间结构的影响是必然的，但这种影响对其已有状态的变化又是缓慢的，而人类社会活动对其影响是巨大的。在历史上，世界陆地曾有三分之二为森林覆盖，面积为 $76 \times 10^8 hm^2$，但由于人类的干扰，森林面积在不断减少。根据世界粮农组织报告：2010 年以来，全球森林资源总面积继续呈现线性下滑趋势，到 2019 年全球森林存量面积为 $3825 \times 10^6 hm^2$，预计到 2025 年这个数值将降至 $3815 \times 10^6 hm^2$。目前全球森林面积在区域间的分布极不均衡，欧洲以 49% 的森林覆盖率大幅领先其他地区，而非洲以仅仅 2% 的森林覆盖率排名垫底。分析认为由于无节制的商业伐木行为导致非洲水土流失问题严重，加上北非地区大面积的沙漠地段，非洲林业的生长可能受到抑制；相反欧洲国家在经历了工业化之后，对于环境的保护投入更高。在种种因素下，各州的森林覆盖率存在明显差异。

（1）中国森林覆盖率的历史变化

中国从原始社会到今天，特别是夏朝建立至今 4000 多年时间里，以目前我国的疆域粗略计算，森林覆盖率从 64% 下降到新中国成立初的 12.5%，1962 年的 11.8%，到 2018 年第九次全国森林资源清查结果为 22.96%。表 2.1 反映了历史的巨大变化。

表 2.1　各时期（时间段）森林覆盖率变化

时　期	森林覆盖率变化	原因分析
原始社会—夏朝建立	64%~60%	随着火的使用，人类相继发明了火猎之法以捕获野兽；火田之法以种植农作物，烧制陶器；借助于火“披山通道”以发动战争；用火烧饭和取暖等。自黄帝轩辕直至夏代的数百年间是毁林较为严重的时期
夏朝建立—公元前 221 年秦朝统一中国	60%~46%	这一时期，是奴隶社会向封建社会过渡的时期。先后经过了夏、商、西周、东周（分为春秋、战国）等朝代。由于人口的增加及活动范围扩大。夏朝的活动地区主要集中于黄河中下游，人口约 140 万，而商的活动区域有所扩大，人口增长到 200 万余人，部落数量减少。到西周初期人口增加到 300 万余人，活动区域、城的密度都有增加，邦国进一步减少。春秋后期人口达 450 万，战国末期最终到秦统一中国人口达 2000 万
秦汉魏晋南北朝—清代前期（公元前 221—1841 年）	46%~17%	这一时期，人口从 2000 万发展到宋代宋徽宗大观年间突破 1 亿。人口的增长，农业开垦范围扩大，强度加深，加之许多帝皇将相为了争夺地域发动战争，大面积毁林，大规模修建宫、院，森林资源大量减少，森林覆盖率从 46% 下降到唐末的 33%，到明末清初的 21%，至清末的 17%

（续）

时　期	森林覆盖率变化	原因分析
清朝后期—民国时期（1840—1949 年）	17%~12.5%	这一时期的人口大约为 37200 万 ~54167 万。1840 年全国人口为 41281 万，中间由于鸦片战争、太平天国运动等，到同治十二年（1873 年）人口降为 37200 万人，之后到宣统三年（1911 年）人口约 41233 万余人。到 1949 年全国人口约 54167 万人。这一时期的森林资源大约由 17% 下降为 12.5%。在 109 年的时间内下降了 4.5 个百分点，达到了有史以来森林破坏的最高点。
新中国成立—1962 年	12.5%~11.8%	这一时期，由于经济建设需要大量的木材，加之 1958 年的大炼钢铁和三年自然灾害，消耗大量的森林资源，但与 1949 年以前军阀混战相比，对森林资源的破坏程度有所减轻
1962—1976 年	11.8%~12.7%	国有林区集中过伐，更新跟不上采伐。全国大规模的森林破坏曾出现数起。1968 年到 1978 年的大规模采伐，按全国 128 个林业局 1978 年的统计，生长量、可伐量与各局实际木材产量相比，采伐量大于生长量 10.6%，大于可伐量 43%，另外，我国过去一度片面强调发展粮食生产，毁林开垦比较严重，开垦的主要对象是林地，不但破坏了森林，而且也破坏了生态环境，但与前期相比破坏程度有所缓和
1976—1981 年	12.7%~12%	从 1976 年到 1981 年，由于不合理的人为采伐、乱砍滥伐、森林火灾等原因，森林面积再次下降
1981—1988 年	12%~12.98%	为扭转森林面积下降的趋势，改善森林资源结构。1981 年 12 月 13 日，五届全国人大四次会议讨论通过了《关于开展全民义务植树运动的决议》。这是 1949 年以来国家最高权力机关对绿化祖国作出的第一个主要决议。1982 年 4 月林业部颁布了《造林技术规程（试行）》。从此，全民义务植树运动作为一项法律开始在全国实施，同时也有了相应的技术规程。到 1988 年，全国人工造林保存面积达 $3101\times10^4hm^2$，封山育林和飞播造林取得良好成效。1981 年开展全民义务植树运动以来，每年有 2 亿多人参加，植树 10 亿多株。过去无林少林的广大平原地区，造林绿化有了突破性进展，已有 223 个平原县达到平原绿化标准。三北防护林体系建设一期工程已胜利完成，共造林 600 多万公顷，现正在进行第二期工程建设。用材林基地建设也取得了进展，全国营造速生丰产用材林 200 多万公顷
1988—1993 年	12.98%~13.92%	1991 年 9 月，国务院批复了《1989—2000 年全国造林绿化规划纲要》，特别是党的十一届三中全会以来，随着林业改革的不断深入，我国造林绿化事业取得很大成绩，对国民经济发展和改善生态环境做出了重要贡献

（续）

时 期	森林覆盖率变化	原因分析
1993—1998 年	13.92%~16.55%	与第四次清查相比，两次清查间隔期内，森林面积净增 $1370.3 \times 10^4 hm^2$，森林覆盖率净增 1.43 个百分点，森林蓄积量净增 $6 \times 10^8 m^3$，林木蓄积生长量继续大于消耗量。但我国森林资源所面临的形势依然严峻。主要表现在：森林质量不高，单位面积蓄积量指标远远低于世界林业发达国家水平；林龄结构不合理，可采资源继续减少，这对后备资源培育构成极大威胁；林地被改变用途或征占用数量巨大。间隔期内，有 $281 \times 10^4 hm^2$ 森林被改变用途或征占改变为非林业用地；林木蓄积消耗量呈上升趋势，超限额采伐问题十分严重
1998—2003 年	16.55%~18.21%	全国层面上实施了天然林保护等“六大”工程，南方集体林区加快封山育林步伐，东南沿海随着经济发展，薪炭减少，普通老百姓也用上煤气，保护森林资源维护生态环境意识增强。但问题仍然十分突出，表现为分布不均、结构不良，东部地区森林覆盖率为 34.27%，中部地区为 27.12%，西部地区只有 12.54%，而占国土面积 32.19% 的西北 5 省区森林覆盖率只有 5.86%。森林质量不高，全国林分平均每公顷蓄积量只有 $84.73 m^3$，相当于世界平均水平的 84.86%，居世界第 84 位。林分平均胸径只有 13.8cm，林木龄组结果不尽合理。人工林经营水平不高，树种单一现象还比较严重
2004—2008 年	18.21%~20.36%	这五年间中国森林资源进入了快速发展时期。重点林业工程建设稳步推进，森林资源总量持续增长，森林的多功能多效益逐步显现，木材等林产品、生态产品和生态文化产品的供给能力进一步增强。森林面积 $19545.22 \times 10^4 hm^2$，活立木总蓄积 $149.13 \times 10^8 m^3$，森林蓄积 $137.21 \times 10^8 m^3$。天然林面积 $11969.25 \times 10^4 hm^2$，天然林蓄积 $114.02 \times 10^8 m^3$；人工林保存面积 $6168.84 \times 10^4 hm^2$，人工林蓄积 $19.61 \times 10^8 m^3$，人工林面积居世界首位。森林资源总量不足、质量不高仍是主要矛盾
2009—2013 年	20.36%~21.63%	这时期森林资源进入了数量增长、质量提升的稳步发展时段。表明中国政府确定的林业发展和生态建设一系列重大战略决策，实施的一系列重点林业生态工程，取得了显著成效。全国森林面积 $2.08 \times 10^8 hm^2$，活立木总蓄积 $164.33 \times 10^8 m^3$，森林蓄积 $151.37 \times 10^8 m^3$。天然林面积 $1.22 \times 10^8 hm^2$，蓄积 $122.96 \times 10^8 m^3$；人工林面积 $0.69 \times 10^8 hm^2$，蓄积 $24.83 \times 10^8 m^3$。森林面积和森林蓄积分别位居世界第 5 位和第 6 位，人工林面积仍居世界首位。主要矛盾体在生态压力以及森林有效供给与日益增长的社会需求上

（续）

时 期	森林覆盖率变化	原因分析
2014—2018 年	21.63%~22.96%	这五年时间里森林覆盖率提高了 1.33 个百分点。这 1.33 意味着全国森林面积净增 $1266.14 \times 10^4 hm^2$，森林面积达 $2.2 \times 10^8 hm^2$，森林蓄积量达 $175.6 \times 10^8 m^3$，实现了 30 年来连续保持面积、蓄积量的“双增长”。我国成为全球森林资源增长最多、最快的国家。森林年涵养水源量 $6289.5 \times 10^8 m^3$、年固土量 $87.48 \times 10^8 t$、年保肥量 $4.62 \times 10^8 t$、年吸收大气污染物量 $4 \times 10^7 t$、年滞尘量 $61.58 \times 10^8 t$、年释氧量 $10.29 \times 10^8 t$、年固碳量 $4.34 \times 10^8 t$，生态状况得到了明显改善，森林资源保护和发展步入了良性发展的轨道。第一次统计乔木林中有 1892.43 亿株乔木。综合应用遥感、卫星导航、地理信息系统、数据库和计算机网络等技术，并进行集成应用深化，样地定位、样木复位、林木测量和数据采集精度大幅度提高

（2）人类经营思想对森林结构的影响

从另一角度看，随着全球人口增加，人类的有意识经营活动范围扩大，强度增强，认识也在不断提高，从单纯的木材生产，求单一经济效益，到以生态为先，多物种和谐发展，求得最优生态环境。

中国森林资源定向培育与利用历史久远。3000 年前就开始植树造林了。古代书经中写到“竞州，豫州贡漆，青州贡松，徐州贡桐，扬州贡篠、簜、桔、柚，荆州贡柏”，反映的是一种夏、商时期最原始的调查，透射出朴素的、有意识的定向培育思想。

秦汉时期，南方古越人创造了“萌条杉”“插条杉”等繁殖技术。

西汉的《汉自生之书》和东汉的《四民目令》提出了一套完整的植树技术。

北魏的《齐民要术》，首次提出农林间作和林木轮作法，比德国至少早 800 年。

唐末以后林业科技发展较快，松、桐、竹、桑、荔枝、柑橘等栽培技术有了明显发展。

明、清时期，造园技术有很大提高和发展，南北各地出现了许多独具风格的园林。

欧洲文化复兴与工业革命，推动着森林培育与利用的发展，1795 年德国的林学家哈尔幕希提出“森林永续经营理论”，1804 年哥塔提出“龄级法”，1826 年洪德斯哈根提出“法正林”学说，1898 年盖耶提出“接近自然林业”。

① 求木材产量，以人工造林为手段，皆伐为利用方式，出现了大面积的纯林结构。

森林可以为我们直接提供木材和林副产品，我国虽然地大物博，但随着人口增加，长期的毁树毁林，乱砍滥伐，使我国的森林覆盖率到新中国成立初期仅有 12.5%，到 1981 年降到 12%，大大低于世界 30% 的平均水平。新中国成立后的前 30 年，国家通过多种措施加强森林资源管理，进行人工造林，尤其是 20 世纪五六十年代，一是造林质量高，成活率高；二是造林树种多用本地种类，如北方的油松、侧柏、落叶松、云杉、冷杉，南方的马尾松、杉木、铁杉、相思树。当时，即使乡村造林，也多选择长寿、木材优质的树木。但终因采伐量大于生长量，采伐面积大于造林更新面积，带来的水土流失，洪涝灾害，每年都给国家和人民造成巨大的经济损失。为了尽快扭转这种局面，加快造林进程，1981 年 12 月 13 日，五届全国人大四次会议讨论通过了《关于开展全民义务植树运动的决议》。把每年的 3 月 12 日定为全国植树节。从 20 世纪 80 年代初至 20 世纪末，我们在造林问题上更多强调木材产量，强调速生，希望尽快消灭荒山，使祖国大地披上绿装，也切实起到了作用，森林覆盖率不断上升，但 90% 人工林为单一品种的纯林，人工林中针叶纯林又占三分之二，个别省份高达 95%，且分布集中。在 17 个针叶造林树种中，杉木、马尾松、落叶松和油松 4 大针叶林的面积占绝对优势，比例高达 83.3%。天然常绿阔叶林是我国南方亚热带的地带性植被，但是长期以来，人们称之为“杂木林”，视为低价甚至无价值树种，闽、湘、皖、桂、浙 5 省针叶林几乎全部为杉木和马尾松两个树种的纯林，东北三省及内蒙古东部则集中了落叶纯林的 90% 以上。而事实上，保护土壤不受侵蚀不能单靠树木本身，而应该更多地依赖于林下的枯枝落叶层、腐殖质层以及低矮的下木灌草或苔藓层的立体庇护；不同树种对病虫害的抗性是不同，不同树种火的燃点也是不一样的，不同树种也有不同的视觉效果。长期实践表明，人工纯林有许多的后遗症，主要表现在：一是防风固沙、防止水土流失能力减弱。二是生物种类少、营养结构简单、生态系统抵抗力稳定性低，易受病虫害侵入，导致病害虫害成灾，加重了环境的压力。如 90 年代的一场天牛灾害使宁夏构成第一代林网的 8000 万株杨树遭受毁灭性打击，不得不全部砍光。十几年的造林成果毁于一旦，只好从头做起。现今三北地区，天牛虫害已使约占新植防护林 77% 的 7500 万亩[①] 杨树受损。这正是植树中被人们忽视的一个生态学原理——“单一性导致脆弱性”所起的作用，因为人工林基本上还只是一定数量树木的集合体，而不具备科学意义上的“森林生态系统”。防护林类人工林虽然规模较大，多数情况下具备形成“森林”的面积要求，但是，由于造林地的自然生境较差，加之没有长时间的封育，不能形成“森林”生境；农田林网等线状林，也不能形成“森林”生境。速生丰产林以木材生产和经济最大化为目标，实行集约经营，更难以形成“森林”生境。三是严重影响鸟类等生物的生存。四是森林空间结构不良。曾被授予“湖北省荒山造林第一市”光荣称号的宜昌市，由于大面积纯林，林种结构不合理，林分质量差，相当一部分经济林长势不良。全市每亩活立木平均蓄积只有 $2m^3$，产值仅 66.5 元。因此在“绿化达标”之后，又不得不进行“低产林”改造。

② 为求生态优化、物种多样性，以封山育林和人工造林相结合为手段，形成了物种相对丰富，具有较强抗灾害能力的森林空间结构。

---

① 1 亩 $1/15hm^2$，下同。

由于单一树种纯林带来的许多不良后果，人类不仅反思，更多是探索森林多效益共同发挥的问题，从森林空间结构上研究优化生态空间结构的方法与途径，从森林空间结构上研究生物多样性，从森林空间结构上探讨森林自身的抗灾害能力。

为强化森林的生态效益，1995 年国务院批准发布的《林业经济体制改革总体纲要》（体改农［1995］108 号）中提出“森林资源培育要按照森林的用途和生产经营目的划定公益林和商品林，实施分类经营，分类管理”。并首次提出“将防护林和特种用途林纳入公益林类”“公益林以满足国土保安和改善生态环境的公益事业需要为主”。为管理好生态公益林，国家和地方还出台了相关的技术标准，如生态公益林建设导则（GB 33/T18337.1—2001）、生态公益林建设导则（DB33/T379.1—2014）、厦门市生态公益林建设技术规程（DB3502/T019—2009）等。2013 年，国家林业局和财政部联合印发了《国家级公益林管理办法》（林资发［2013］71 号）。

物种多样性在一定区域范围反映了物种的集聚性和有限性，可能会发现哪些物种最可能聚在一起，最适合聚在一起，这种一定区域内多物种的集聚就是群落物种多样性，也是一定空间内环境资源的有限性。群落物种多样性是用一定空间范围的物种数量和分布频率来衡量，反映群落的环境和发育特点（Qian 等，1994），它是一物种长期适应环境的结果，而这种结构反映了物种之间存在着某种亲和度，有些物种聚集促进各自生长，反之，也有阻碍发展、影响生长的。一定空间内环境资源的有限性决定了植物生长种群的有限性（林鹏，1990），而在植物种群整个有限生长过程中，种群数量的变化受生物因素的制约要大于气候因素的影响（中国树木志编委会，1985），此种群生存的规模受到同种植物种群密度压力导致的种内竞争、不同种群竞争资源空间导致的种间竞争两方面的控制（王伯荪，1987）。这就是近些年来许多专家在探究的“种间关系”，显然，人为实施单物种群落（人工纯林），不利物种长期良好生长，必然走向物种退化。吴承祯等研究了柳杉 - 杉木混交林种间竞争关系，结果表明柳杉 - 杉木生长在一起有利于提高人工林生态系统生产力（吴承祯等，2001）；陈存及等探讨了青钱柳杉木混交林种内及种间竞争的关系，表明在青钱柳杉木混交时，应采取合适的混交比例、混交密度和混交方法，使混交林的竞争关系协调发展，并建议在营造青钱柳杉木混交林时，应减小青钱柳所占比例，以达到缓和种间竞争的目的（陈存及等，2004）。李燕燕和樊后保研究了马尾松、火力楠混交林生物量及养分结构特征，表明马尾松林下混交了火力楠后，不仅提高了总生物量，而且马尾松的枝叶比例也显著增加（李燕燕等，2005）。大量研究表明，人工混交林是人工造林发展的主要形式。

③ 可持续森林经营贯穿森林发展。20 世纪初中欧产生了把可持续性作为调节林业活动的基本要求的思想。20 世纪 90 年代，可持续发展成为人类社会经济发展的历史潮流。1992 年世界环发大会，森林成为最受关注的主题之一，强调森林是一个国际问题，所有国家都必须确保森林的可持续经营。1997 年 10 月，145 个国家的 4000 多名专家发出《安

塔利亚宣言》，再次警告世界许多地区的森林正在继续快速减少和退化，并郑重指出，各种类型的森林不仅为世界人民提供重要的社会、经济及环境的产品与服务，而且为保障物质供给、净化水与空气及保护土壤作出了主要贡献。从此，可持续发展成为国家发展战略目标的选择，并成为环境与发展领域的全球共识和最高级别的政治承诺（林业部，1997；蒋有绪，2001；中国科学院可持续发展研究组，2000；刘思华，1997；Christensen等，1996）。

实现可持续发展的关键在于森林的可持续经营，在于培育可持续的森林空间结构，从一个区域来说就是构建良好的森林空间布局，包括林分数量、大小和几何结构。不仅能维护好的生态环境，形成良好景观，而且自身具有较强抵御灾害的能力；从林分角度来说，通过不断地经营和利用仍保持较丰富的资源和优越的地力。新修订的《森林法》（2020年7月1日颁布实施）把森林经营管理贯穿始终，目的是为建立稳定、健康、优质、高效的森林生态系统和最优的森林空间结构奠定法律基础。

④ 追求健康、舒适环境，国家设立国家公园、自然保护区、森林公园，划定生态保护红线和自然保护地，开展风景资源等调查。我国走过了木材林业、生态林业、健康林业之路，所谓健康、舒适首先是生态环境好，如有高的负氧离子、清新的空气、优质的水源，还需有美丽、舒适的景观。

建设国家自然保护区、森林公园等保护模式，是维护自然生态和生物多样的要求。为对国家重要自然生态系统、濒危野生动植物的天然集中分布予以保护与管理，1956年国家启动了自然保护区工程，出台《中华人民共和国自然保护区条例》（1994年），截至2016年，已建国家级自然保护区446个；为森林景观优美、人文物集中、观赏和文化价值高、旅游服务设施齐全的区域提升内涵价值，1982年国家开始森林公园建设，颁布了《中国森林公园管理办法》（1994），截至2016年，已建国家级森林公园828处；为保护自然生态系统的原真性、完整性，国家于2008年启动国家公园建设，《建立国家公园体制试点方案》（2015）和《建立国家公园体制总体方案》（2017）作为国家政策发布，截至2019年底已启动三江源、祁连山、大熊猫等10个国家公园试点（张广海等，2019）。

划定生态保护红线是我国环境保护的重要制度创新，是指在自然生态服务功能、环境质量安全、自然资源利用等方面，需要实行严格保护的空间边界与管理限值，以维护国家和区域生态安全及经济社会可持续发展，保障人民群众健康。2014年1月，环保部印发了《国家生态保护红线—生态功能基线划定技术指南（试行）》，成为中国首个生态保护红线划定的纲领性技术指导文件。2015年5月，环保部印发了《生态保护红线划定技术指南》（环发［2015］56号），2017年7月，环境保护部办公厅、发展改革委员会办公厅共同印发《生态保护红线划定指南》（环办生态［2017］48号），2019年8月，生态环境部、自然资源部发布《关于印发〈生态保护红线勘界定标技术规程〉的通知》，用于指导全国生态保护红线划定工作。

自然保护地是生态文明建设的核心载体，人与自然和谐共生，就需要建立自然保护地，给野生动植物留下生存空间，为人类自身提供生态安全庇护；自然保护地是人类文明发展到一定阶段的产物，意为受到保护的自然空间，在我国古已有之，神山神湖、水源林、风水林、禁猎区等都是早期的自然保护地。我国自然保护地包括国家公园、自然保护区以及自然公园三种类型。建立以国家公园为主体的自然保护地体系是一场深刻的系统性变革，也意味着占总面积近 1/5 的国土空间纳入自然保护地体系，其规模和影响力绝不亚于当时 20 世纪初美国的荒野保护和国家公园运动，必将在生态保护领域产生深远的影响。

森林风景资源是绿水青山，也是金山银山，是开展森林游憩活动的物质基础和客观存在，有着不可估量的生态价值、科研价值和旅游观赏价值，也是山区乡村振兴中生态宜居、游憩产业发展的基本依托。通过森林风景资源，明确其位置分布、变化规律、数量、特色、特点、类型，可为合理利用森林风景资源，优化生态环境，规范自然保护地管理，制定森林景观规划、森林旅游规划、森林康养地规划提供参考。

⑤ 维系森林文化，强化乡土树种繁育和古树名木保护，各地推进珍贵彩色森林等工程建设。纵观人类的发展史，可以说没有森林，就没有人类，更不会有人类文化。森林文化是人类文化的雏形和最早表现形式。森林文化源远流长。也可以讲，人类文明的进步史就是森林文化的演替发展史（王韩民，1994），森林文化作为以森林为背景的协调人与森林、人与自然关系文化样态，本质上是一种生态文化，在某种意义上也可说森林文化是森林生态文化，森林文化的特征表现为生态性、民族性、地域性和人文性，其本质特征体现为人与自然和谐相处。森林本身是一种生态、一种生命、一种生机。在物质层面上森林能向人类提供现成的无公害或绿色的食物、材料和能源。森林还可以向人类提供清新的空气，并且能够降解空气中的有毒化学物质。在精神层面上，它能培养人的生态意识、生态情感、生态思维模式，在社会心理上形成主导性的生态文化模式，从而协调人与自然的关系，逐渐生成“生态人”的形象。森林文化的民族性指不同民族在认识和利用森林过程表现出的不同森林背景和不同文化品位。诸多的少数民族，处于不同的历史背景和山地森林环境，其宗教、风俗、习惯、情趣，以及生活方式和生产方式在表达上显出个别性和差异性，正是这种个别性和差异性，造成了森林文化的多样性和丰富性。森林文化的地域性，包括所在地民族特质，更多的是体现这一地域的地理和气候的特征。如日本典型的森林文化有照叶林文化和枹栎森林文化，俄罗斯的白桦林文化。森林文化的人文性，指以森林为载体所表现的人文精神。此时的森林，已不单指一般物质的概念，而是融入人类精神的一个文化符号。如以松柏象征挺拔独立，四季常青；以竹比喻虚心劲节，笔直不阿。正因为森林文化的这些特征，各地通过举办森林文化节等形式来宣传这独特的文化品质。

乡土树种是指本地区天然分布或者已引种多年且在当地一直表现良好的树种。乡土树种对本地环境的适应性强，易成活，能提高本地环境、突出本地文化特色，是具有高度生态适应性的树种。乡土树种在当地绿化造林、美丽乡村建设中具有不可替代的作用（林力，2019）。随着国家经济和科技的不断发展，各地一方面加强森林直接效益的提升，同时注重树种的配置和视觉效果，将珍贵树种基地、彩色森林、健康森林、大径材、一般抚育等类型有机结合起来（李佐晖等，2016）。

古树名木是一种特殊的森林资源，其种类、数量和分布往往受到自然地理环境、人文风俗、历史变迁及经济发展等因素的综合影响。俗语说“名缘易得、古木难求”（胡坚强等，2004）。古树名木是“活化石”“绿色文物”，它们就像是人类发展进程的见证者，历经着四季更迭、岁月流逝，文化历史价值不可估量。古树名木历经了大自然千百年以上的精雕细琢，其具有的苍劲、古朴的奇姿妙态和无与伦比的体量，都是普通树木所不具备的，是一种不可或缺的风景园林景观。古树名木从破土而出的孱弱小苗成为遮天蔽日参天大树的过程，也是当地气候变化和万物进化的过程，相较于普通树木来说，古树名木的遗传基因交换变异要少很多，是大地的历史丰碑，是研究自然变迁的活化石（何小弟等，2007）。古树名木的存在，是风景名胜的特色景观，是古堡村镇的绿色图腾，是人民群众的乡愁寄托，是园林中、平原绿化及生态文明建设的点睛之笔。总之，具有自然、历史、人文的三重价值。

2.2　森林资源变化因素分析

森林资源状态与变化趋势是森林资源监测核心内容，是带有全局性和根本性的基础工作，森林资源动态更新方法与技术是掌握森林资源现状及动态变化、解决森林资源监测难点的主要手段（杨永琴，2015；白效乐等，2016；黄秋蓝，2016；初映雪，2017；吴鑫，2016；贾榕等，2017）。只有充分掌握森林资源变化的成因，才能揭示其规律，模拟其动态变化和趋势，规划林业发展，有效推进林业生产与经营。

森林资源有其自身的生长与发展规律，一个区域的森林资源在近自然环境下，其分布、量、质等方面都会发生变化，但它是一种进化着的变化，总体是一种渐变；自从人类出现以后，森林资源发生发展规律明显改变，人为活动的因素占了主导地位，从而最终导致森林资源匮乏，自然环境恶化，反过来威胁到人类自身的生存（刘钧，2005）。

据记载，地球在100多万年前就有了人类，而在人类诞生之前，地球上覆盖着茂密的森林。从原始社会到夏朝建立之前我国森林覆盖率按今天的国土面积计算大约为64%（马忠良等，1997）。这些葱茏郁茂的原始森林，主要分布于我国的“东南半壁”，森林覆盖率约为80%~90%，“西北半壁”的森林主要分布于高山和河流附近，森林覆盖率在30%左右，其他地区为草原、荒漠、寒漠和雪山。此时的森林不仅分布广、面积大，而且森林植物和动物资源种类繁多、种群数量庞大，为人类提供着十分充足的衣食来源。从夏朝建立至公元前221年秦朝统一中国，是我国奴隶社会并向封建社会过渡的时期。

先后经过了夏、商、西周、东周（分为春秋、战国）等朝代。森林资源的多少、优劣与人口的增减及活动密切相关，夏朝的活动地区主要集中于黄河中下游，人口约 140 万，而商的活动区域有所扩大，人口增长到 200 万余人，部落数量减少。到西周初期人口增加到 300 万余人，活动区域、城的密度都有增加，邦国进一步减少。春秋后期人口达 450 万。统治地区已达长江中下游乃至华南一带。战国时期，只剩下七个国家彼此争雄，战国末期（公元前 221 年）人口达 2000 万（王育民，1995），最终由秦统一中国。在夏至战国的 1800 多年间，森林覆盖率大约由 60% 下降低到 46% 左右，平均每 100 年减少 0.76 个百分点。但由于那时毕竟人少，森林资源仍然很丰富，尤其是山地和人口稀少的边远地区。秦汉魏晋南北朝至清代前期（公元前 221—1841 年），人口从 2000 万逐步发展到宋代宋徽宗大观年间突破 1 亿。由于人口的增长，农业开垦范围扩大、强度加深，加之多少帝皇将相为了争夺地域发动战争，大面积毁林，大规模修建宫、苑，造成森林资源大量减少，森林覆盖率从 46%下降到唐末的 33%，到明末清初的 21%，至清末的 17%。

清朝后期至民国时期（1840—1949 年），是半殖民地半封建社会。这一时期的人口大约为 37200 万 ~54167 万。1840 年全国人口为 41281 万，中间由于鸦片战争、太平天国运动等，到同治十二年（1873 年）人口降为 37200 万人，之后到宣统三年（1911 年）人口约 41233 万余人（王育民，1995）。到新中国成立前全国人口约 54167 万人。这一时期的森林资源大约由 17% 下降为建国时的 12.5%。在 109 年的时间内下降了 4.5 个百分点，达到了有史以来森林破坏的最高峰。森林受破坏的原因，除了有以前历史时期的农垦、建筑、薪炭等生产生活因素外，还加上了两个新的因素，即帝国主义掠夺和战争毁林。据国民党政府农林部调查，抗日战争期间各省森林被破坏约 $18.8 \times 10^8 m^3$。在新中国成立前的一个多世纪里，帝国主义列强使我国丧失了木材蓄积量达 $100 \times 10^8 m^3$（张钧成，1985）。我国六盘山在乾隆五十五年（1790 年）还是“水自峡中出流”，光绪末年六盘山的美高山已成为光山秃岭中的“绿洲”；甘肃中部地区的通渭、榆中、皋兰等县在清代初年还有一些森林，清末基本被伐完（刘钧，2005）。

归纳起来，森林资源变化是由自然、人为两方面的因素导致的。而从变化的程度可分为渐变与突变两类。

2.2.1 自然引起的森林资源变化

自然因素主要包括地形地貌、土壤、气候、灾害等。地形地貌、土壤、气候就森林所处的立地条件，不同的立地条件分布有不同的森林群落，某种树木或动物也只能在它适应的条件下生存和发展。

森林在近自然状态下有其客观的生存与发展规律，无论是树木从幼苗到大树，还是森林从幼林到成熟林，基本呈现指数生长，都从慢生长到快生长，再进入到稳定态。由于森林中树木之间的竞争，稳定态时就意味有生长有消亡，从而达到动态平衡。然而，森林在生长过程中始终受到自然灾害的威胁，主要是雷击火、旱灾、水灾、有害生物等，造成区域森林资源的突变。同时，树木与森林的自然消长也是导致森林资源缓慢增减（渐变）的原因（表 2.2）。

表 2.2　自然变化原因分析

<table>
<tr><th>一级变化原因</th><th>二级变化原因</th><th>三级变化原因</th></tr>
<tr><td rowspan="10">灾害因素</td><td>火灾</td><td></td></tr>
<tr><td rowspan="2">地质灾害</td><td>滑坡</td></tr>
<tr><td>其他地质灾害</td></tr>
<tr><td rowspan="7">其他灾害因素</td><td>病害</td></tr>
<tr><td>虫害</td></tr>
<tr><td>风折</td></tr>
<tr><td>雪压</td></tr>
<tr><td>冻害</td></tr>
<tr><td>干旱</td></tr>
<tr><td>其他灾害</td></tr>
<tr><td rowspan="4">自然因素</td><td>封山育林</td><td></td></tr>
<tr><td rowspan="3">其他自然因素</td><td>天然更新成林</td></tr>
<tr><td>蓄积进界</td></tr>
<tr><td>其他自然因素</td></tr>
</table>

（1）自然因素影响下的森林资源突变

自然因素的强干扰会引起的森林资源量与结构的激烈变化。

① 火灾：根据近些年森林火灾成因分析，90% 以上为雷击火，当雷击结合特定的森林环境，就易发生森林火灾。这特定的森林环境主要指地表覆盖物及厚度、地表覆盖物干燥度、空气温湿度、树种组成、林龄、风力风向风速等因子。

② 滑坡：是森林地面移动，导致地表覆盖物损毁的过程。这种现象常发生于地质结构疏松，同时水分充足的环境下可能产生。

③ 其他地质灾害：泥石流、地表塌陷和地裂缝等，通常是突发性的。

④ 病虫害（有害生物）：通过侵害植株相应部位，使组织损坏影响生长或植株枯死的现象，导致森林蓄积量减少或激烈减少。如松材线虫病。

⑤ 风折、雪压、冻害、干旱等：都是因极端天气引起的树木损害，致使森林生物量、蓄积量的激烈变化。

（2）自然因素影响下的森林资源渐变

各种有利于树木生长的自然因素促进森林资源量的增长与结构的丰富，最终进入稳定态。

① 封山育林：是一种近自然状态生长与消耗过程，不同年龄段其消长程度会有

差异。

② 蓄积进界：是计算森林蓄积量时对树木胸径范围的一种要求，在规定进界的胸径计算蓄积量，否则忽略不计。

③ 天然成林更新：是种子或树木的其他繁殖组织在适应的自然环境下生长与成林的过程。

④ 缓变性地质灾害：是指区域性地质生态环境变异引起的森林资源危害，如区域性地面沉降、海水入侵、干旱半干旱地区的荒漠化、石山地区的水土流失、石漠化和区域性地质构造沉降背景下平原或盆地地区的频繁洪灾等，这些通常由多种因素引起且缓慢发生的灾害。

2.2.2 人为引起的森林资源变化

人为引起的森林资源变化是人类对森林资源干扰所致，人为干扰因素主要有造林更新、森林抚育、森林采伐、征用占用、毁林开垦、规划调整、调查错误等（表 2.3）。

表 2.3 变化原因划分标准及代码表

一级变化原因	二级变化原因
造林更新	人工造林 人工更新 飞播造林
森林采伐	主伐皆伐 主伐渐伐 主伐择伐 低产（效）林改造采伐 更新采伐 抚育采伐 乱砍滥伐 其他采伐
规划调整	退耕还林 其他规划调整 种植结构调整
占用征收	交通 通讯 电力 水利 矿产 商业开发 城建 其他占用征收

（续）

一级变化原因	二级变化原因
毁林开垦	
灾害因素	火灾 有害生物
调查错误	漏划 错划 属性因子调查错误

（1）人为干扰下的森林资源突变

造林更新、森林采伐、征用占用、毁林开垦、调查错误等人为因素会引起森林资源的激烈变化，如大树造林会使蓄积量急剧增加，而森林采伐、征用占用、毁林开垦致使蓄积量急剧减少；规划调整、调查错误会造成森林面积、蓄积与实际的正负直接性偏移。

（2）人为干扰下的森林资源渐变

森林抚育是森林渐变的主要因素，在幼龄林、中龄林阶段，人为施肥、锄草等抚育措施将促进森林生长加速和生长量提高；而在中龄林、成熟林阶段因人为轻强度的抚育间伐，一方面促进保留木更好地生长，同时又减少了单位面积的蓄积量。

2.3　我国现行调查体系与改进

我国的森林资源调查最早开始于 1950 年林垦部组织的甘肃洮河林区森林资源清查（邓成，2012）。借鉴苏联的森林调查技术规程，进行地面实测和航空测量，查清了我国主要林区的森林资源状况（闫宏伟等，2011）。20 世纪 60~70 年代，引进以数理统计为基础的抽样技术，并以此为基础开始建立国家森林资源连续清查体系。1982 年我国的森林资源调查正式分为国家森林资源连续清查（一类调查）、森林资源规划设计调查（二类调查）和作业设计调查（三类调查）3 类。1983 年，建立全国森林资源数据库。一类调查以数据库为基础，以后每 5 年进行一次；二类调查于 1996 年正式明确调查周期一般为 10 年（易淮清，1991）。20 世纪 80 年代以后，我国设立了东北、华东、西北、中南四个区域森林资源监测中心和省级监测机构，逐步引进 3S 等高新技术手段，同时扩充生态监测内容，初步形成了森林资源和生态状况监测的基本框架和森林资源监测体系（林业部林资字［1989］41 号文；冯仲科，2001）。进入 21 世纪，特别是近 10 年来信息技术应用得到不断深化，并就技术体系主要问题展开讨论，主要有：①创建陆表系统逐级互联网 +3S 技术规划、区划到国家省域县域（林场）乡镇（营林区）村（街道、林班）户（小班）的地类、植被覆盖类型、面积逐级严密平差体系②研制 3D 激光扫描和任意摄影为主导的卫星载、无人机载、车载、固定式、背负式、手持式森林观测仪器体系；③以小样本、县域300个左右5~9株树微样地或3D电子角规精测异质化小班为基础，研建林木与立地环境之间的预测预报反演模型，主导树种材积、蓄积、生物量、碳储量、生长量、固碳量（碳增量）及其转换模型；④研建面向森林资源调查监测、规划设计、经营作业 、制图建库、造林采伐、择伐经营的新一代森林经理平台（冯仲科，2018）。2016年广西林业设计院与中国林业科学研究院合作，利用激光雷达系统，初步建立了“空天地一体化森林资源调查监测新技术体系”，实践表明取得了明显的效果（甘剑伟，2017）。

2.3.1 森林资源调查方法

测度森林资源的数量和特征的过程称为森林资源调查或森林资源监测 。国家或大区域森林资源调查方法可分为3种：第一种是全国森林资源连续清查（Continuous Forest Inventory，CFI）形式的调查方法；第二种是以各省（州）森林资源调查信息统计全国总量的方法；第三种是利用森林经理调查（森林簿）结果累计全国总量的方法。美国国土面积和我国接近，其地形多种多样，森林资源丰富，调查方法对我国具有借鉴意义；德国的森林资源调查与我国在组织形式、经费来源、成果、汇总和发布等方面均很相似；法国作为第一种调查方法的代表国、日本作为第三种调查方法的代表国（李云等，2016）。

（1）全国森林资源连续清查方法

森林资源清查是一个国家为满足社会经济发展、生态环境建设和保护的需要，对森林木质、非木质林产品和森林生态环境服务功能、结构变化，从森林资源自身生长、分布规律和特点出发，采用抽样调查技术，以现代信息技术为手段，以省、州为控制总体，通过固定样地设置和定期实测的方法，定期对森林资源调查所涉及的地类变化、森林面积、蓄积及其变化等一系列调查因子，采取相应的调查手段和工具，准确、及时查清相关调查因子，在此基础上通过计算机统计和动态分析，对森林资源现状及其消长变化做出综合评价，并提供相应的技术图件等资料的过程。森林资源清查也是一个不断发展与完善的过程，从全球看，森林资源清查内容不断扩大，评价指标和技术也在发生变化，不断将森林健康、森林土壤和森林生态系统结构和功能指标也陆续纳入调查范围（孟翠英，2010；孟京辉等，2009）。

（2）地方森林资源调查信息统计全国总量的方法

这种方法以美国、加拿大、德国等国为代表。美国的森林资源清查与分析（Forest Inventoryand Analysis，FIA）最早开始于19世纪30年代，以州为单位逐个开展资源清查，平均周期为10年（叶荣华，2003）。自1928年以来公布过9次全国森林资源数据。调查目的是为提供木材蓄积和其他林产品信息，以及森林当前和潜在的生产力等信息（肖兴威等，2005）。从20世纪70年代开始关注各种灾害对森林健康的影响。1990年建立了用以监测森林健康状况和森林可持续发展的森林健康监测体系（Forest Health Monitoring，FHM），包含监测、评价、研究三个层次的内容，由各州和联邦机构合作建立。从2003

年开始，全面统一了调查标准和核心调查因子，FIA 对 50 个州每年清查一次，每次调查 1/5 的固定样地，建立了集成 FIA 与 FHM 的森林资源清查与监测体系（Forest Inventory and Monitoring，FIM），平均清查周期为 5 年，每 5 年提交一次清查报告。

（3）森林经理调查（森林簿）结果累计全国总量的方法

这一方法以日本等国为代表。20 世纪 50 年代，日本新的森林法执行之后，编制森林计划方案原则上成为经营森林必须履行的法律手续。林野厅把全国民有林（占总林地 68%）划分成 253 个经营计划区，把国有林 14 个营林局划分成 80 个经营计划区，每年编制 1/5 经营计划区的经营方法，编制经营计划方案，必须先进行森林调查，并采用累积全国小班调查成果的方法进行资源调查。1976年开始实施全国森林计划基础资料调查，每 5 年调查一次。1984 年根据修改后的森林法，把全国森林计划改名为全国资源基本计划。1991—1993 年通过"将来森林资源调查体系开发研究"报告，报告书中提出采用森林簿累积全国和地区资源数据，利用遥感监测资源环境，布设固定观测网进行多目的资源调查。1999 年，全国范围内以可持续森林经营为指导，按统一的调查方法进行森林资源监测调查并做出评价，调查因子丰富化（李具来等，2004）。

2.3.2　我国森林资源调查体系

2020 年颁布的《森林法》第二十七条规定："国家建立森林资源调查监测制度，对全国森林资源现状及变化情况进行调查、监测和评价，并定期公布"。我国现行的森林资源调查方法（或体系），根据调查对象的不同，分为三大类，即全国森林资源清查（简称一类调查）、规划设计调查（简称二类调查）及作业设计调查（简称三类调查）。各类调查的目的、要求、精度和内容等都不一样。

（1）一类调查

以全国（或大区域）为对象的森林资源调查，5 年为一周期。以大区域为总体，调查的主要内容为面积、蓄积、各林种及各类型森林的比例和生长、更新、采伐、枯损等。旨在从宏观上掌握森林资源的现状和变化，分析全国森林资源动态，制订国家林业方针和建设计划，调整全国性可持续经营与利用，控制和指导全国林业发展，提供必要的基础数据。在一般情况下，不要求落实到小地块，也不进行森林区划。当前大都采用以固定样地为基础的连续抽样方法。固定样地不仅可以直接提供有关林分及单株树木生长和消亡方面的信息，而且由于它本身是一种有多次测定的样本单元，因此可以根据两期以至多期的抽样调查结果，对森林资源的现状，尤其是对森林资源的变化作出更为有效的抽样估计。全国第九次森林资源调查通过成棋盘网格状均匀分布 41.5 万个样地采集数据而得。工作包括以下步骤。

① 确定抽样总体。通常采用两种办法：一种是以整个地区作为抽样总体，全面布设样地。这种方法可以对整个地区的地类和资源作出估计，但工作量较大。另一种方法是

以林业用地作为清查总体，工作量小，但只能查清林业用地上的地类和资源状况。采用哪种方法，应视条件而定。

② 样地布设。固定样地按系统抽样原则布设在国家地形图公里网交点上，每个固定样地均设永久性标志，按顺序编号，并须绘制样地位置图和编写位置说明文字。

③ 样地调查。除面积量测和一般情况记载外，固定样地中各因子的调查，包括森林、林木、林地的数量、质量、结构与分布及动态变化，森林健康状况与生态功能，森林生态系统多样性，土地沙化、石漠化、湿地类型的面积、分布及其动态变化。

④ 内业计算分析。主要是计算森林资源现状及变化估计值，作出方差分析并得出精度指标，目前主要通过相关信息平台完成此项工作。

⑤ 编制调查地区的资源统计表和说明书。包括森林资源统计表、森林资源消长表和森林资源连续清查报告。

（2）二类调查

也称小班调查 / 规划设计调查 / 森林经理调查。以县（国有林业局）为总体将森林资源的各项调查因子落实到小班的一种调查。通过调查资源落实到山头地块，形成森林资源基础档案，满足县级林业区划、林业规划、基地造林规划等需要，满足森林经营单位编制森林经营方案、总体设计等需要，为规划设计提供依据、为其他相关调查提供基础。在实际工作中，一般小班调查与小班区划结合进行，二者不可分开。调查形成的成果资料主要包括：管理与文书资料、外业调查资料（小班调查簿、林带与树带调查记录、外业调查实测记录、固定样地登记表、外业调查底图等）、调查统计表以及各种图件资料等。

（3）三类调查也称作业调查

是为作业设计而进行的森林调查，以具体地块为调查对象。如伐区调查、林分抚育、改造调查。目的是查清一个伐区内，或者一个抚育、改造林分范围内的森林资源数量、出材量、生长状况、结构规律等，据此确定采伐或抚育改造的方式和采伐强度，估出材量以及确定更新措施、工艺设计等。这一调查是企业经营森林，实现永续利用的手段，应在二类调查的基础上，据规划设计要求逐年进行，使森林资源落实到具体的伐区或一定范围的作业地块上。

2.3.3 我国森林资源调查体系改进

由于全球生态危机、气候变化日益加剧，森林资源保护和发展越来越受到国际社会的普遍关注，成为各国共同话题。党的十七大报告指出："建设生态文明，基本进行节约能源资源和保护生态环境的产业结构、增长方式、消费模式"，党的十八届五中全会又将生态文明首次列入十大目标，把绿色发展作为五大发展理念之一，林业作为生态建设的重要组成部分，被赋予了更高的使命和职能。为此，抓住林业建设和改革发展带来的新机遇，完善我国森林资源调查体系，为国家和地方提供一套基数准确、时间一致、上下衔接的森林资源数据，意义深远。

（1）统一技术标准，优化调查机制，实现数据充分共享

吸取发达国家森林资源监测体系的优点，理顺我国一类调查、二类调查和三类调查之间的关系，加强成果数据的标准化和规范化建设，建立一套区划调查与抽样调查相互补充、全面调查与动态监测相互结合、宏观决策与微观经营同时满足，具有统一的森林资源调查技术标准和评价指标体系的新监测体系，实现各种类型调查之间协调，成果数据兼容共享。建立以全面调查为基础，以年度监测（造林、采伐、征占用、灾害等突变信息，生长模型确定渐变信息）为补充的森林资源动态管理平台，实现森林资源动态更新、评测落地、随时出数。

（2）完善监测指标体系，丰富调查内容，实现资源与生态同步监测

美国将森林资源调查体系与森林健康监测体系有机结合，调查丰富，并且每 5 年提交一次清查报告；德国森林资源监测体系包括了周期为 10 年的全国森林清查、每年进行的森林健康调查和周期为 15 年的森林土壤和林木营养调查，构成德国的森林资源监测技术体系；法国的森林资源监测技术体系包含森林资源调查和森林健康环境监测两方面内容。他们都经历了木材资源调查、森林综合资源调查和森林环境监测三个阶段（朱胜利，2001）。因此，调查因子也不断得到丰富。我国应在借鉴国外先进理念和做法的基础上，结合生态文明、健康环境建设的需要大胆探索，细化数据采集的内容和要求，分析和揭示森林资源的环境价值、健康价值。

（3）加强新技术、新方法在森林资源调查中的应用，建立简便、高效、准确的新调查技术体系

技术进步、方法改进将不断推动调查内容的细化、调查效率和精度的提高。随着遥感、无人机、雷达、传感、通信、人工智能等技术的发展，通过单项技术，特别是多技术集成，研发各种调查与监测产品成为可能。在宏观层面，利用遥感影像进行森林类型、林种类型划分，改进抽样方法和精度，将遥感影像与少量地面调查相结合，通过定量与定性相结合建立估算模型，估测森林面积、蓄积量、生物量及碳储量等；利用高分辨率的航空和航天遥感数据和激光雷达点云数据，结合少量的地面调查，提取或估测森林的小班林分郁闭度、平均树高、平均胸径、公顷蓄积量和地理环境等信息。小尺度上，利用无人机影像提取被调查对象树冠，估测树高、胸径和蓄积量；样地测量上，利用智能装备快速测量树木胸径和树高，研发树木测量、定位、数据传输、存储、分析于一体的样地调查与分析系统，建立“空天地一体化森林资源调查监测新技术体系”。

第三章　树木测量装置与方法的研究

树木胸径、高度是森林资源调查的主要因子，其不仅是计算森林蓄积量的主要指标，更能深层次反映森林结构和质量。多年来，我国一直探索将遥感技术、全球定位技术和地理信息系统技术（简称3S）等新技术应用于森林资源调查中，也取得了不少成果，但地面实地调查仍是一种基本调查方式。因此，研制简便、快速、持续、精准的树木胸径、高度测量装置与方法不仅有助于揭示树木的生长规律，更能使林业生产和森林调查人员从烦琐的测量工作中解放出来。

3.1　树木胸径测量仪研制

胸径是指树木树干距离地面1.3m处的直径（黄民生等，2011）。传统胸径测量方法采用钩尺、卡尺、围尺等工具，功能单一、不精准（邱梓轩等，2017；黄晓东等，2015；冯仲科等，2015；He等，2016），同时数据人为读取，记录效率低且易错，数据难以及时入库和定位，一直影响着森林资源调查工作质量和效率（曹忠等，2015；Alparslan，2007；Hui等，2011；关炳福，2010）。

近年出现的一些新兴的测量方法和装置试图用电子技术解决这一问题。王智超等（2013）、赵芳等（2014）使用全站仪测量树木生物参数，沈亚峰等（2017）、周克瑜等（2016）、侯鑫新等（2014）、樊仲谋等（2015）、黄晓东等（2015）利用智能手机或者相机获取相关树木图像信息来提取胸径参数，程朋乐等（2013）、刘伟乐等（2014）使用激光扫描仪对树木一次获取上万个采样点来提取树木参数，吴小平等（2016）使用RD1000快特能测树仪来测量树木胸径，陈金星等（2013）使用拉绳（编码）传感器来测量并记录树木胸径，刘金成等（2017）使用电子条码尺进行单木胸径自动测量研究。但上述产品存在着设备操作复杂，或野外携带不便，或抗干扰性、耐用性差，或设备成本高，或测量效率低等诸多问题，因此难以得到广泛应用。

3.1.1　基于拉绳传感器的胸径测量仪研制

3.1.1.1　拉绳传感器原理

拉绳传感器内部装有绝对式光电编码器，通过光电检测元件来确定码盘上的刻线位置，最后通过转换电路输出相应方波，其原理如图3.1所示。使用的拉绳传感器线数n为500，内径D为50cm，由式3.1得最小分辨率a为1mm。当拉绳拉出时，单位时间内输出脉冲数增加，且脉冲数与拉绳长度呈线性递增关系，又已知圆周率 π，设拉绳头部的正向零点漂移量为 z，量程漂移比为 $p\%$，使用单片机分多次通过 FTM 模块进行脉冲的捕捉，使用 PIT 定时器来记录所采集得到的脉冲个数 Nr，再由式 3.2 将测量所得到的周长换算成胸径值 d。

$$a = D / n \tag{3.1}$$

$$d = \left(\sum_{i=1}^{5} Nr_i \times a / 5 - z \right) / \pi \times p\% \tag{3.2}$$

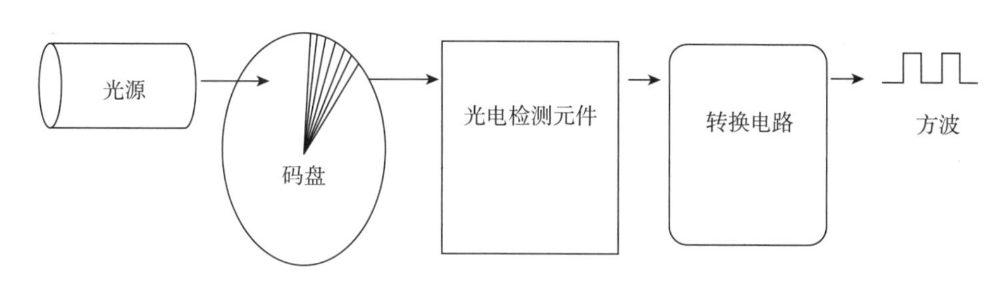

图 3.1　编码器内部原理图

3.1.1.2　样机设计

图 3.2　基于拉绳传感器的样机图

注：1. 超声波传感器；2. 电池；3. 显示屏；4. 蓝牙；5. 绝对式编码器；6. 按键。

基于拉绳传感器所设计的样机如图 3.2 所示，主要实现了以下三大功能。

① 外部环境量采集：通过 CPU 模块来控制主传感器模块和辅助传感器模块对外部环境量的采集，并通过程序来换算成相关数据。

② 硬件支持：通过 PCB 电路主板对其他模块实现了各种芯片不同电压上的电源供应，基于充电、放电、防短路、防倒流上的电路保护，将各相关的电子元件之间数字电路或模拟电路联成一体。

③ 交互与通信：勘测人员通过交互模块给 CPU 模块发送相关的操作指令来控制其他模块。并将采集到的数据由通信模块传输到上位机软件平台。

3.1.2 基于容栅传感器的胸径测量仪研制

3.1.2.1 容栅传感器原理

容栅传感器是一种基于变面积式电容测量原理的新型位移传感器。同光栅、磁栅、霍尔式、电位计式等位移传感器相比，具有质量轻、体积小、机械构造简易、分辨率高、功耗低、成本低、环境适应性强等特点，在数显尺、机床领域有着广泛的应用（王媛媛，2006；谢锐等，2012；高翔等，2011；陈爱军，2017）。

容栅传感器的机械结构由动栅 A 和定栅 B 组成，如图 3.3 所示。定栅和动栅的相对面上都印刻有一系列互相电气隔离的金属极片（E、F、R）。若将定栅 A 和动栅 B 的栅极面相对放置，就会形成数对并联连接的电容（即容栅）。容栅传感器的电路结构按功能可以分为以下几个模块：计数寄存器、分频器、振荡器、控制器、解调器、鉴相器（图 3.4）。动栅 A 上，E 为发射极，接入有 8 路正弦激励信号（$\dot{V}_1$ ~ $\dot{V}_8$：频率相同、幅值都为 $V0$ 而相邻电压间的相位差为 $\pi/4$）的分频器，宽度为 l，共 56 个，分 7 组，每组 8 个（标有 1，2，3，...，8 序号），相同序号的 E 接同一路正弦激励信号，不同序号的 E 之间相互绝缘；R 为接收极，接解调器；其余部分接地。定栅 B 上，F 为反射极，不同的 F 之间互相绝缘，最大宽度 S=8l=5.08mm；其余部分接地。其中一组 E、F 和 R 之间的等效电路如图 3.5 所示，图中 $\dot{V}_f$ 为反射极 F 上的电压，$\dot{V}_r$ 为接收极 R 上的电压，x 为动栅 A 和定栅 B 之间水平方向的相对位移，$Ci(x)$（i=1，2，3，......，8）为发射极 E 与反射极 F 之间的电容，C_{fg} 为反射极 F 与地之间的电容，C_{fr} 为反射极 F 与接收极 R 之间的电容，C_{rg} 为接收极 R 与地之间的电容。根据基尔霍夫定理推得式 3.3：

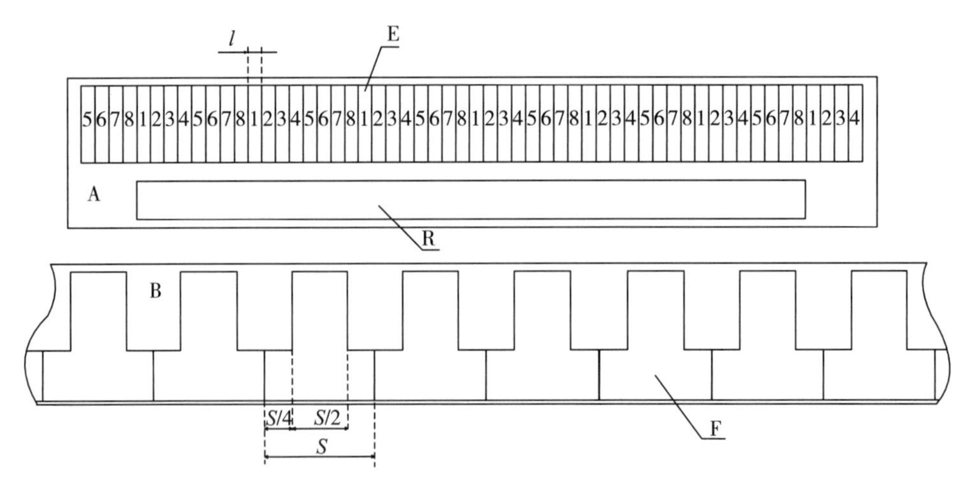

图 3.3 容栅传感器机械结构图

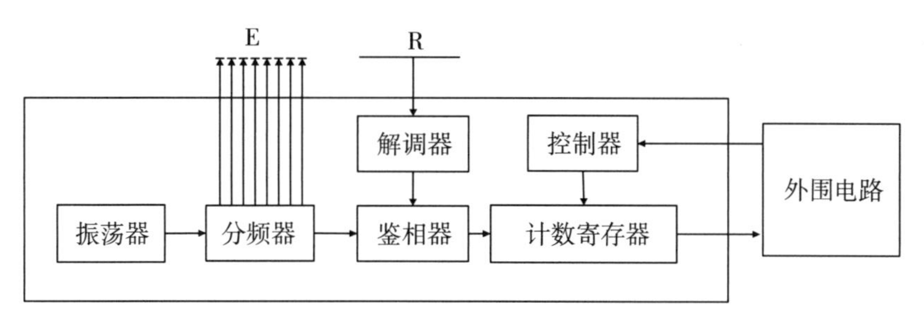

图 3.4　容栅传感器电路结构图

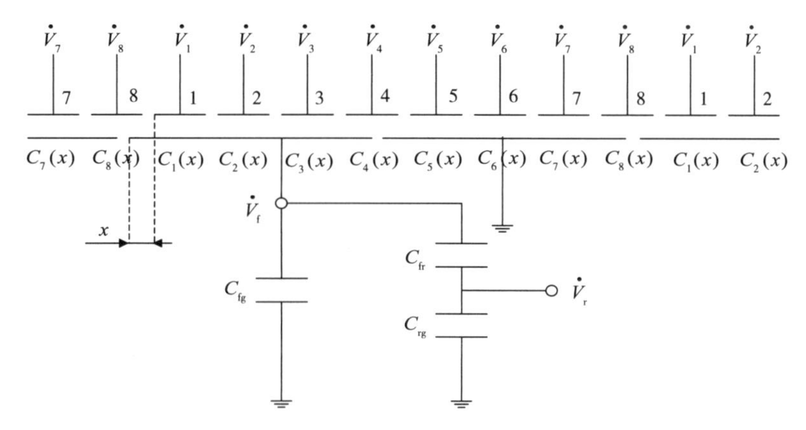

图 3.5　容栅传感器等效电路图

$$\frac{\dot{V}_8-\dot{V}_f}{\frac{1}{j\omega C_8(x)}}+\frac{\dot{V}_1-\dot{V}_f}{\frac{1}{j\omega C_1(x)}}+\frac{\dot{V}_2-\dot{V}_f}{\frac{1}{j\omega C_2(x)}}+\frac{\dot{V}_3-\dot{V}_f}{\frac{1}{j\omega C_3(x)}}+\frac{\dot{V}_4-\dot{V}_f}{\frac{1}{j\omega C_4(x)}}=\frac{\dot{V}_f}{\frac{1}{j\omega C_{fg}}}+\frac{\dot{V}_f-\dot{V}_r}{\frac{1}{j\omega C_f}},\frac{\dot{V}_f-\dot{V}_r}{\frac{1}{j\omega C_f}}=\frac{\dot{V}_r}{\frac{1}{j\omega C_{rg}}} \quad (3.3)$$

设一块小发射极板与反射极板完全覆盖时的电容值为 C_0，则由图 3.5 可知：C_8（x）=$C_0x/1$；C_1（x）=C_2（x）=C_3（x）=C_0；C_4（x）=C_0（1–x/1）。则由式 3.4 可推出：

$$\dot{V}_r=\frac{C_0[(1-\frac{2x}{1})^2+(1+\sqrt{2})^2]^{\frac{1}{2}}}{\frac{C_{fr}+C_{rg}}{C_{fr}}(C_{fg}+4C_0)+C_{rg}}V_0e^{j(\alpha_0+\frac{\pi}{4}+\beta)},\beta=\arctan(\frac{1-\frac{2x}{1}}{1+\sqrt{2}}) \quad (3.4)$$

其中 α_0 为 $\dot{V}_1$ 的相位角。式 3.4 只在 0 ≤ x ≤ 1 且相位组合与位置相对应时成立；当 –1 ≤ x ≤ 0 或 1 ≤ x ≤ 2l 时，相位组合相当于顺序向前或向后移动 π/4；则式 3.4 相对于下一个 0 ≤ x ≤ 1 仍然成立，那么整个量程上式 3.4 都成立（王媛媛，2006）。相角 β 通过鉴相器测出再由计数寄存器进行运算即可得到位移 x 的值，因此容栅传感器的位移检测方式对输入正弦激励信号的幅值波动不敏感，具有较强的抗干扰能力（王媛媛，2006）。

3.1.2.2 硬件设计

装置外观保持与传统卡尺相似，并从定位、测量、读数的便捷性来布局功能。其外观结构如图 3.6（a）所示，图中 101 为左侧卡杆，测量时与树木相切；102 为左侧握把，用于测量员左手握持；103 为右侧卡杆，其用途同 101；104 为电源开关，用于开启或关闭设备；105 为显示屏，用于显示数据和提供人机交互界面；106 为右侧握把，内封装微处理器的集成电路、容栅传感器、超声波传感器、电池、蓝牙；107 为尺体，正面有凹槽来装载定栅片；108 为温湿度传感器开口；109 为超声波传感器的开孔，用于判断装置离地面距离。样机及控制按键如图 3.6（b）所示，样机上装有指南针用于测量不同朝向处的树木胸径。

为保持装置轻便，同时避免不断使用出现的磨损而影响精度，左右侧握把采用聚碳酸酯塑料，左右侧卡杆、尺体采用铝合金，装置总重量 1600g。

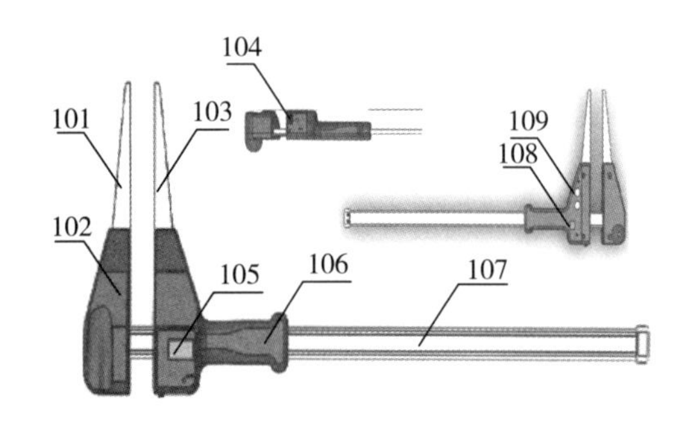

（a）外型设计

（b）样机

图 3.6 装置设计图

3.1.2.3 软件设计

测量仪软件采用 Keil 平台 C 语言设计，主要包括胸径测量、按键控制、主菜单三个功能模块，用于定位与胸径读取；装置上位机软件主要实现通信、数据存储与分析，通过蓝牙方式和测量装置进行串口通信，基于预设的编码形式提取装置中已测的胸径数据，完成测量、传输、存储与分析一体化、可视化过程；PC 端上位机基于 Visual Studio 2017 环境使用 C# 编程语言设计，其与装置无线通信后接收数据的效果如图 3.7（a）所示，移动端上位机基于 Android Studio 3.0 环境使用 Java 编程语言设计，其与装置无线通信后接收数据的效果如图 3.7（b）所示。

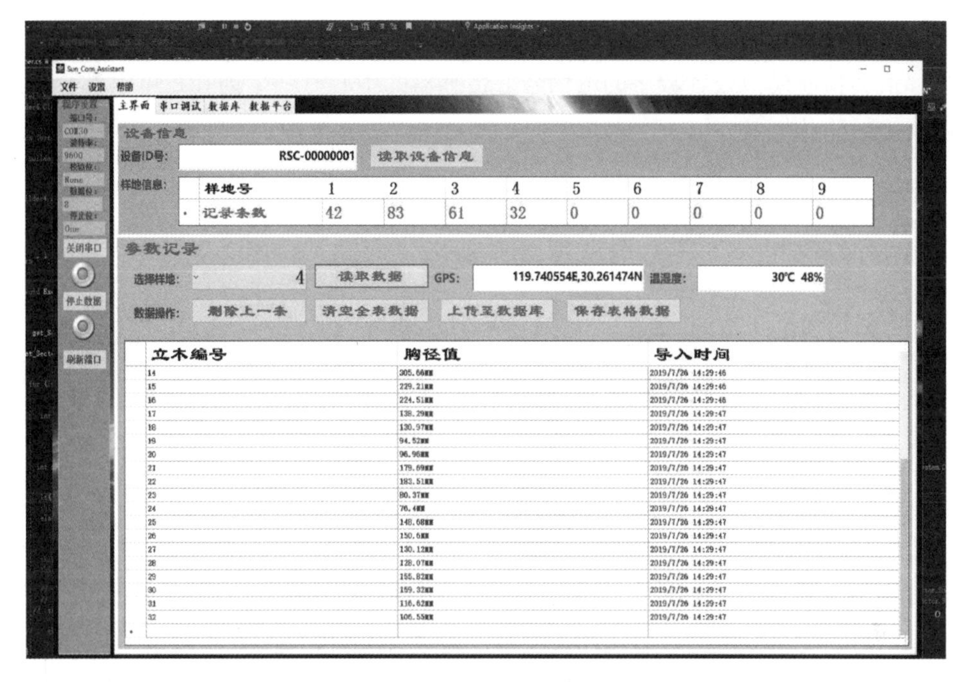

（a）PC端

（b）移动端

图 3.7　上位机图

3.1.3　基于角度传感器的胸径测量仪研制

3.1.3.1　角度传感器

角度传感器，顾名思义是指利用角度变化来定位物体转动幅度的传感器，常用的角度传感器根据测量感应原理的不同可分为霍尔（磁敏）式、电容式、电阻式（赵吴广，2015；吕德刚，2009；高峰等，2009），应用于机械变化频繁、可靠性要求高的场合，汽车电子、机械建筑设备、工业机器人等领域，能通过感应被检测角度并将机械上转盘的旋转位移值转换成模拟或者数字的电信号，传感器的中心有一个通孔，可以配合乐高轴、联轴器、旋转法兰等。

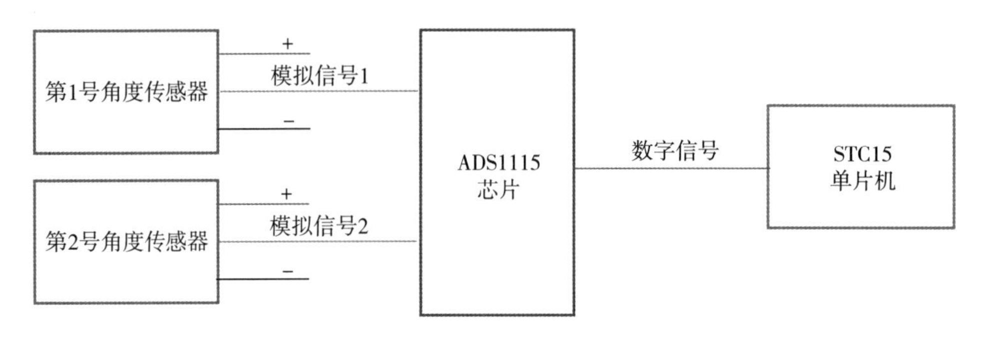

图 3.8　角度提取

角度提取方式如图 3.8 所示，当角度传感器中心轴转动时，其旋转变化量与信号线输出模拟信号变化量呈现出线性正相关关系，通过 ADS1115 芯片（模数转换，16 位）将采样得到的模拟信号转换成数字信号，最后再将数字信号发送给单片机从而提取角度，角度 α_i（i=1，2）的计算公式为：

$$\alpha_i = \frac{360°}{U_n} \times \left(U_{ci} - V_{zi} \frac{U_n}{V_r} \right) \tag{3.5}$$

式中，U_n 为两个角度传感器正向输入电压的 AD 采样值，U_{ci} 为第 i 号角度传感器信号线输出电压的 AD 采样值，V_{zi} 为初始化时第 i 号角度传感器在切臂之间夹角 α_i=0° 的参考值，V_r 为初始化时两个角度传感器输入电压的参考值，且上述因子都以常量的形式储存于单片机中。

3.1.3.2　基于角度传感器的胸径测量仪样机设计

测量仪的设计主要由双角度传感器、控制盒、尺臂等组成，其整体的机械结构如图 3.9 所示。控制盒为上下两部分，上控制盒布设显示屏、充电口、开关、按键等开槽，方便测量，其内部安装 PCB 电路板、锂电池等部件；下控制盒布设角度传感器安装槽和接线孔，并能与上控制盒接合。此外，角度传感器的旋转轴承上装有法兰用于固定尺臂，装置总重量约 400g，尺臂可拆卸便于勘测人员野外携带。

（1）样机的主要机械结构

树木胸径测量装置的主要机械结构如图 3.10 所示控制盒最大长度为 14cm，最大宽度为 8.35cm。r1、r2 分别为两角度传感器轴承上的旋转中心，其间距记为 S=9cm；左尺臂 R1、右尺臂 R2 的宽度同为 W_1=3cm，两旋转中心的连线至控制盒前端面的垂直距离同为 W_2=6.85cm，两侧圆弧的圆心距同为 L=25cm，其中 α 和 β 的有效测量与计算范围为 0° ~90° 。

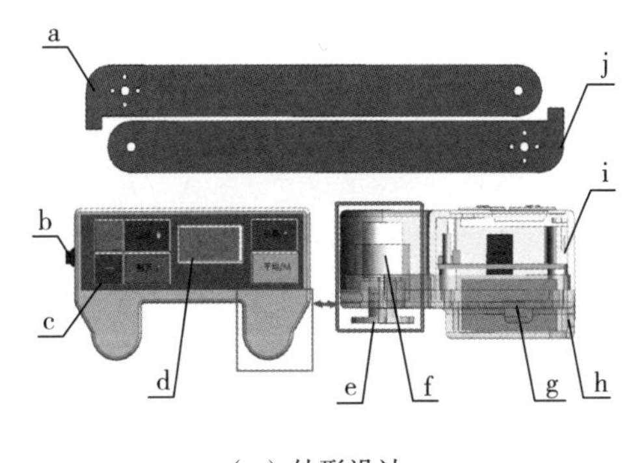

（a）外形设计

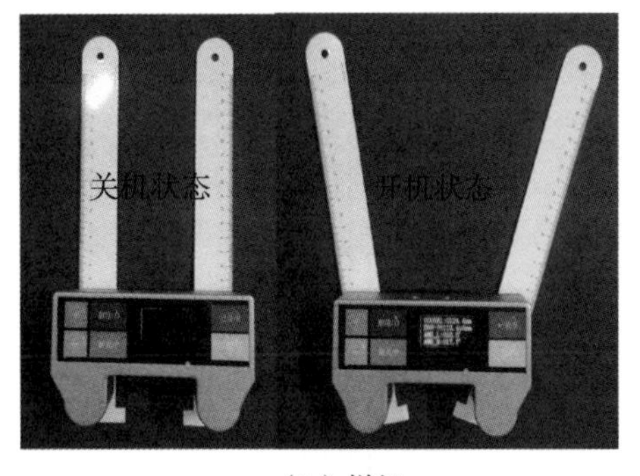

（b）样机

图 3.9 机械结构图

注：a 为左尺臂；b 为电源开关；c 为薄膜开关；d 为显示屏；e 为法兰；f 为角度传感器；g 为电源；h 为下控制盒；i 为上控制盒；j 为右尺臂。

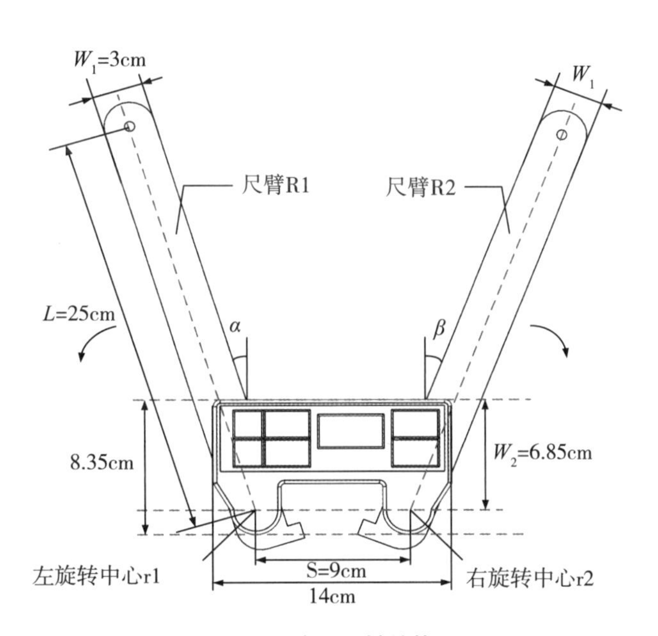

图 3.10 主要机械结构图

（2）样机的测量原理

装置测量时将控制盒前端紧贴待测树木，再将左右尺臂闭合并与树木相切，其平面等效图如图 3.11 所示。

设待测树木胸径为 d，$\alpha=\beta=0°$ 时，如图 3.11（a）所示，由于装置特殊的机械结构设计，此时 $d \leqslant 6$cm（国家森林资源连续清查技术规程规定只测量胸径大于 6cm 的树木），无需进行测量；$\alpha<90°$，$\beta<90°$时，如图 3.11（b）所示，由式 3.6 可计算出胸径值 d：

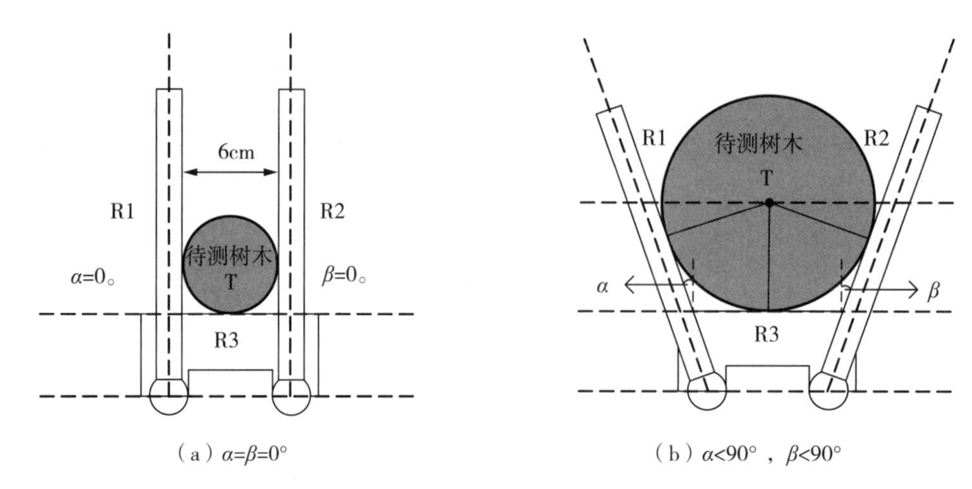

图 3.11　测量情景图

$$d = 2 \times \frac{s + w_2(\tan\alpha + \tan\beta) - w_1 \cdot \dfrac{\cos\alpha + \cos\beta}{\cos\alpha \cdot \cos\beta}}{\dfrac{1 - \sin\alpha}{\cos\alpha} + \dfrac{1 - \sin\beta}{\cos\beta}} \tag{3.6}$$

（3）硬件设计

测量仪主要集成有主控模块、电源模块、存储模块、蓝牙模块、采样模块、交互模块等功能模块。以主控模块为核心的中央处理单元，对其他的模块进行控制。主控模块使用 STC15 系列的 STC15W4K56 型单片机；电源模块由锂电池、TP4056 型电源管理芯片和开关组成；存储模块中有 2GB 容量大小的 SD 内存卡用于储存所采集的数据；蓝牙模块用于和上位机进行数据传输；采样模块用于将角度传感器（P3014–V1 型霍尔式）所采样的角度进行实时提取；交互模块中 OLED 显示屏、按键、蜂鸣器用于人机交互，其中，OLED 显示屏用于显示测量信息；按键、蜂鸣器用于对操作执行结果进行实时反馈。

（4）系统软件设计

软件的总流程如图 3.12 所示，自上而下分为事前准备、每木测量、数据上传三大流程，包含了下位机和上位机两大部分的程序设计。下位机程序基于 Keil 开发平台使用 C 语言开发，烧录至 STC15 单片机中，可单机版运行，具有初始化条件下的角度校准、胸径计算和记录、测量数据的存储和上传等主要功能。上位机程序基于 Android Studio 开发环境使用 Java 语言开发，运行在安卓手机端其实际运行效果如图 3.13 所示，可在测量时与下位机联动增强了数据可视化程度，还拥有树种记录、树木编码修改等功能，最终可将数据上传至服务器实现数据入库的功能。

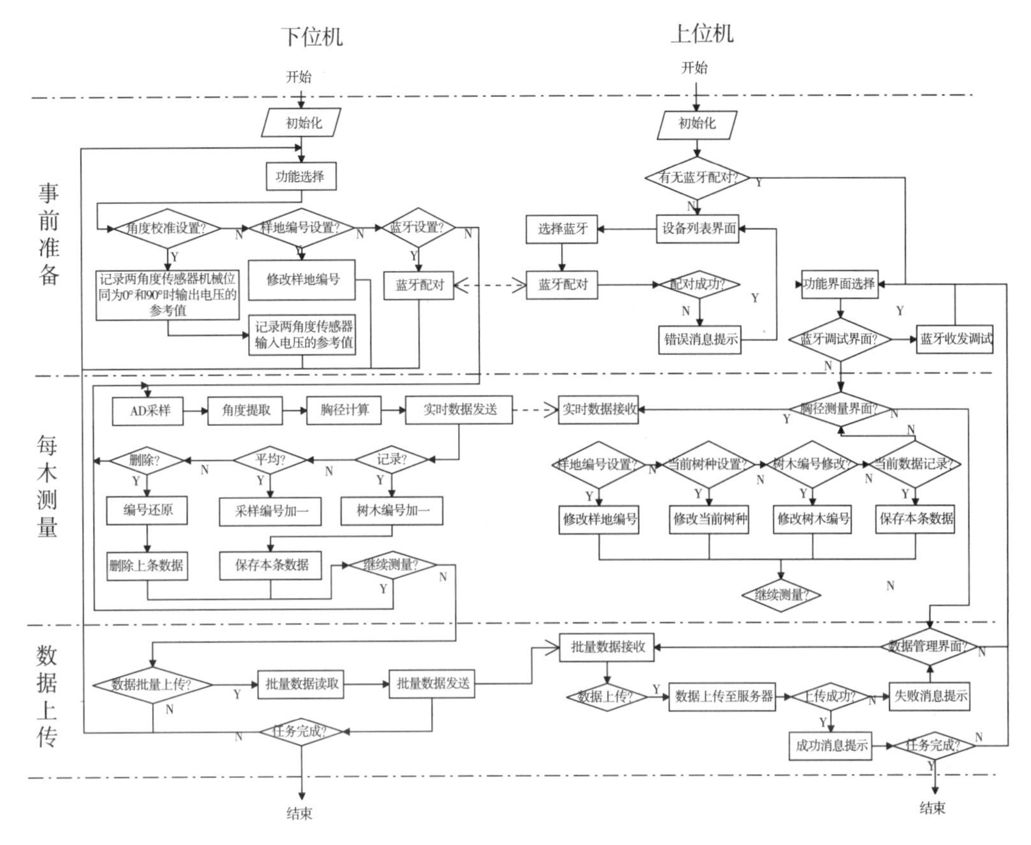

图 3.12　程序流程图

图 3.13　安卓上位机图

3.1.3.3　三段式胸径测量仪样机设计

测量仪设计如图 3.14 所示，主要由双角度传感器、三段式切臂组成。中间段切臂表面上有显示屏、开关、按键、充电等开孔或开槽，内部装有 PCB 电路板和角度传感器；角度传感器的旋转轴承上装有法兰，用于固定左右段切臂；装置在非作业情形下可以折叠因此便于测量人员野外携带。

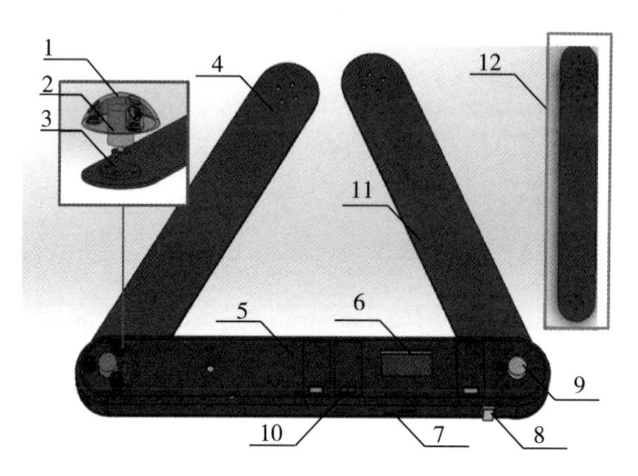

图 3.14　机械结构图

注：1. 保护壳；2. 第一角度传感器；3. 法兰，4. 左段切臂；5. 中间段切臂；6. 显示屏；7. 充电口；8. 开关；9. 第二角度传感器；10. 按键开孔；11. 右段切臂；12. 装置的折叠态。

（1）样机的主要机械结构

三段式胸径测量仪样机的主要机械结构如图 3.15 所示：A1、A2、A3 为切臂（宽度同为 w=5cm）；r1、r2 分别为两角度传感器轴承的旋转中心（两者中心距为 L=25cm）。切臂 A1、切臂 A2 在长度方向上的中轴线穿过旋转中心 r1，基于 A2 中轴线的夹角为 α_1；切臂 A2、切臂 A3 在长度方向上的中轴线穿过旋转中心 r2，基于切臂 A2 中轴线的夹角为 α_2；其中 α_1 和 α_2 的有效测量与计算范围为 0°~180° 。

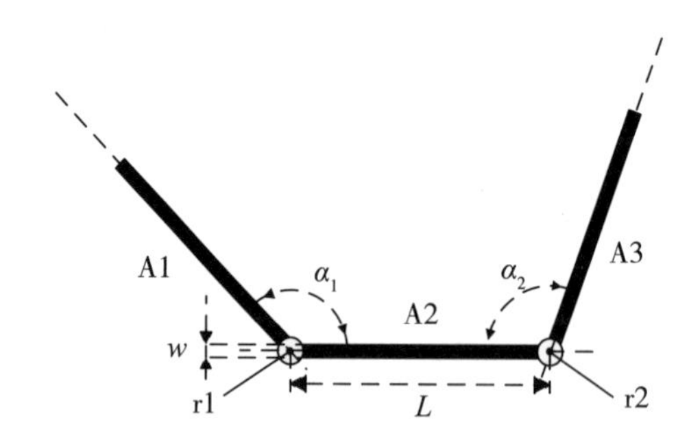

图 3.15　主要机械结构图

（2）样机的测量原理

该样机的测量思想是将待测树木的树干近似地看做一个圆柱体，让切臂 A1、A2、A3 与待测立木的树干在胸高断面上相切，在水平切面下依据两个夹角不同的类型划分得出以下 6 种情景。情景 S1：双锐角，如图 3.16（a）所示。情景 S2：一锐角一直角，如

图 3.16（b）所示。情景 S3：一锐角一钝角，且 $\alpha_1+\alpha_2<180°$ ，如图 3.16（c）所示。情景 S4：一锐角一钝角，且 $\alpha_1+\alpha_2>=180°$ ，如图 3.16（d）所示。情景 S5：双直角，如图 3.16（e）所示。情景 S6：双钝角，如图 3.16（f）所示。

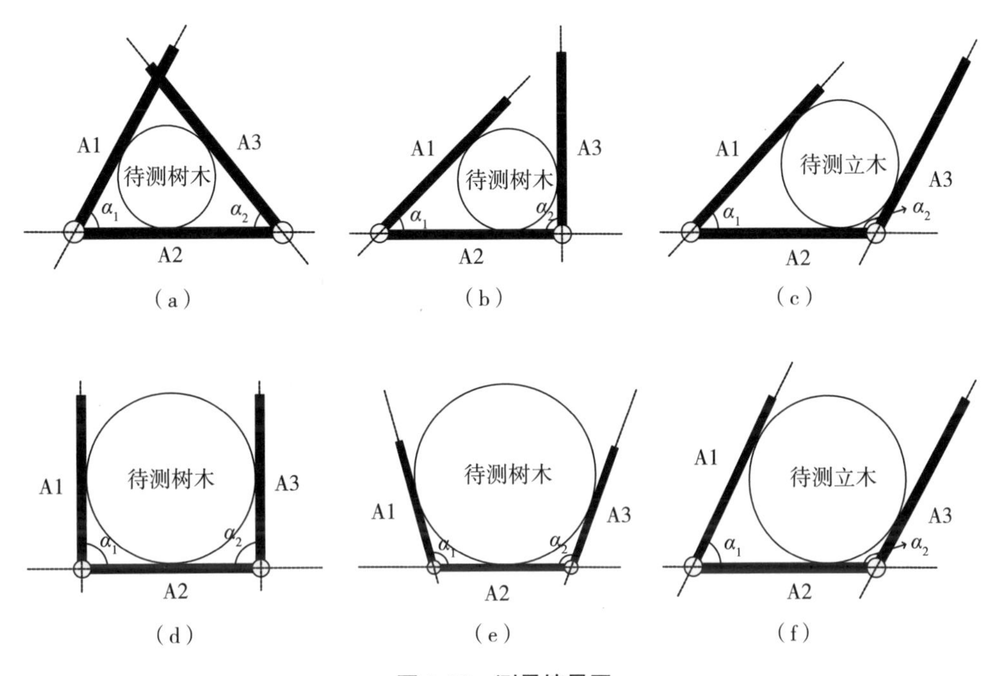

图 3.16 测量情景图

设待测树木胸径为 d，将上述 6 种情景根据角度和的大小归类为以下两种计算类型。

① 类型 1：当 $\alpha_1+\alpha_2<180°$ 时，以情景 1、情景 2、情景 3 进行计算，其中 $\gamma=180°-(\alpha_1+\alpha_2)$，利用正切定理、余弦定理和海伦定理计算 d，其公式如下：

$$d=\frac{\left(L-\frac{w}{\tan(\alpha_1/2)}-\frac{w}{\tan(\alpha_2/2)}\right)}{\sin\gamma}\sqrt{\frac{(\sin\gamma+\sin\alpha_1-\sin\alpha_2)(\sin\gamma-\sin\alpha_1+\sin\alpha_2)(\sin\alpha_1+\sin\alpha_2-\sin\gamma)}{(\sin\gamma+\sin\alpha_1+\sin\alpha_2)}} \tag{3.7}$$

② 类型 2：当 $\alpha_1+\alpha_2\geqslant 180°$ 时，以情景 4、情景 5、情景 6 进行计算，利用正切定理、正弦定理计算 d，其公式如下：

$$d=2\left(L-\frac{w[\tan(\alpha_1/2)+\tan(\alpha_2/2)]}{\tan(\alpha_1/2)\tan(\alpha_2/2)}\right)\frac{\sin(\alpha_1/2)\sin(\alpha_2/2)}{\sin(\alpha_1/2+\alpha_2/2)} \tag{3.8}$$

（3）软件设计

装置嵌入式软件主要包括角度测量、胸径换算、按键控制等功能，采用 Keil 平台 C

语言设计。

（4）测量流程

① 到达测量地点后，在装置的主菜单先设置测量地点的编号，如图 3.17（a）所示；并记录该样地的温湿度和 GPS 信息，如图 3.17（b）所示。

② 张开左右段切臂，将中间段切臂与树干 1.3m 处相切，再将左右段切臂闭合并相切于树干，按下记录键记录该树胸径。若该立木树干较不规则，再完成一次测量后改变装置三臂与树干 1.3m 处的相切位置并按下平均键，可重复上述操作进行多次记录，最终可自动求出平均值；实际采样效果如图 3.17（c）、图 3.17（d）所示。

③ 在测量地点依次完成每株立木的胸径测量后，通过移动端的上位机软件提取装置上的数据并上传至 Web 端。

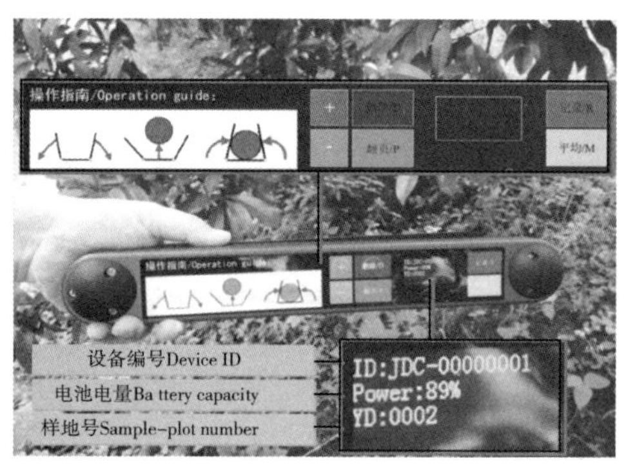

（a）装置设置图

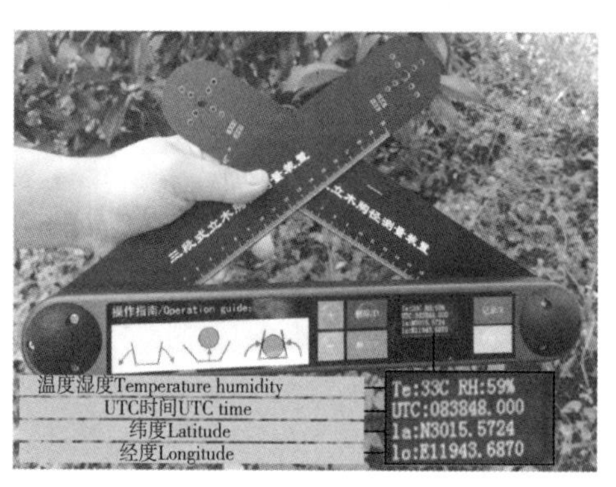

（b）样地信息图

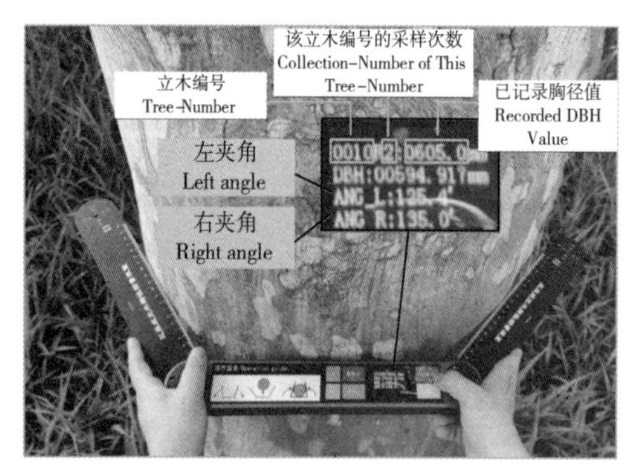

（c）大型立木采样图

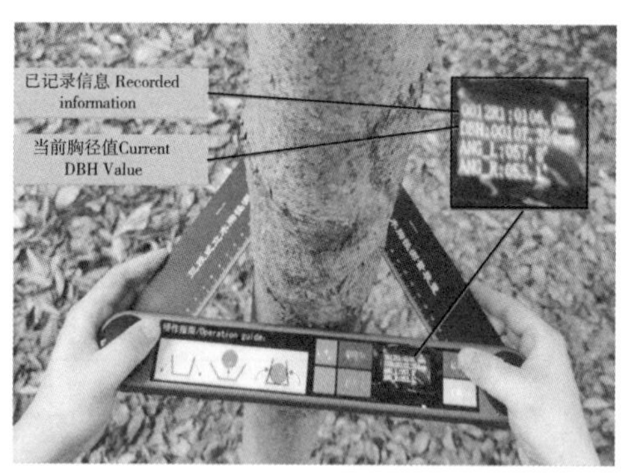

（d）常见立木采样图

图 3.17　装置作业图

3.1.3.4　胸径渐变测量仪样机设计

渐变测量仪设计如图 3.18 所示，主要由下位机采集设备、拉绳传感器装置盒和数据收集基站组成。下位机采集设备内放置有 PCB 电路板、锂电池、无线通讯 ZigBee 芯片、AD 转换模块和时钟模块，盒子下面开孔可接入拉绳传感器讯线引出，实物如图 3.18（a）

所示；数据收集基站由 PCB 电路板、锂电池、ZigBee 通讯芯片、Lora 通讯芯片和表面显示屏组成，实物如图 3.18（b）所示。

（a）数据采集设备实物图　　（b）数据收集基站实物图

图 3.18　渐变测量仪实物图

（1）测量仪的主要机械结构

测量仪机械结构如图 3.19 所示，401 为下位机采集设备装置盒固定孔，其作用是将设备盒用弹性绳固定在树干上，使其不会掉落；402 为装置盒合页转动轴，其里面放置有可供合页打开或关闭的铆钉；403 为装置盒合页卡扣，其作用是使装置盒合上时紧扣密封；404 为下位机采集设备装置盒，采用 IP65 级材料制作，具有良好的防尘防水性，可满足野外持续测量的要求。内部带有微处理器的集成电路、电池、低功耗 ZigBee 模块、AD 转换模块等，其用途是根据拉绳传感器返回来的数值来计算出树木直径，从而将转换数据经由 ZigBee 模块传输至数据收集基站；405 为拉绳传感器通信数据线；406 为拉绳传感器装置盒螺丝固定孔；407 为拉绳传感器拉绳出线口，其作用是将拉绳在树木胸径处围绕一周并固定，从而实现树木胸径的长时间测量；408 为拉绳传感器装置盒，同样采用 IP65 级材料制作，具有良好的防尘防水性；409 为 Lora 模块远距离传输所需天线；410 为数据收集基站装置盒，其表面有显示屏模块，从而可提供良好的人机交互界面，并可通过相应的 Lora 通讯模块将下

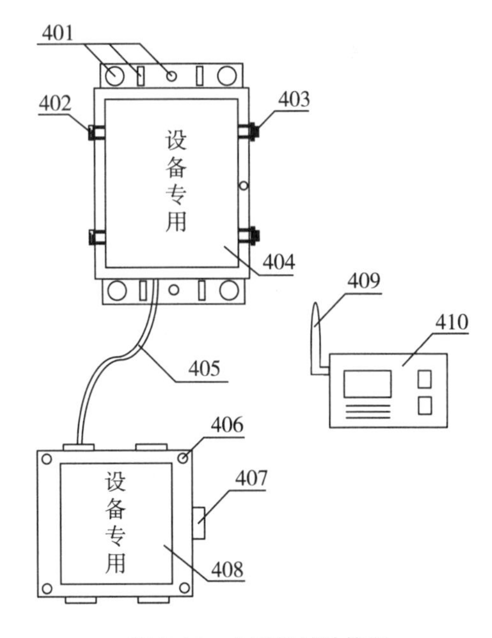

图 3.19　主要机械结构图

位机采集设备传输的胸径数据经过处理整合之后上传至相应的电脑端上位机进行存储、显示。

（2）测量仪的渐变测量原理

如图 3.20 所示，测量仪渐变测量的思想首先是将待测立木树干近似看作一个圆柱体，利用拉绳传感器在立木胸径测量处围绕一周并将此刻的拉绳状态进行固定来实现对立木胸径的渐变测量。当进行渐变测量时，需要将装置上拉绳传感器的拉绳在树木柱面胸径测量位置的同一水平面上环绕一周。记拉绳围绕一周所拉出的位移量为 C，则通过圆的周长公式（3.9）可以求出所测树木胸径 d 的大小。

$$d = \frac{C}{\pi} \tag{3.9}$$

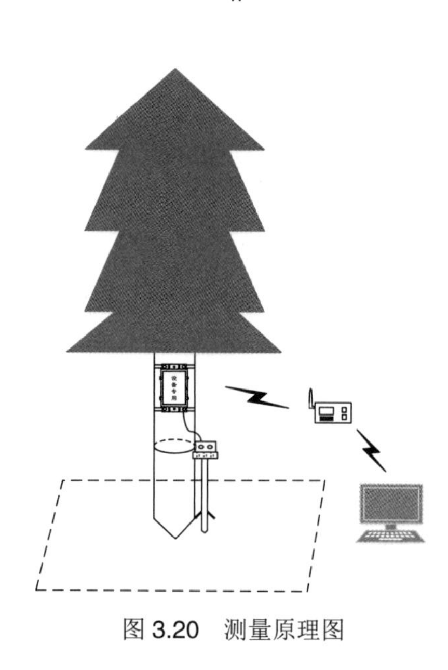

图 3.20　测量原理图

由于拉绳具有弹性，当树木胸径变大时，拉绳也会随之伸长，从而获取树木胸径变大后测得的胸径值，并将胸径值通过 ZigBee 通讯芯片传输给数据收集基站，数据收集基站再将胸径值通过 Lora 通讯模块传输给电脑上位机显示存储。

（3）软件设计

装置嵌入式软件主要包括胸径换算、数据传输和存储等功能，采用 Keil 平台 C 语言设计。

（4）测量流程

① 将整套装置安装完毕。

② 打开下位机采集设备电路板开关，装置开始运行，微处理器、ZigBee 模块等进入低功耗运行模式。

③ 下位机采集设备内低功耗时钟模块判断当前是否为整点时刻，若是，则唤醒微处理器进行胸径测量。

④ 胸径测量完毕后，微处理器唤醒低功耗 ZigBee 模块，并向数据收集基站发送此刻测量的胸径数值。

⑤ 数据收集基站收到数据后，发送接收完毕指令给下位机采集设备，并将此次数据写入存储模块保存；与此同时基站会向电脑端上位机发送此刻收集的胸径数据。

⑥ 下位机采集设备收到接收成功指令后，微处理器、ZigBee 模块等则继续进入低功耗运行模式，等待下一次整点时刻到来再次进行树木胸径测量。

3.2 树木高度测量仪研制

树高是树木生长量测量的重要环节，是对立木质量和样地内树木生长状况进行合理评价的重要指标之一（黄心渊等，2006；Holopainen 等，2014；Mcroberts 等，2010），准确、快速、高效地进行树木高度测量在对估算森林蓄积量、生长量方面至关重要（Wang，2006）。随着传感技术的发展与“数字林业”的提出，传统的目测法测量精度已远远无法满足森林资源调查的要求（侯红亚等，2012），运用传感技术对树木高度进行测量已成为一种重要趋势（裴志永等，2012）。近年来，越来越多的专业树木测高仪在市场上出现，例如布鲁莱斯式测高器（黄晓东，2016；冯仲科等，2007；谢鸿宇等，2011）、机载激光雷达（Light Detection And Ranging，LiDAR）（Popescu 等，2002；Dandois 等，2013）等来解决树木高度测量不精确的问题，但由于这些设备会受到周围树木遮挡、仪器不方便携带、价格昂贵、操作复杂等一系列问题，并没有得到很广泛的应用。为了解决上述问题，需要研制一套测量精度满足要求、方便携带、价格低廉并不受周围测量环境影响的树木高度测量仪。

3.2.1 UWB 技术

超带宽（Ultra-Wide Band，UWB）脉冲是一种带宽极宽、多径分辨能力极强、持续时间极短的测距技术（Ridolfi Matteo 等，2018；徐哲超等，2020），由于其适用于短距离环境下的高精度距离测量（理论精度可以到达厘米级），并具有较好的抗干扰能力与较好的穿透性，在林业领域对树木高度的测量有着极大的应用前景。

测量仪根据 UWB 技术的双向测距原理对树木高度进行测量。图 3.21 为 UWB 双向测距的原理图，图中锚点与标签设备之间采用 UWB 通信，首先标签将向锚点发送测距的请求，锚点在接收到标签发送的测距请求信号后，延迟一段时间 Treply 后自动发送测距应答响应，因此标签与锚点之间的传输时间 f 如式 3.10：

$$f=\frac{T_{\text{round1}}+T_{\text{round2}}-T_{\text{reply}}}{2} \tag{3.10}$$

则标签与锚点之间的距离 *Dis* 如式 3.11 所示：

$$Dis=f\times c \tag{3.11}$$

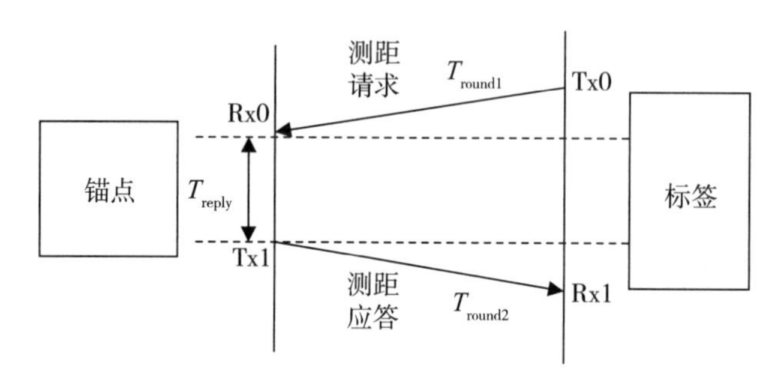

图 3.21　UWB 双向测距原理图

3.2.2　拉杆式树木高度测量仪的设计

3.2.2.1　机电结构设计

高度测量仪主要由一个放置于地面的标签设备与一根带锚点设备的可伸缩杆子组成。带锚点设备可伸缩杆子的简易机械结构如图 3.22 所示，图中杆子由众多可拆卸的金属杆组成，方便测量人员对高度不同的树木进行树高测量，金属连接扣用于可拆卸金属杆之间的稳固连接，杆子最上端将放置 UWB 锚点设备，用于与放置于地面的标签设备之间进行高度距离的测量。

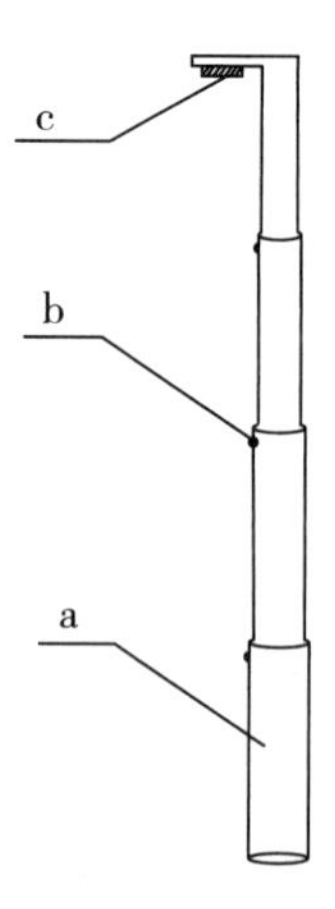

图 3.22　杆子简易机械结构图

注：a 为可拆卸金属杆；b 为金属连接扣；c 为 UWB 锚点设备。

标签设备简易结构如图 3.23 所示，设备盒表面装配有显示屏、开关、薄膜按键与充电等开孔或凹槽，薄膜按键起到数据的记录、删除、上传等作用，方便操作人员与设备之间的人机交互，显示屏窗口用于所测树木高度数据与样地号、树木编号的显示。设备盒内部装有供设备工作的 PCB 电路板、UWB 标签与电池等器件。

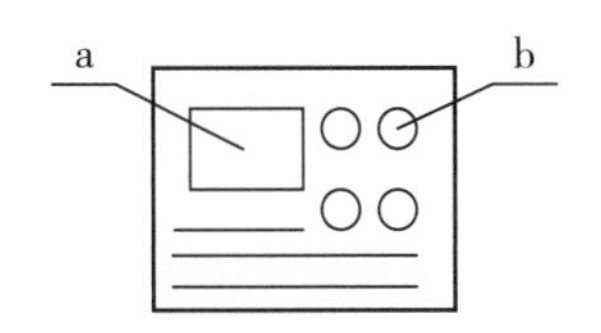

图 3.23　标签设备简易结构图

注：a 为显示屏窗口；b 为薄膜按键。

测量仪标签设备主要由 STC15 微处理器、GPS 模块、存储模块、单路 UWB 模块、显示屏、薄膜按键、蓝牙组成。其中 STC15 单片机作为设备的控制核心；单路 UWB 模块与另一设备相匹配，用以测量设备之间的距离高度；存储模块用于存储样地内树木高度，使得其与各编号树木相对应；GPS 模块用于所测样地位置的显示；显示屏用于显示当前测量样地与树木编号以及对应树木编号的树高数据；薄膜按键用于各个数据的记录、删除与上传；蓝牙用于设备与上位机之间的数据上传。电源模块由电源管理芯片、可充放电锂电池与开关组成，外部充电器可在设备供电不足时对设备进行及时充电。

测量仪锚点设备与标签设备一样，采用相同的 STC15 微处理器作为设备的核心；单路 UWB 模块与标签设备相匹配，用作设备之间距离测量。电源管理模块也与标签设备完全相同。

3.2.2.2　测量方式与原理

测量仪进行树高测量的原理如图 3.24 所示，进行树高测量时，需两名测量人员一同参与测量。测量时，需要将标签设备放置于树下，其中一名测量人员将杆子拿在手中竖直举起，使得锚点设备与树木顶点近似平行，从而利用 UWB 双向测距原理，测量得出所测树木的高度 h，另外一名测量人员在标签设备上查看树高数据并进行是否记录、删除数据等操作。由于 UWB 脉冲具有较好的穿透性，测量时部分树枝树叶的遮挡对所测距离影响极小，此测量方式对树高测量具有很好的效果。

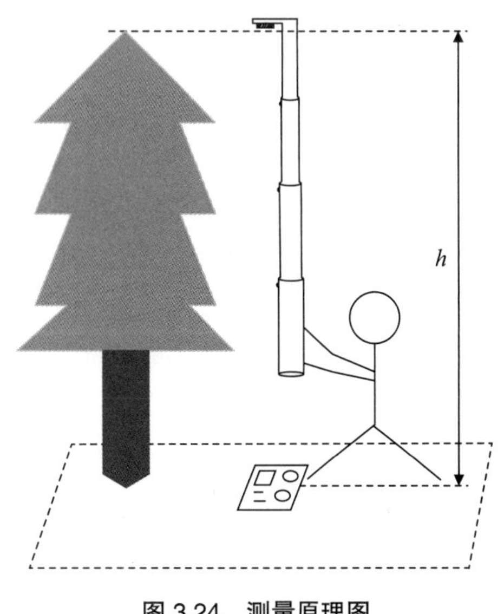

图 3.24　测量原理图

3.2.2.3　测量方式与原理

测量仪的软件设计均采用 Keil 平台 C 语言

设计，软件设计包含了UWB测距、按键控制、测量数据的存储与上传等子程序。当样地内所有树木高度数据测量完毕后，测量工作人员可通过设备上的蓝牙将所有测量数据以及样地位置信息均上传至相应的上位机软件及时进行存储。

3.3 树木定位测量仪研制

树木位置测量是全国森林资源连续清查的重要内容，也有助于预测树木胸径的生长以及种群的发展趋势，对揭示树木之间、树种之间的关系有重要的生态学意义（徐哲超等，2020）。我国传统采用罗盘仪和百米尺做闭合导线或视距法的方法测定标准地（韩大校等，2017；徐文兵等，2009），因罗盘仪测角度盘的最小刻度为0.5，限制了视距测量、磁方位角测量的精度，且不能直接测定单木坐标（谭伟等，2008）。现代全球导航卫星系统GNSS（Global Navigation Satellite System）虽能在多数环境下提供位置信息，但其在郁闭度较高的林分中却存在信号减弱甚至消失，致使无法定位等问题（范永祥等，2019）。相比之下，全站仪（Total Station）是集测距仪、电子经纬仪、微处理机于一体更为精密的电子测绘仪器，但也存在成本较高、野外携带不便、操作复杂等问题（陈盼盼等，2019）。

3.3.1 四路UWB通讯的基本测距原理

树木定位测量仪采用四路UWB进行通讯，其基本测距原理为DS-TWR（Double-sided two-way ranging），即双边双向测距，如图3.25所示。该原理是在SS-TWR（Single-sided two-way ranging）单边双向测距的基础上再增加一轮通讯，这样两次通讯的时间则可以互相弥补因时钟偏移引入的误差，从而使测量结果更加精准。其原理如式3.12计算：

$$R = c \times T_{\text{prop}} = \frac{T_{\text{round1}} \times T_{\text{round2}} - T_{\text{reply1}} \times T_{\text{reply2}}}{T_{\text{round1}} + T_{\text{round2}} + T_{\text{reply1}} + T_{\text{reply2}}} \quad (3.12)$$

其中，基站、定位标签为通信节点；R为基站与定位标签之间的距离。以基站A为例：T_{propA}为无线脉冲信号在空气中传播的时间；c为无线脉冲信号在空气中传播的速度，即光速；time为时间轴；$T_{round1A}$为第一轮通讯中基站收发脉冲的总时间；$T_{reply1A}$为第一轮通讯中定位标签的等待时间；同理，$T_{round2A}$为第二轮通讯中定位标签收发脉冲的总时间；$T_{reply2A}$则为第二轮通讯中基站的等待时间。每次测量时，定位标签会以一定的频率向周围的基站发送一个Poll信号，在信号覆盖的范围内，该信号被4个基站接收，后者在连续响应中分别使用数据包RespA、RespB、RespC和RespD进行回复，利用返回的最终信号在加权质心算法基础上结合RSSI算法来计算定位标签与基站间的距离，建立以定位标签位置为参数的数学模型，这样就可以在仅发送2条消息（包括Poll信号与Final信号）并接收4条消息（包括RespA、RespB、RespC和RespD 4条消息）之后定位该标签，从而实现实时定位，这样可以提高通信效率，节省电池电量以延长工作时间。

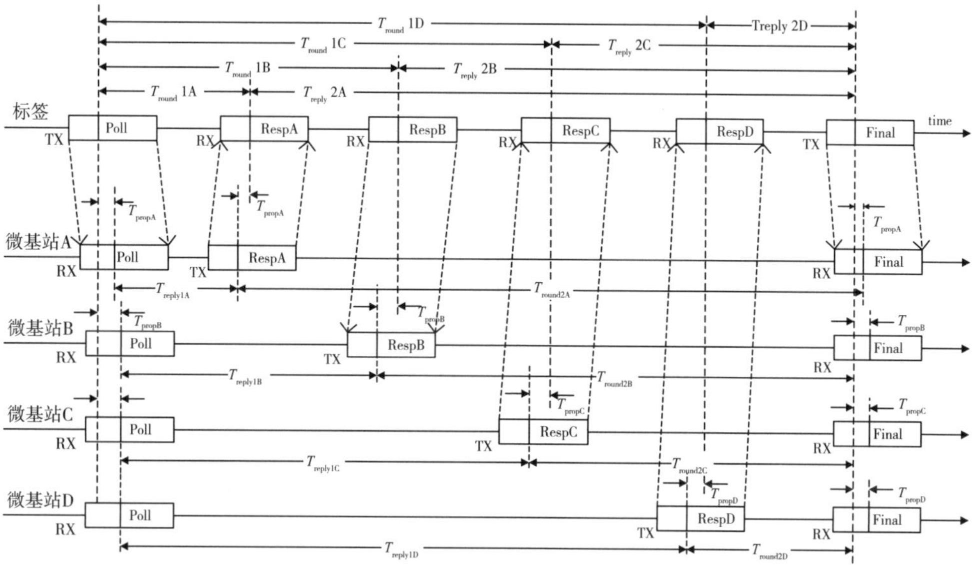

图 3.25　双边双向测距原理

3.3.2　四点式树木定位测量仪的设计

四点式树木定位测量仪，主要由带有定位标签的用户终端设备和四个微基站组成，在测量时需要先将微基站布置在样地中的 4 个点。其中，定位标签和基站的硬件结构基本相同，它们都含有 UWB 模块，分别嵌入不同的驱动程序，设置成不同的工作状态，从而实现各自不同的功能。树木位置采集装置（主装置）由 SD 卡、蓝牙、定位标签、海拔计等组成，通过电路连成一体。SD 卡负责测量数据的存储；蓝牙负责与上位机通信，可将 SD 卡中已存数据进行上传；定位标签负责与基站上的 UWB 模块进行通信；海拔计用于测量设备当前海拔值。每个基站由 UWB 模块和电源组成，用于和主装置上的 UWB 模块进行通讯；显示屏和按键则用于人机交互。基站应安放在需要定位的区域（样地）角落，一般由 3 个及以上数量组成。其顶端的 UWB 信号收发模块在接收到 UWB 信号后，将信号转换位后的数据传送给微处理器模块进行算法处理进而存储于 SD 卡中，再通过蓝牙把数据传输给用户终端设备。最后，在终端设备上显示定位标签的实时位置信息，测量仪如图 3.26 所示。

3.3.2.1　四点式树木定位测量仪的作业流程

事先准备：支架、移动电源、USB 数据线、弹簧扣、绳索若干，便携式电脑一台和 UWB 模块 4 个（使用贴纸分别标记为 A、B、C、D），调查步骤如下。

① 组装基站。开始布置基站之前，需将 4 个 UWB 模块固定于支架顶端并连上移动电源分别组装成基站 A、基站 B、基站 C、基站 D。

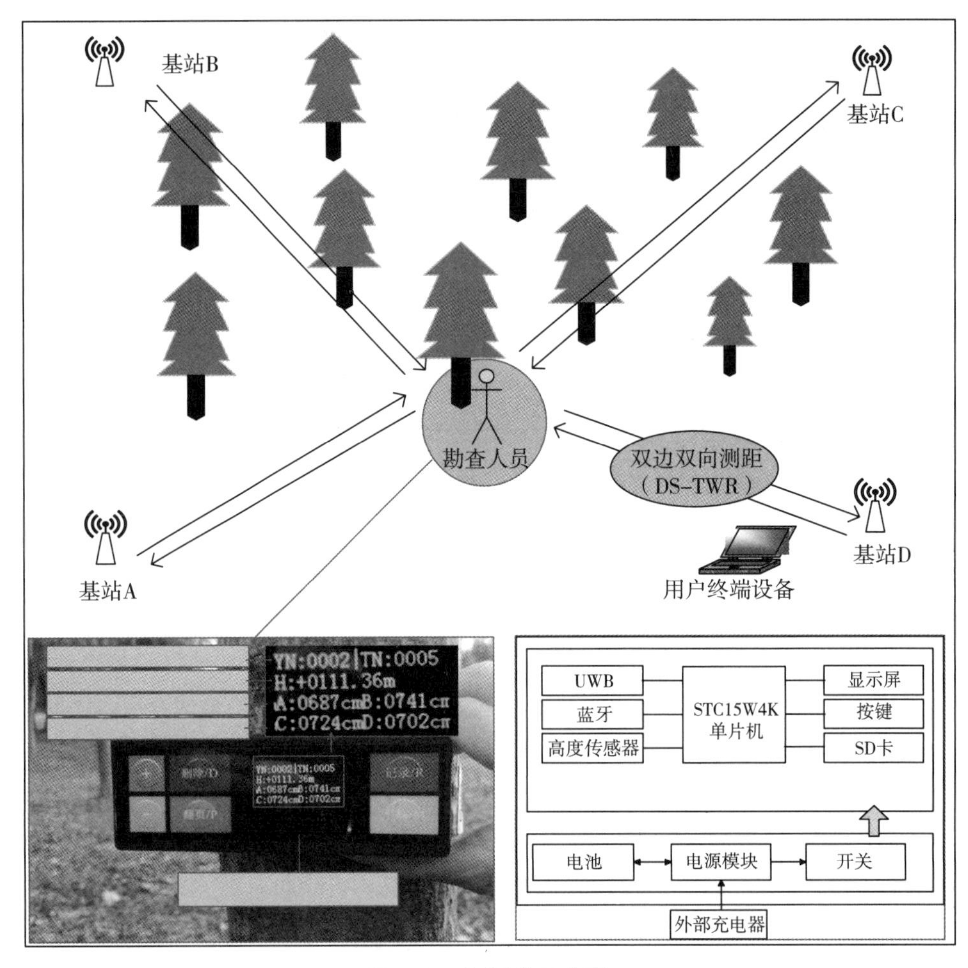

图 3.26　测量仪示意图

② 布置基站，确定样地范围。按照字母顺序依次布置基站：将基站 A 布置在样地的某一顶点，通过海拔计记录其海拔；然后测量人员牵引绳索步行至样地的第二顶点布置基站 B，记录其海拔以及基站 A、B 间的距离；再由基站 B 沿垂直于绳索方向出发，步行至样地的第三顶点布置基站 C，记录其海拔以及基站 B、C 间的距离；最后，由基站 C 沿垂直于绳索方向出发，步行至样地的第四顶点布置基站 D，记录其海拔以及基站 C、D 间的距离。将各个基站间绳索用弹簧扣相连接，则样地区域布置完成。基站布置如图 3.27 所示。

③ 单木位置信息采集。测量人员手持树木位置采集装置移步到待测量树木，将装置贴近树干，通过装置上的按键完成数据记录、删除等操作（同一株树木若需多次采集可通过平均键来记录平均值），以完成单木位置信息采集。以此类推，按照编号牌顺序完成林分中所有树木的位置信息采集。采集的数据存储在装置 SD 卡中，批量上传至用户终端，用于后续数据分析。

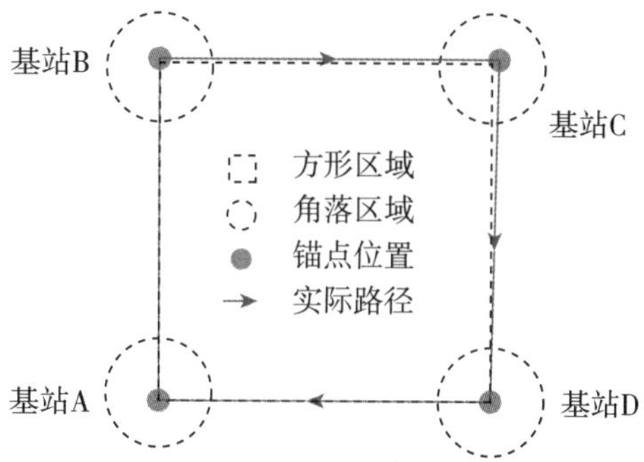

图 3.27　基站布置图

3.3.2.2　四点式树木定位测量仪的估算方法与原理

为精准获取样地的树木位置信息，需将空间坐标系转换为平面直角坐标系，坐标转换如图 3.28 所示。

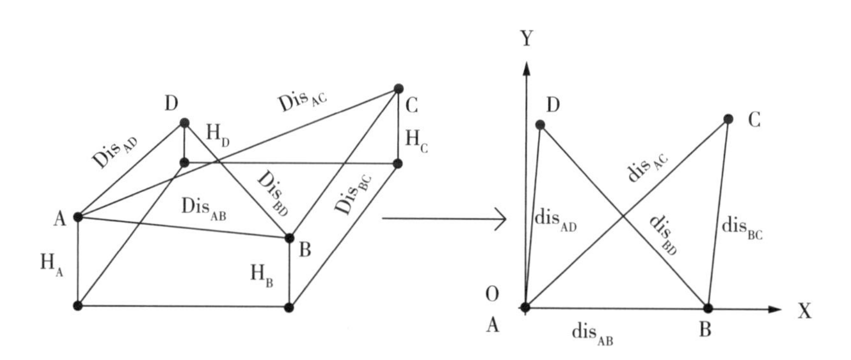

图 3.28　坐标转换图

图 3.28 中平面坐标系与重力方向垂直，原点 O 为基站 A 的位置，X 轴正方向为基站 A、基站 D 的投影方向。其中，H_A、H_B、H_C、H_D 分别表示基站 A、B、C、D 离地距离；Dis_{AB}、Dis_{BC}、Dis_{AC}、Dis_{AD}、Dis_{BD} 等三维标量表示各基站在空间坐标系中相互之间的距离，将其转换为在平面坐标系中的投影，可以对应得到 dis_{AB}、dis_{BC}、dis_{AC}、dis_{AD}、dis_{BD} 等二维标量，如式 3.13 所示：

$$
\begin{aligned}
dis_{AB} &= \sqrt{Dis_{AB}^{2}-\left(H_{A}-H_{B}\right)^{2}} \\
dis_{BC} &= \sqrt{Dis_{BC}^{2}-\left(H_{B}-H_{C}\right)^{2}} \\
dis_{AC} &= \sqrt{Dis_{AC}^{2}-\left(H_{A}-H_{C}\right)^{2}} \\
dis_{AD} &= \sqrt{Dis_{AD}^{2}-\left(H_{A}-H_{D}\right)^{2}} \\
dis_{BD} &= \sqrt{Dis_{BD}^{2}-\left(H_{B}-H_{D}\right)^{2}}
\end{aligned}
\tag{3.13}
$$

坐标转换后，采用式 3.14 可得到基站 A、B、C、D 在平面直角坐标系中的坐标：

$$
\begin{aligned}
&(X_A, Y_A)=(0,\ 0)\\
&(X_B, Y_B)=(0,\ dis_{AB})\\
&(X_C, Y_C)=\left(\frac{dis_{AB}{}^2+dis_{AC}{}^2-dis_{BC}{}^2}{2dis_{AB}},\ \sqrt{dis_{AC}{}^2-\left(\frac{dis_{AB}{}^2+dis_{AC}{}^2-dis_{BC}{}^2}{2dis_{AB}}\right)^2}\right)\\
&(X_D, Y_D)=\left(\frac{dis_{AB}{}^2+dis_{AD}{}^2-dis_{BD}{}^2}{2dis_{AB}},\ \sqrt{dis_{AD}{}^2-\left(\frac{dis_{AB}{}^2+dis_{AD}{}^2-dis_{BD}{}^2}{2dis_{AB}}\right)^2}\right)
\end{aligned}
\tag{3.14}
$$

同理，采用式 3.15 可计算基站 A、B、C、D 在平面直角坐标系中的投影距离，分别用 a_n、b_n、c_n、d_n 表示：

$$
\begin{aligned}
a_n&=\sqrt{A_n{}^2-(H_A-H_n)^2}\\
b_n&=\sqrt{B_n{}^2-(H_B-H_n)^2}\\
c_n&=\sqrt{C_n{}^2-(H_C-H_n)^2}\\
d_n&=\sqrt{D_n{}^2-(H_D-H_n)^2}
\end{aligned}
\tag{3.15}
$$

式中：A_n、B_n、C_n、D_n 表示基站 A、B、C、D 之间的距离；n 代表样地中第 n 株树木；H_n 表示海拔高度。

虽然 UWB 的无线信号具有极强的穿透力，但在实际环境中，因人体、树干等遮挡，UWB 的无线信号会受一定干扰，从而引起信号的衰减（何杰等，2017），造成通信时间延长，从而导致投影距离的测量值比实际值略微偏长，因此，4 个圆可能不会在一个公共点处相交，如图 3.29（a）。而接收信号强度指示（RSSI）加权算法（路泽忠等，2019）提供了解决这类问题的思路，该算法可根据信号强弱进行加权运算以减小上述误差。

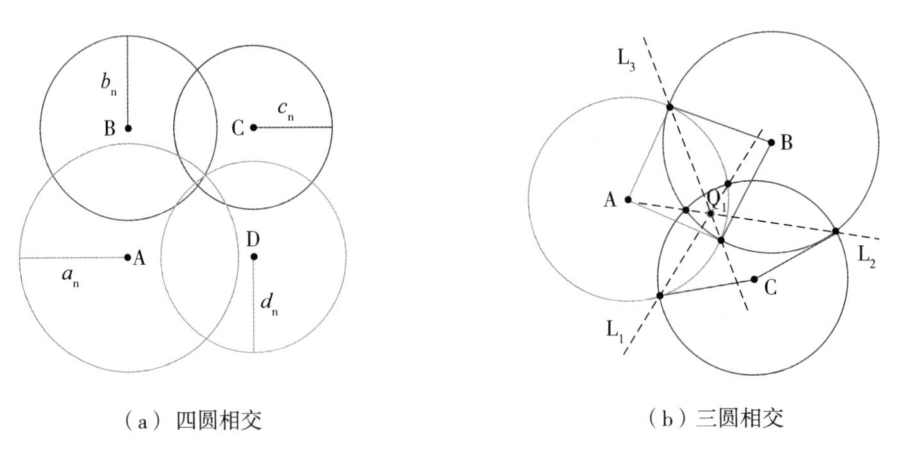

（a）四圆相交　　（b）三圆相交

图 3.29　位置估算图

参照图 3.29（a），由圆 A、B、C、D 可以获得 4 种三圆组合（圆 ABC、ABD、ACD、BCD）。取圆 A、B、C，以图 3.29（b）为例，连接任意两个圆的交点形成三条直线用虚线表示分别为 L1、L2、L3，参照三边定位质心算法，可以开发以下方程式（式 3.16）：

$$\begin{cases}2\left(X_{\mathrm{A}}-X_{\mathrm{B}}\right)X_1+2\left(Y_{\mathrm{A}}-Y_{\mathrm{B}}\right)Y_1=b_{\mathrm{n}}^2-a_{\mathrm{n}}^2+X_{\mathrm{A}}^2-X_{\mathrm{B}}^2+Y_{\mathrm{A}}^2-Y_{\mathrm{B}}^2\\2\left(X_{\mathrm{B}}-X_{\mathrm{C}}\right)X_1+2\left(Y_{\mathrm{B}}-Y_{\mathrm{C}}\right)Y_1=c_{\mathrm{n}}^2-b_{\mathrm{n}}^2+X_{\mathrm{B}}^2-X_{\mathrm{C}}^2+Y_{\mathrm{B}}^2-Y_{\mathrm{C}}^2\\2\left(X_{\mathrm{A}}-X_{\mathrm{C}}\right)X_1+2\left(Y_{\mathrm{A}}-Y_{\mathrm{C}}\right)Y_1=c_{\mathrm{n}}^2-a_{\mathrm{n}}^2+X_{\mathrm{A}}^2-X_{\mathrm{C}}^2+Y_{\mathrm{A}}^2-Y_{\mathrm{C}}^2\end{cases} \tag{3.16}$$

根据上式可求得质心 Q_1（X_1，Y_1）的坐标，同理可得另外三种三圆组合质心 Q_2（X_2，Y_2），Q_3（X_3，Y_3），Q_4（X_4，Y_4）的坐标。然后，基于 RSSI 加权算法（朱忠记等，2014）和四边测距理论（朱忠记等，2014；李腾宇等，2017）计算点 Q_{n}（X_{n}，Y_{n}）的坐标，为了进一步提高定位精度，对估计值进行加权，加权算法如式 3.17：

$$\begin{aligned}X_{\mathrm{n}}&=\frac{\dfrac{X_1}{a_{\mathrm{n}}+b_{\mathrm{n}}+c_{\mathrm{n}}}+\dfrac{X_2}{a_{\mathrm{n}}+b_{\mathrm{n}}+d_{\mathrm{n}}}+\dfrac{X_3}{a_{\mathrm{n}}+c_{\mathrm{n}}+d_{\mathrm{n}}}+\dfrac{X_4}{b_{\mathrm{n}}+c_{\mathrm{n}}+d_{\mathrm{n}}}}{\dfrac{1}{a_{\mathrm{n}}+b_{\mathrm{n}}+c_{\mathrm{n}}}+\dfrac{1}{a_{\mathrm{n}}+b_{\mathrm{n}}+d_{\mathrm{n}}}+\dfrac{1}{a_{\mathrm{n}}+c_{\mathrm{n}}+d_{\mathrm{n}}}+\dfrac{1}{b_{\mathrm{n}}+c_{\mathrm{n}}+d_{\mathrm{n}}}}\\Y_{\mathrm{n}}&=\frac{\dfrac{Y_1}{a_{\mathrm{n}}+b_{\mathrm{n}}+c_{\mathrm{n}}}+\dfrac{Y_2}{a_{\mathrm{n}}+b_{\mathrm{n}}+d_{\mathrm{n}}}+\dfrac{Y_3}{a_{\mathrm{n}}+c_{\mathrm{n}}+d_{\mathrm{n}}}+\dfrac{Y_4}{b_{\mathrm{n}}+c_{\mathrm{n}}+d_{\mathrm{n}}}}{\dfrac{1}{a_{\mathrm{n}}+b_{\mathrm{n}}+c_{\mathrm{n}}}+\dfrac{1}{a_{\mathrm{n}}+b_{\mathrm{n}}+d_{\mathrm{n}}}+\dfrac{1}{a_{\mathrm{n}}+c_{\mathrm{n}}+d_{\mathrm{n}}}+\dfrac{1}{b_{\mathrm{n}}+c_{\mathrm{n}}+d_{\mathrm{n}}}}\end{aligned} \tag{3.17}$$

3.3.3　天线式树木定位测量仪的设计

天线式树木定位测量仪分为两个部分：基站和移动站。基站由以下电路构成：显示屏和按键用于人机交互；存储模块用于测量数据和程序的存储；数据接口用于和上位机通信；4 路 UWB 模块用于和移动站的 UWB 模块进行通信；海拔计用于测量设备当前海拔值；GPS 用于测量样地大致位置；陀螺仪用于测定基站在东北天坐标系下的三个姿态角。移动站由以下电路构成：显示屏和按键用于人机交互；存储模块用于测量数据和程序的存储；数据接口用于和上位机通信；单路 UWB 模块用于和移动站的 UWB 模块进行通讯，指示灯用于判断 UWB 模块是否开始通讯。机械结构如图 3.30 所示：E 为移动站，其余部分构成基站。A、B、C、D 为 4 根 1m 长的天线，天线顶端装有 UWB 模块，其中 A、B、C 共面，相邻之间的夹角为 120°，天线 D 垂直于平面 A、B、C 且 D 的投影位于三角形 ABC 的几何中心。O 中包含了基站的电路部分。J1、J2、J3 为基站的三脚架，用于支撑基站。

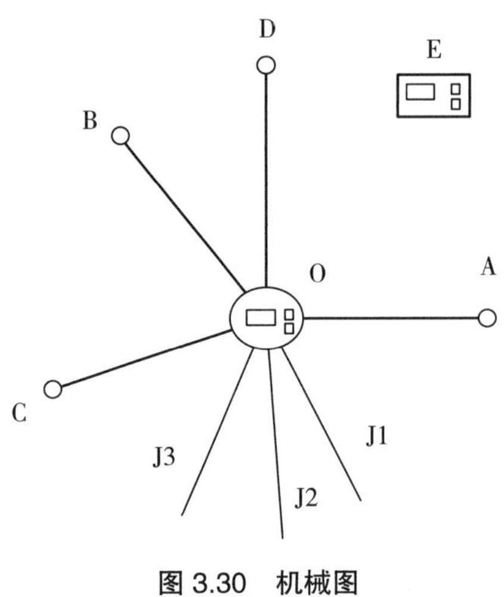

图 3.30　机械图

样地测量如图 3.31 所示，测量和计算步骤如下：

① 将基站放置固定样地的永久标记点 P，对基站进行初始化设置，记录下基站此时的 GPS 坐标，海拔值 H，三个欧拉姿态角（偏航角 ψ、俯仰角 θ、滚转角 Φ），欧拉角表示姿态时的坐标系旋转顺序定义为 z-y-x，即先绕 z 轴转，再绕 y 轴转，再绕 x 轴转。

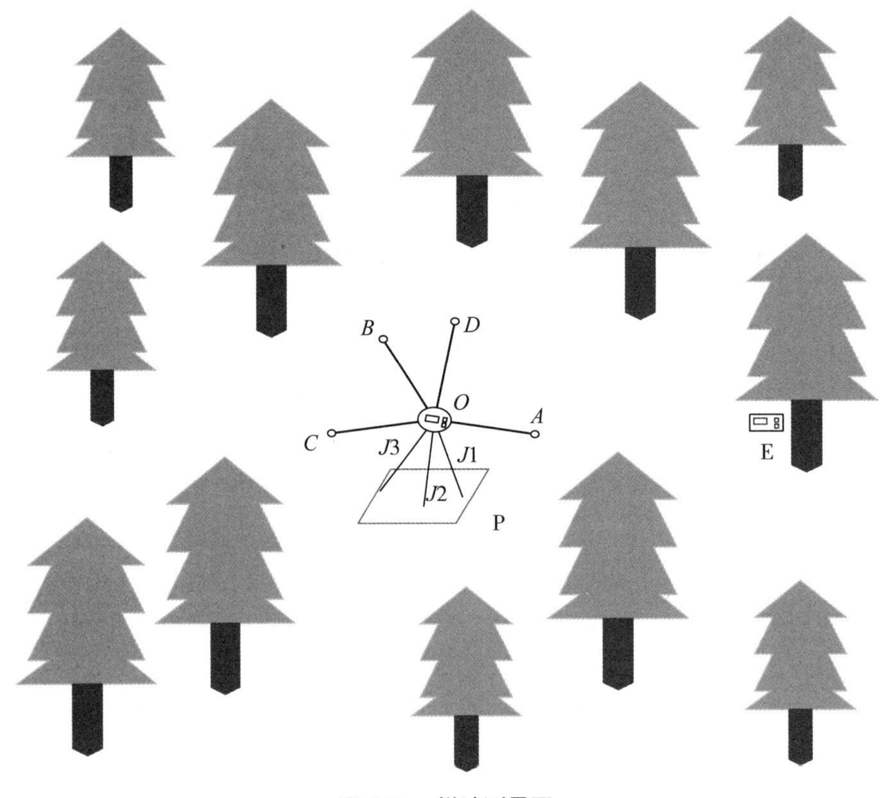

图 3.31　样地测量图

② 森林调查人员手持移动站 E 依次靠近每一株待测树木的树干；并记录下第 n 株树的移动站距离基站上各个天线的值（A_{En}、B_{En}、C_{En}、D_{En}）。

③ 计算每株树以 OA 为 x 轴正方向，OA 逆时针 90° 为 y 轴正方向（ABC 平面上），OD 为 z 轴正方向所组成坐标系的坐标。第 n 株树的坐标计算的方程为：

$$\begin{cases}\left(X_{\mathrm{n}}-1\right)^2+{Y_{\mathrm{n}}}^2+{Z_{\mathrm{n}}}^2={AE_{\mathrm{n}}}^2\\ \left(X_{\mathrm{n}}+0.5\right)^2+\left(Y_{\mathrm{n}}-\dfrac{\sqrt{3}}{2}\right)^2+{Z_{\mathrm{n}}}^2={BE_{\mathrm{n}}}^2\\ \left(X_{\mathrm{n}}+0.5\right)^2+\left(Y_{\mathrm{n}}+\dfrac{\sqrt{3}}{2}\right)^2+{Z_{\mathrm{n}}}^2={CE_{\mathrm{n}}}^2\\ {X_{\mathrm{n}}}^2+{Y_{\mathrm{n}}}^2+\left(Z_{\mathrm{n}}-1\right)^2={DE_{\mathrm{n}}}^2\end{cases}\tag{3.18}$$

式 3.18 中共有 4 个等式，将 4 个等式每次取 3 个，共有 4 种组合。设 4 种组合通过三元一次方程解出的坐标分别为：（X_{n1}，Y_{n1}，Z_{n1}），（X_{n2}，Y_{n2}，Z_{n2}），（X_{n3}，Y_{n3}，Z_{n3}），（X_{n4}，Y_{n4}，Z_{n4}）。再通过加权法计算第 n 株树坐标的公式为：

$$\begin{cases}X_{\mathrm{n}}=\dfrac{\dfrac{X_{\mathrm{n1}}}{{AE_{\mathrm{n}}}^2+{BE_{\mathrm{n}}}^2+{CE_{\mathrm{n}}}^2}+\dfrac{X_{\mathrm{n2}}}{{AE_{\mathrm{n}}}^2+{BE_{\mathrm{n}}}^2+{DE_{\mathrm{n}}}^2}+\dfrac{X_{\mathrm{n3}}}{{AE_{\mathrm{n}}}^2+{CE_{\mathrm{n}}}^2+{DE_{\mathrm{n}}}^2}+\dfrac{X_{\mathrm{n4}}}{{BE_{\mathrm{n}}}^2+{CE_{\mathrm{n}}}^2+{DE_{\mathrm{n}}}^2}}{\dfrac{1}{{AE_{\mathrm{n}}}^2+{BE_{\mathrm{n}}}^2+{CE_{\mathrm{n}}}^2}+\dfrac{1}{{AE_{\mathrm{n}}}^2+{BE_{\mathrm{n}}}^2+{DE_{\mathrm{n}}}^2}+\dfrac{1}{{AE_{\mathrm{n}}}^2+{CE_{\mathrm{n}}}^2+{DE_{\mathrm{n}}}^2}+\dfrac{1}{{BE_{\mathrm{n}}}^2+{CE_{\mathrm{n}}}^2+{DE_{\mathrm{n}}}^2}}\\ Y_{\mathrm{n}}=\dfrac{\dfrac{Y_{\mathrm{n1}}}{{AE_{\mathrm{n}}}^2+{BE_{\mathrm{n}}}^2+{CE_{\mathrm{n}}}^2}+\dfrac{Y_{\mathrm{n2}}}{{AE_{\mathrm{n}}}^2+{BE_{\mathrm{n}}}^2+{DE_{\mathrm{n}}}^2}+\dfrac{Y_{\mathrm{n3}}}{{AE_{\mathrm{n}}}^2+{CE_{\mathrm{n}}}^2+{DE_{\mathrm{n}}}^2}+\dfrac{Y_{\mathrm{n4}}}{{BE_{\mathrm{n}}}^2+{CE_{\mathrm{n}}}^2+{DE_{\mathrm{n}}}^2}}{\dfrac{1}{{AE_{\mathrm{n}}}^2+{BE_{\mathrm{n}}}^2+{CE_{\mathrm{n}}}^2}+\dfrac{1}{{AE_{\mathrm{n}}}^2+{BE_{\mathrm{n}}}^2+{DE_{\mathrm{n}}}^2}+\dfrac{1}{{AE_{\mathrm{n}}}^2+{CE_{\mathrm{n}}}^2+{DE_{\mathrm{n}}}^2}+\dfrac{1}{{BE_{\mathrm{n}}}^2+{CE_{\mathrm{n}}}^2+{DE_{\mathrm{n}}}^2}}\\ Z_{\mathrm{n}}=\dfrac{\dfrac{Z_{\mathrm{n1}}}{{AE_{\mathrm{n}}}^2+{BE_{\mathrm{n}}}^2+{CE_{\mathrm{n}}}^2}+\dfrac{Z_{\mathrm{n2}}}{{AE_{\mathrm{n}}}^2+{BE_{\mathrm{n}}}^2+{DE_{\mathrm{n}}}^2}+\dfrac{Z_{\mathrm{n3}}}{{AE_{\mathrm{n}}}^2+{CE_{\mathrm{n}}}^2+{DE_{\mathrm{n}}}^2}+\dfrac{Z_{\mathrm{n4}}}{{BE_{\mathrm{n}}}^2+{CE_{\mathrm{n}}}^2+{DE_{\mathrm{n}}}^2}}{\dfrac{1}{{AE_{\mathrm{n}}}^2+{BE_{\mathrm{n}}}^2+{CE_{\mathrm{n}}}^2}+\dfrac{1}{{AE_{\mathrm{n}}}^2+{BE_{\mathrm{n}}}^2+{DE_{\mathrm{n}}}^2}+\dfrac{1}{{AE_{\mathrm{n}}}^2+{CE_{\mathrm{n}}}^2+{DE_{\mathrm{n}}}^2}+\dfrac{1}{{BE_{\mathrm{n}}}^2+{CE_{\mathrm{n}}}^2+{DE_{\mathrm{n}}}^2}}\end{cases}\tag{3.19}$$

最后，再将（X_{n}，Y_{n}，Z_{n}）转换至东北天坐标系下，计算公式为：

$$\begin{bmatrix}X_{\mathrm{n}}'\\ Y_{\mathrm{n}}'\\ Z_{\mathrm{n}}'\end{bmatrix}=\begin{bmatrix}\cos\grave{e}\cos\psi & \cos\psi\sin\theta\sin\phi-\cos\phi\sin\psi & \cos\psi\sin\theta\cos\phi+\sin\psi\sin\phi\\ \cos\grave{e}\sin\psi & \sin\psi\sin\theta\sin\phi+\cos\psi\cos\phi & \sin\psi\sin\theta\cos\phi-\cos\psi\sin\phi\\ -\sin\theta & \sin\phi\cos\theta & \cos\phi\cos\theta\end{bmatrix}\begin{bmatrix}X_{\mathrm{n}}\\ Y_{\mathrm{n}}\\ Z_{\mathrm{n}}\end{bmatrix}+\begin{bmatrix}0\\ 0\\ H\end{bmatrix}\tag{3.20}$$

3.4　一体化树木测量系统

一体化树木测量仪是在三段式胸径测量方法和所设计的样机基础上，将树木位置估算（使用 UWB 技术和海拔计）和树木编码（二维码技术）作为辅助方法进行融合和改进从而实现胸径测量、位置估算和树木编码一体化作业测量流程。

3.4.1 流程设计

3.4.1.1 工作流程设计

本文所研制的嵌入式装置本身是一台硬软一体化系统，其工作流程如图 3.32 所示，自底向顶分别为对象层、物理层、硬件层、数据层和软件层，通过软件层主要实现了以下三大功能。

① 人机交互功能，勘测人员可通过按键的输入完成对嵌入式设备的控制及显示器的显示完成信息反馈，以达到人机交互的效果。

② 数据提取功能，用于嵌入式设备对样地中从物理层获取到的因子通过硬件层和数据层进行转换，实现树木编码信息、胸径信息、位置信息的提取。在完成一次单树作业流程后，树木编码信息、胸径信息、位置信息将在主程序中自动进行数据集成以实现本文的一体化方法。

③ 数据管理功能，用于集成后的数据在设备的 SD 卡内进行存储或通过蓝牙和上位机软件进行通信与数据传输。

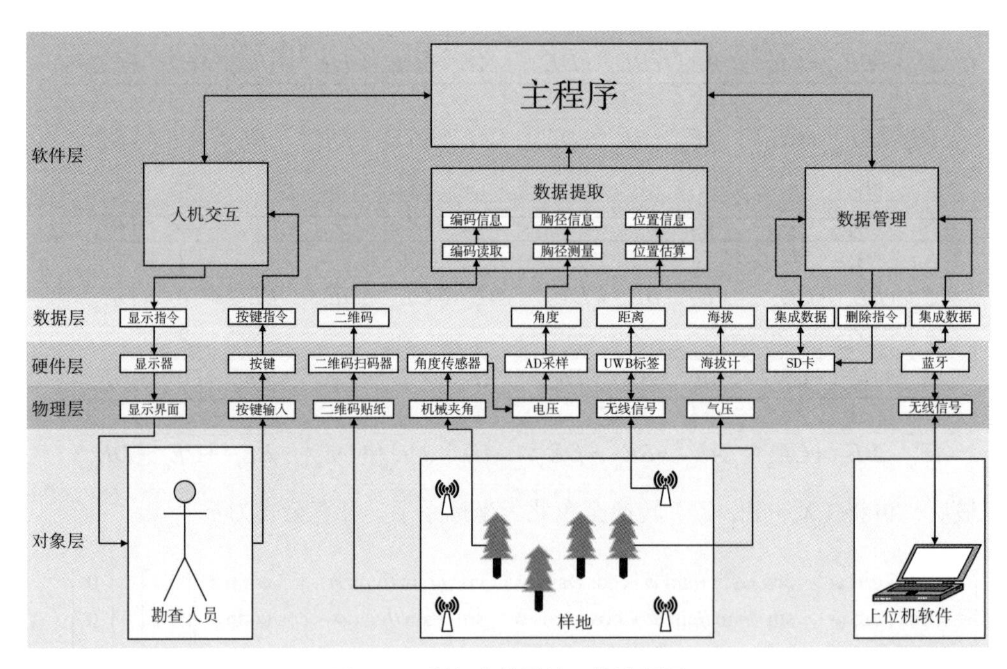

图 3.32 嵌入式装置的工作流程图

3.4.1.2 作业流程设计

胸径测量作业在实际的森林调查中往往采取样地调查法，以样地的形状可分为方形（矩形）样地、圆形样地等；但圆形样地的边界难以控制和规划，特别是当样地中树木较多时，实施起来较为不便；而实践中多采用方形样地，因其量测简单、边界容易确定。

因此，本文中测量作业所采用样地的形状为方形样地，具体作业流程的步骤如下。

① 事先准备：嵌入式装置的样机一个，如图 3.33 所示，二维码贴纸若干、钉枪一把、短钉若干、UWB 辅助定位模块四个（连有支架和电源，分别命名为锚点 A、锚点 B、锚点 C、锚点 D）和装有上位机软件的个人电脑一台。

图 3.33　嵌入式装置

② 布置编码贴纸：在样方内布置立木编码贴纸于每株立木的 1.3m 左右处，若立木表面光滑，直接粘贴即可；若立木表面不易粘贴可通过钉枪辅助固定，如图 3.34 所示。

图 3.34　编码贴纸布置示例图

③ 布置 UWB 锚点如图 3.35 所示，具体步骤如下：首先，将锚点 A 布置在样方的某一顶点，通过设备记录下锚点 A 的海拔值 H_A；再步行至样方的另一顶点布置锚点 B，通过设备记录下锚点 B 的海拔值 H_B 和锚点 A 与锚点 B 间的距离值 Dis_{AB}；再步行至样方的另一点附件布置锚点 C，通过设备记录下锚点 C 的 海拔值 H_C、锚点 C 与锚点 A 间的距

离值 Dis_{AC}、锚点 C 与锚点 B 间的距离值 Dis_{BC}；最后步行至样方的另一点附件布置锚点 D，通过设备记录下锚点 D 的海拔值 H_D、锚点 D 与锚点 A 间的距离值 Dis_{AD}、锚点 D 与锚点 C 间的距离值 Dis_{DC}。

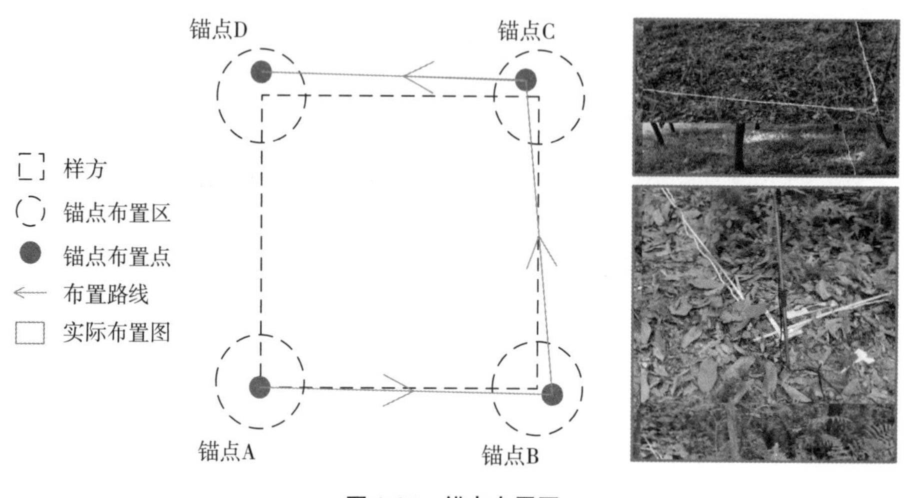

图 3.35　锚点布置图

④ 单树测量作业流程的具体步骤如下：首先扫描树干上编码贴纸的二维码；待成功读取后，再在贴纸上辅助点的水平面夹住无树包突起处测量两次，如所图 3.36 所示，装置将记录下每次两个夹角 α_1 和 α_2 的值从而计算出胸径；最后将装置放置在树底部，在贴纸的正面方向与背面方向各测量其位置一次，装置将记录下每次的海拔值、装置与锚点 A 的距离值 A_n、装置与锚点 B 的距离值 B_n、装置与锚点 C 的距离值 C_n、装置与锚点 D 的距离值 D_n 从而计算出位置，如图 3.36 所示。

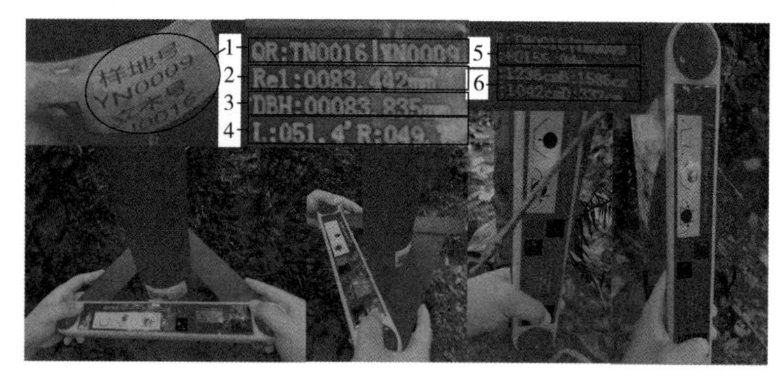

图 3.36　单树测量作业图

注：1. 树木编码；2. 上次胸径记录值；3. 当前胸径采样值；4. 左夹角值和右夹角值；5. 海拔高度值；6. 当前装置与 A、B、C、D 锚点的距离值。

⑤ 按上述单木单树测量作业流程依次测量完所有贴过贴纸的树木后，将嵌入式装置与装有上位机软件的个人电脑进行通信，通信成功后上传测量数据并对每株树木的两次胸径测量值和两次位置测量值各求平均值。

3.4.2　硬件设计

3.4.2.1　外观设计

为实现立木编码与胸径、位置测量一体化这一方法，本文所设计嵌入式装置的外形构造如图 3.37 所示。在图 3.37 中，整个装置主体上分为左切臂、中间体、右切臂三个部件：左切臂和右切臂大小一致（长为 30cm，宽为 5cm），都使用玻纤板材料制成；中间体使用树脂材料制成，长为 35cm，宽为 5cm，上表面装有保护盖、按键、显示屏等元器件，前表面装有中顶尖、二维码扫描器，内部装有法兰、角度传感器、电池、PCB 电路板等元器件。在机械结构上，中顶尖与中间体的几何中心在同一直线上，α_1 为左切臂与中间体的中轴线之间夹角，α_2 为右切臂与中间体的中轴线之间夹角。

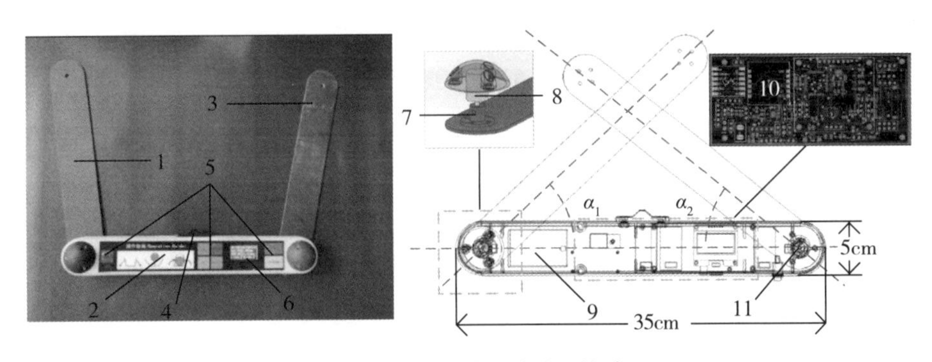

图 3.37　嵌入式装置的外形构造图

注：1. 左切臂；2. 中间体；3. 右切臂；4. 中顶尖；5. 按键；6. 显示屏；7. 法兰；8. 第 1 号角度传感器，9. 锂电池；10. 电路板；11. 第 2 号角度传感器。

3.4.2.2　电路整体框架设计

电路框架如图 3.38 所示，集成有主控模块、电源模块、存储模块、无线模块、采样模块、交互模块等功能模块；以主控模块为信号的中央处理单元，对其他的模块进行控制；电源模块为其他的模块提供电源；所采用主要电子元件的型号、接口类型、参数、功能如表 3.1 所示。

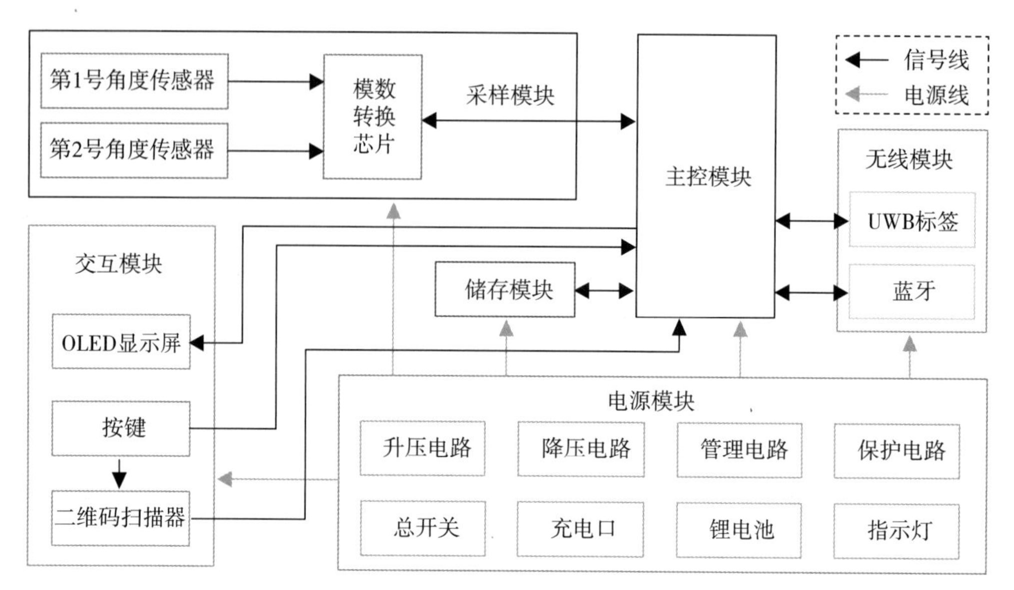

图 3.38　电路框架

表 3.1　主要电子元件

名称	型号	接口类型	参数	功能
单片机	STC15W4K56	SPI；I2C； 数字；模拟	8 位 晶振频率：22M	数据处理
二维码扫描器	M800	串口	波特率：9600bps 解码速度：300KB/s	二维码的 扫描和解码
AD 采样模块	ADS1115	I2C；模拟	16 位；4 通道	AD 转换
UWB 模块	D-DWM-PG1.7	串口	分辨率：1cm 工作范围：0~50m 波特率：9600bps	距离测量
海拔计	JY901B	串口	分辨率：1cm 波特率：9600bps	海拔测量
蓝牙	HC-06	串口	工作范围：0~15m	与上位机通信
SD 卡	TF/microSD	SPI	容量：2 GB	数据储存
角度传感器	P3014-V1	模拟	12 位 分辨率：0.088°	角度测量
显示屏	OLED	SPI	128 × 64 pixel	数据显示
键盘	PVC	数字	7 键	指令输入
电源模块	TP4056； DW001A； 8205S；AMS1117	数字	输入：3.7~4.2V，5V 输出：3.3V，5V	电源管理

3.4.2.3　电路功能模块

（1）主控模块

主控模块所使用的单片机为 STC15 系列的 STC15W4K56 型，如图 3.39 所示，其封装形式为 44 脚（LQFP44 封装），该单片机的单时钟 / 机器周期的速度比普通 8051 芯片快 8~12 倍，具有高保密性、高可靠的特点。

STC15W4K56 型单片机的内部已集成有晶振与复位电路，极大简化了应用系统外围电路的开发；有效工作电压在 2.5V 至 5.5V 之间，抗电压波能力强，也简化了供电线路的设计；片内拥有 4K 字节的 SRAM 内存，包括常规的 256 字节的随机存储器（RAM）和内部扩展的 3840 字节外部随机存储器（XRAM），可储存的程序量大、实现的功能多；还集成了 A/D（8 通道 10 位）、PWM（6 通道 15 位）、UART（4 路）等多功能高速接口部件，能使单片机系统的应用范围更加广泛。

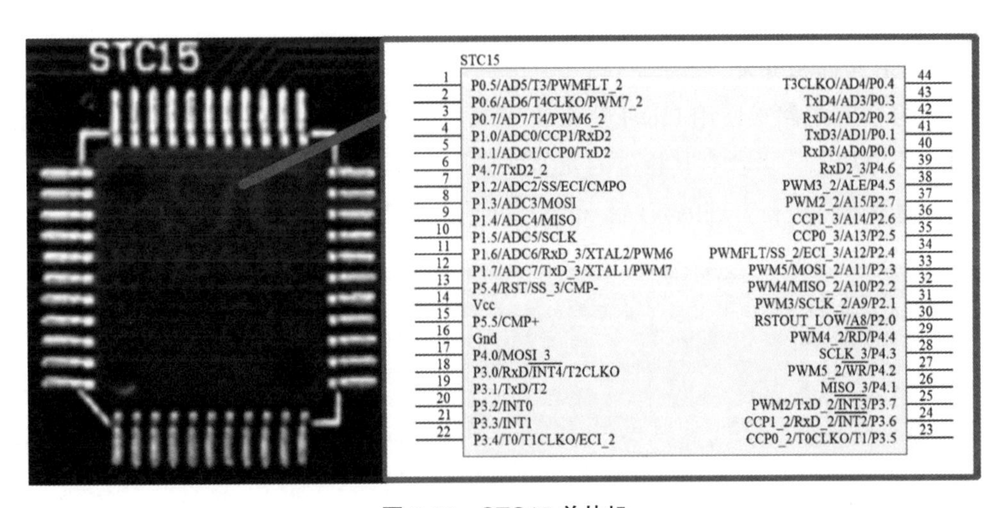

图 3.39　STC15 单片机

（2）电源模块

电源模块如图 3.40 所示，其所使用的管理电路芯片的型号为 TP4056，负责锂电池的充电管理，当充电口插入电源线的时候指示灯亮起，充满电后断开与锂电池之间的连接并使指示灯变色；使用的保护电路含有 DW001A 芯片、8205S 芯片、熔断丝等元器件，对锂电池和其他电路进行过流保护；当总开关开启后，通过升压电路给 STC15 单片机、二维码扫描器、模数转换芯片、按键、UWB 标签等 5V 负载进行供电，通过降压电路给 OLED 显示屏、蓝牙、SD 卡等 3.3V 负载进行供电。

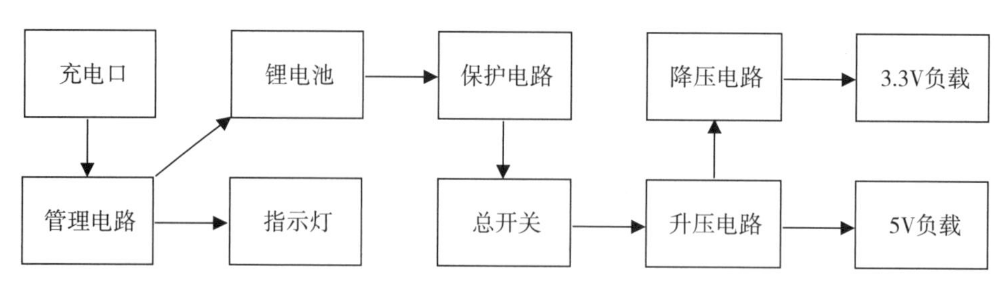

图 3.40　电源模块

（3）其他模块

存储模块中有 2GB 容量大小的 SD 内存卡用于储存所采集的数据。无线模块包含有蓝牙和 UWB 标签，蓝牙用于上位机平台进行数据传输，UWB 标签用于树木定位。采样模块用于将角度传感器的模拟信号转换成数字信号。交互模块中有 OLED 显示屏、按键、二维码扫描器用于人机交互、指令和编码的输入。

3.4.2.4　PCB 电路板开发

装置的 PCB 电路板使用 Protel 公司的 Altium Designer 16.1 软件进行开发，首先设计上述模块的原理图，再者对其相应的元器件进行查找、绘制、编译、入库，最后在 PCB 电路板上对元器件进行合理的布局、布线、滴泪及覆铜，其效果图如图 3.41 所示。

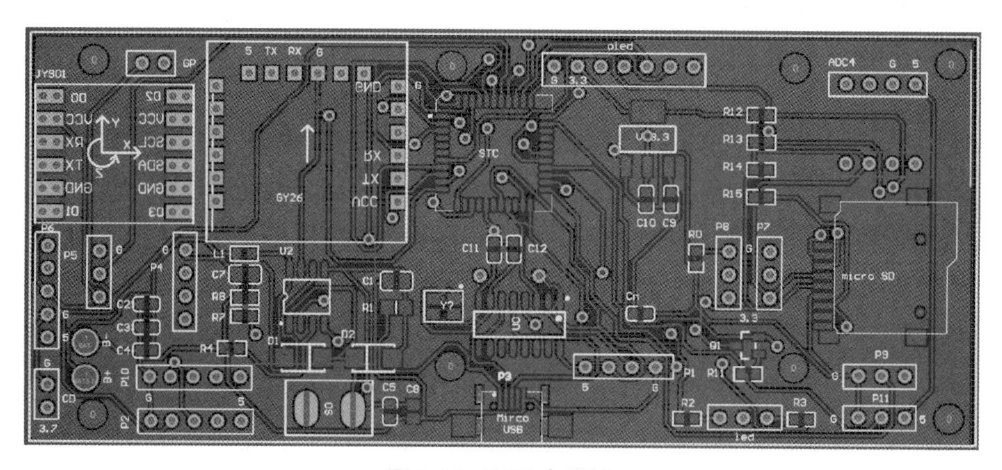

图 3.41　PCB 电路板

3.4.3　数据管理软件设计

本文设计的数据管理软件需要在 C/S 和 B/S 架构下能够在客户端、服务器、浏览器多端跨平台下的运行执行 Http/Https 协议、Sql 协议、串口通信协议等完成数据，因此将内容设计分为上位机、数据网站、数据库三个部分，整体的软件框架如图 3.42 所示。

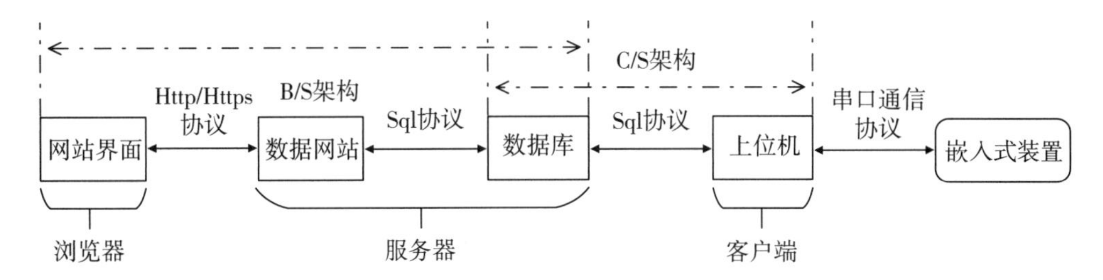

图 3.42　软件框架图

软件的功能级数据流如图 3.43 所示，遵循自顶向下、逐层分解、功能细化的原则。其主要流程为：用户首先需要通过相应的操作将嵌入式设备中已经测量完成的数据传输到上位机中，上位机再对相应数据进行提取后上传至数据库中，用户最后可以进行相应的操作在数据网站中进行数据的查询、统计和分析。

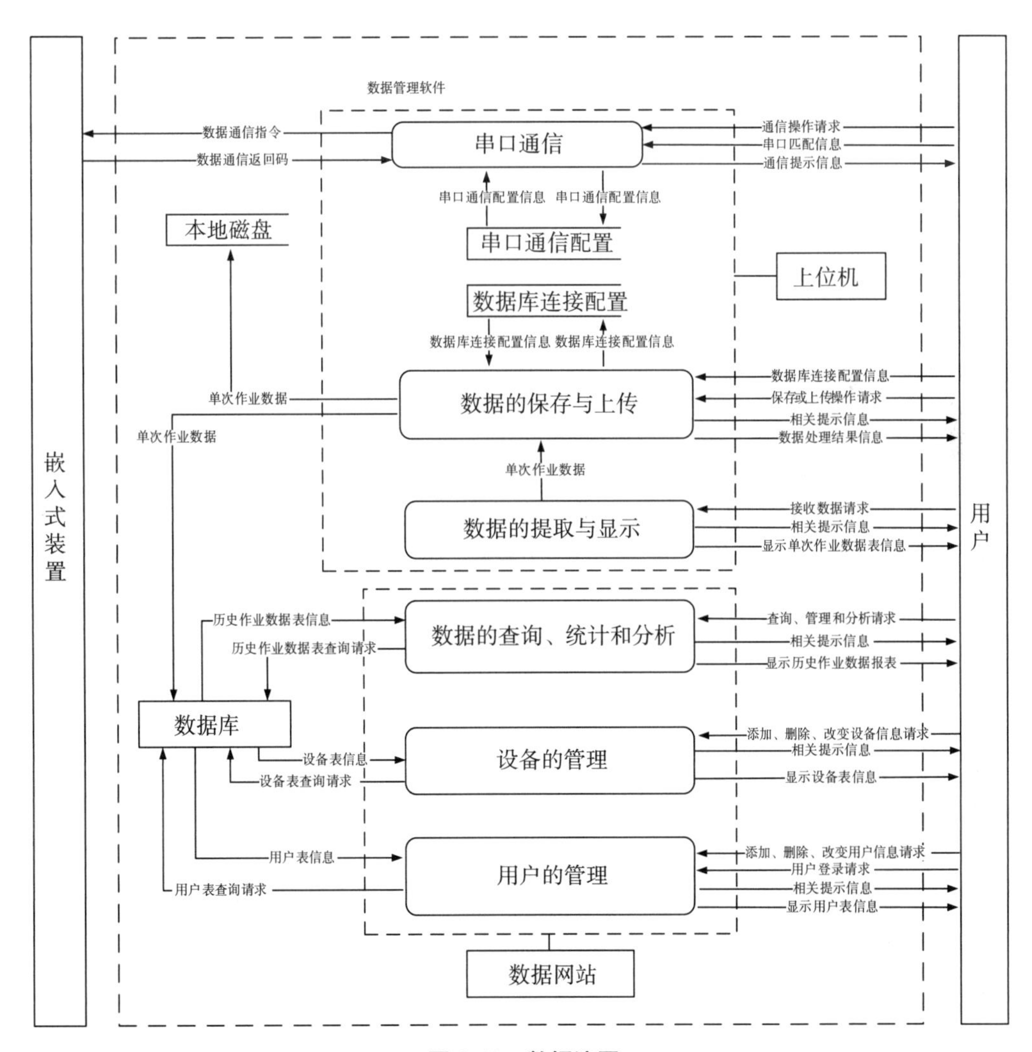

图 3.43　数据流图

3.4.3.1 上位机的设计

上位机使用 C# 编程语言在 Visual Studio 2017 开发环境下设计，通过调用 Form 控件的布局实现其与嵌入式设备成功通信的效果，如图 3.44 所示。该上位机软件主要实现串口通信、数据的提取与显示、数据的保存与上传三大功能，可在 Windows 7、Windows 8、Windows 10 等多个操作系统下运行。

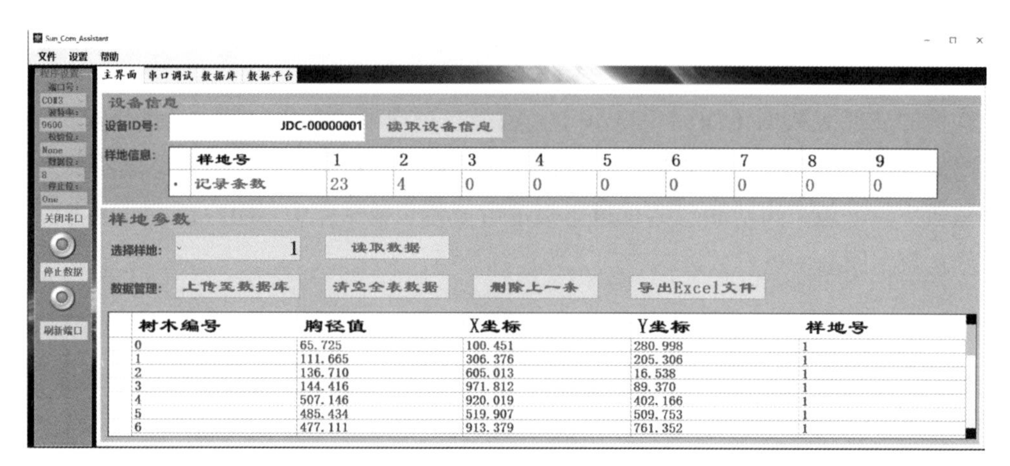

图 3.44 上位机软件

（1）串口通信

串口通信，是指通信双方的设备遵守时序按位依次进行数据传输的一种技术。

在串口通讯的运行程序前，首先需要初始化设置端口号、波特率、数据位、停止位、奇偶校验位等参数。

端口号通过自动扫描电脑上的蓝牙 COM 口获取，波特率、数据位、停止位、奇偶校验位等参数需要与嵌入式设备进行匹配才能进行，其作用和可选参数如表 3.2 所示。在完成初始化设置后，用户通过 PC 端软件向嵌入式设备发送通信请求，如若两者匹配成功即可开启串口通讯实行数据传输任务，并且本次匹配所使用的端口号、波特率、数据位、停止位、奇偶校验位等参数都会自动存于串口通信配置的文件中，便于用户下次调用，减少重复操作。

（2）数据的保存与上传

在开启串口通信后，首先通过 Convert 方法将嵌入式设备向 PC 端软件所发送的 Hex（十六进制）型数据进行转换存于 StringBuilder 变量中，再按照事先设定好的字符分隔符进行首尾分隔和字符串分隔提取出每株树的树木编码、树木胸径、树木位置等信息，最后通过调用 DataGridView 控件将上述数据逐行显示成表格的形式。

表 3.2 串口通信参数

参数类型	波特率	数据位	停止位	奇偶校验位
作用	用于衡量每秒钟传送的数据位数	用于表示通信中实际数据位	用于表示单个包的最后一位	用于串口通讯中的错误检测
可选数值	9600 19200 57600 115200 256000	8 7 6 5 4	None One OnePFive Two	None Odd Even Mark Space

（3）数据的保存与上传

待数据显示成功后，用户可以选择数据保存或者数据上传两种操作。数据保存操作所涉及的程序引用了 Excel 命名空间，可将数据保存至电脑的本地磁盘中。数据上传操作所涉及的程序引用了 MySQLDriverCS 命名空间，可将数据上传至服务器的数据库中，并且本次匹配所使用的端口号、波特率、数据位、停止位、奇偶校验位等参数都会自动存于串口通信配置的文件中，便于用户下次调用，减少重复操作。

3.4.3.2 数据库的设计

数据管理平台使用的数据库为 MySQL，将数据、用户、设备这 3 个实体使用 phpMyAdmin 数据库管理工具进行数据库的建表和管理，三者联系类型为：设备和数据呈一对多（1：N），用户和设备呈多对多（N：M），其数据库的 E-R 模型如图 3.45 所示。数据表以数据编号为唯一标识符，还包含有胸径信息、位置信息、录入信息、编码信息等属性；用户表以用户编号为唯一标识符，还包含有用户名、密码、权限等属性；设备表以设备编号为唯一标识符，包含设备信息、使用日志等属性。

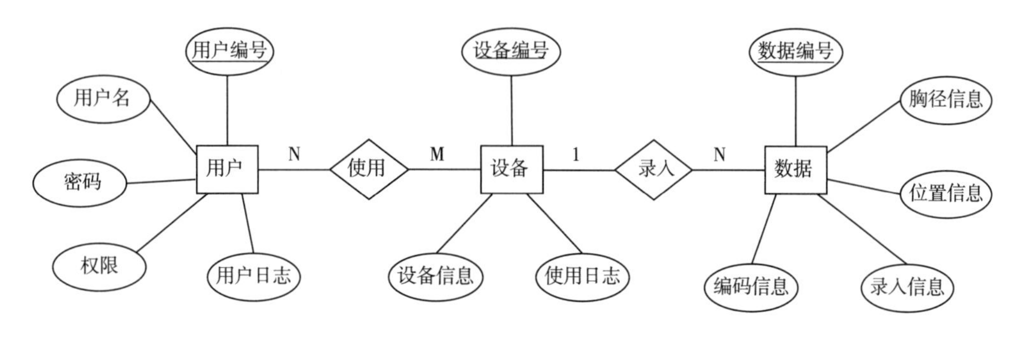

图 3.45 数据库的 E-R 模型

3.4.3.3 数据网站的设计

数据管理平台的数据网站在使用 PHP、JS、Html5 等编程技术设计，部署于在 Apache 服务器上，可在谷歌、火狐、360、IE 等主流浏览器上运行。其主要功能如下。

① 用户管理功能：包含了用户登录、用户密码的修改、用户列表增删查改、权限列表设置等基本功能，其登录页面如图 3.46 所示。其中，用户登录、用户密码的修改使用了 PHP 自带的 MD5 函数进行加密或解码；用户列表增删查改、权限列表设置通过使用 SQL 中的相关语句进行实现。

图 3.46 用户登录页面

② 设备管理：通过调用 mysqli query（ ）方法中相关 SQL 的更新、查询、删除语句对数据库中的设备表实现操作，以此实现添加设备、删除设备、修改设备信息等管理功能，其页面如图 3.47 所示。

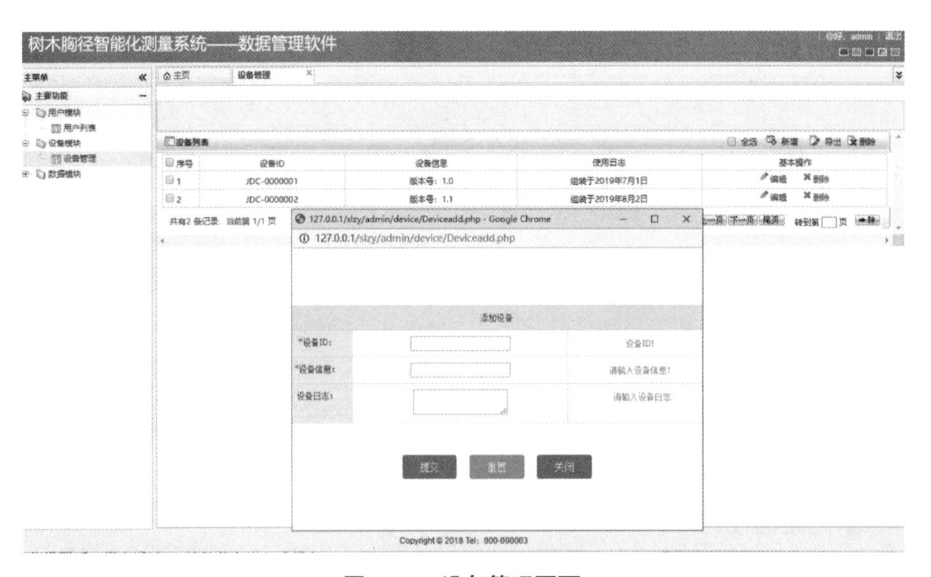

图 3.47 设备管理页面

③ 数据的查询、统计和分析：同理通过调用 mysqli query（ ）方法中相关 SQL 的更新、查询、删除语句对数据库中的数据表实现操作，以此达到对某一片样地实行查询、统计、分析等数据功能。

用户可选择样地编号进行相关数据查询，还可实现对该样地中胸径测量数据按径阶进行统计和分析，并调用了 Canvas 方法依据每株树所估算位置进行了微样地图绘制，其效果如图 3.48。其中，采用上限排外法将胸径数据划分为：径阶 A（6.0~9.9cm）、径阶 B（10.0~19.9cm）、径阶 C（20.0~29.9cm）、径阶 D（大于或等于 30cm）。

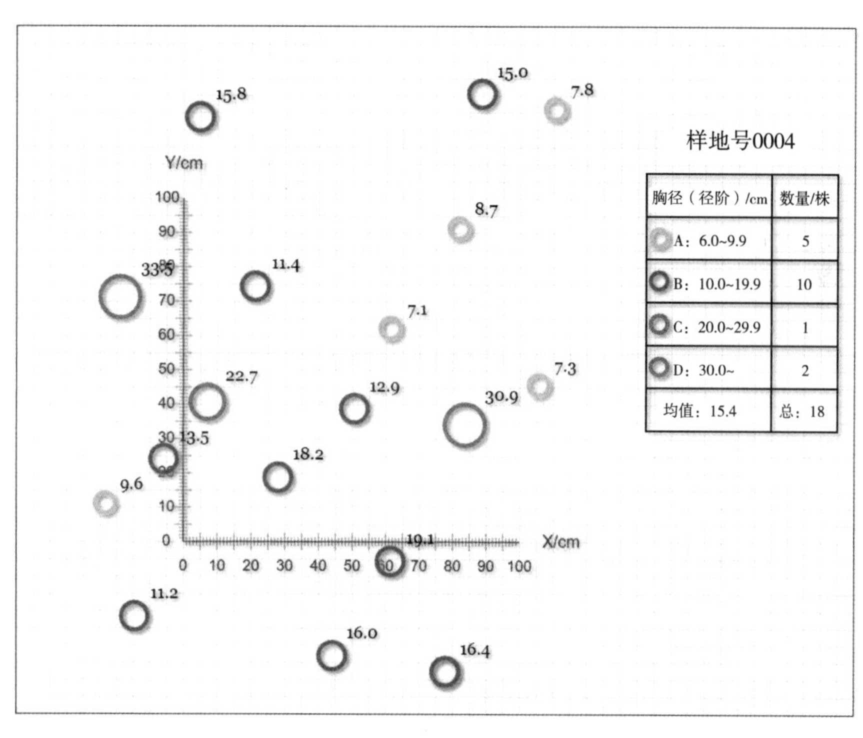

图 3.48　样地图

3.4.4　试验

3.4.4.1　试验地点

试验地点位于浙江省临安市（N30° 15′，E119° 43′）；共选取 10 片 10m × 10m 不同环境的方形样地；具体情况见表 3.3。其中样地号 1~5 的样地位于浙江农林大学植物园，树木以人工林为主，地表以人工草皮为主；样地号 6~10 的样地位于临安郊区，树木以天然林为主，地表有较为茂密的杂草和小型灌木。

表 3.3 样地属性图

样地号	株数	主要树种	坡度	胸径（mm）			
				平均值	最大值	最小值	标准差
1	16	无患子、樟树、白玉兰	3.1°	140.31	280.32	59.29	61.29
2	19	深山含笑、无患子	5.5°	136.33	183.91	83.34	28.74
3	15	无患子、银杏	6.8°	144.82	210.24	86.07	32.57
4	18	白玉兰、樟树、鹅掌楸	15.3°	153.72	334.63	70.54	75.13
5	28	无患子、广玉兰、鹅掌楸	28.7°	125.90	215.37	67.14	49.19
6	37	杉木	4.8°	102.43	153.97	52.75	30.38
7	30	杉木	5.9°	112.91	219.90	51.19	40.16
8	24	樟树、杉木、广玉兰	18.3°	179.74	340.21	49.27	88.00
9	16	樟树、无患子、白玉兰	3.1°	140.31	280.32	59.29	61.29
10	19	无患子、深山含笑	5.5°	136.33	183.91	83.34	28.74

3.4.4.2 试验内容

在上述 10 片方形样地中，依照上述的测量作业流程进行依次试验，试验内容分为基本性能的测试、胸径测量精度的检验和位置估算精度的检验。

（1）基本性能的测试

基本性能测试的目的是测试整个系统的软硬件模块在使用过程的各个环节是否可靠、有无异常、能够正常运转、响应是否即时等，因此在试验过程进行了机械结构、二维码扫描、按键输入、显示屏输出及上位机软件等项目的测试，记录其具体表现。

（2）胸径测量精度的实验

单树胸径测量的参考值为卡尺在辅助点的水平面卡住无树包突起处测量两次的平均值（卡尺两次测量的胸径方向近似垂直）。其准确性使用平均偏差 *BIAS*、相对平均偏差率 *relBIAS*、均方根误差 *RMES* 和相对均方根误差率 *relRMES* 进行评估，相应公式分别如下：

$$BIAS = \frac{\sum_{j=1}^{n}\left(d_{\mathrm{j}} - d_{\mathrm{jr}}\right)}{n} \tag{3.21}$$

$$relBIAS = \frac{\sum_{j=1}^{n}\left(d_{\mathrm{j}} / d_{\mathrm{jr}} - 1\right)}{n} \times 100\% \tag{3.22}$$

$$RMSE = \sqrt{\frac{\sum_{j=1}^{n}\left(d_{\mathrm{j}} - d_{\mathrm{jr}}\right)^2}{n}} \tag{3.23}$$

$$relRMSE = \sqrt{\frac{\sum_{j=1}^{n}\left(d_{\mathrm{j}} / d_{\mathrm{jr}} - 1\right)^2}{n}} \times 100\% \tag{3.24}$$

以上四个公式中，d_{j} 为编号 j 树木的测量值或估算值，d_{jr} 为编号 j 树木的参考值，n 为树木的总株数。

（3）位置估算精度的实验

位置估算的参考值是在 OXY 平面坐标系下进行测量和换算的，先通过结合皮尺、角度尺、倾角仪等工具的测量值换算出该树底部位置距离 X 轴或 Y 轴最近点的平面坐标，再将该平面坐标 Y 轴或 X 轴方向上的值依据实际情况加上或减去胸径参考值的一半进行补偿。将 X 轴和 Y 轴方向上的估算坐标与参考值也使用平均偏差 *BIAS*、均方根误差 *RMES* 进行评估，再计算协方差分析两者的误差之间是否存在关联，并进行估算点与参考点之间的直线距离误差分析，直线距离误差 *Ed* 的公式如下（3.25）：

$$Ed = \sqrt{\left(X_{\mathrm{j}} - X_{\mathrm{jr}}\right)^2 + \left(Y_{\mathrm{j}} - Y_{\mathrm{jr}}\right)^2} \tag{3.25}$$

式中，X_{j} 为编号 j 树木 j 在 X 轴方向上的估算值，X_{jr} 为编号 j 树木在 X 轴方向上参考值；Y_{j} 为编号 j 树木在 Y 轴方向上的估算值，Y_{jr} 为编号 j 树木在 Y 轴方向上参考值。

3.4.4.3　试验结果

（1）基本性能的测试结果

在基本性能的测试结果中，机械结构、二维码扫描、按键输入、显示屏输出及上位机软件等项目的具体表现如表 3.4 所示；该结果表明系统的基本性能稳定，能够正常地在森林调查的内外业过程中使用。整个作业流程中，装置的数据测量、读取、入库全程自动化，相较于传统方法测量操作简单、无需数据勘误，极大地提升了工作效率。

表 3.4　基本性能的测试结果

基本性能测试项目	机械结构	二维码扫描	按键输入	显示屏输出	上位机软件
表现	关节移动顺畅，连接可靠、牢固	树木编码读取正确、反应快速	按键对应输入响应正常、操作无卡顿	显示对应内容输出正常、流畅、无花屏	数据的上传、处理、储存功能正常

（2）胸径测量精度的实验结果

将 10 片样地所得到的胸径测量值与胸径参考值进行对比，其关系如图 3.49 所示，表 3.5 展示了胸径测量的精度评估结果，图 3.50 为不同径阶误差分布的箱线图。结果表明：装置所测得的胸径测量值与卡尺所测得的胸径参考值在数值上非常接近；测量精度高，10 片样地总体的 *BIAS* 值为 1.89mm（1.88%），*RMSE* 值为 5.38mm（4.53%）；径阶组越大其误差分布的范围也相对较大。

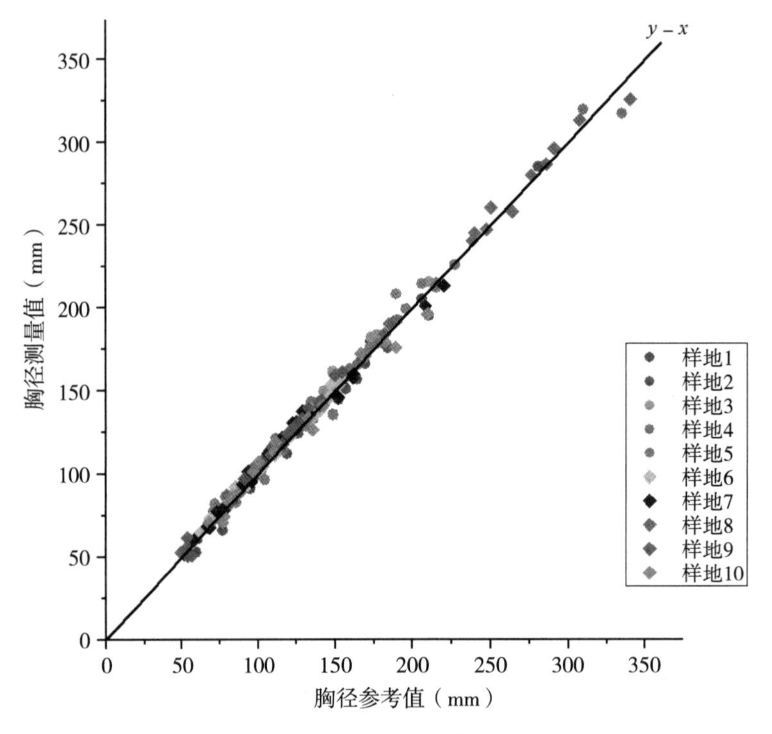

图 3.49　胸径测量值与胸径参考值的对比图

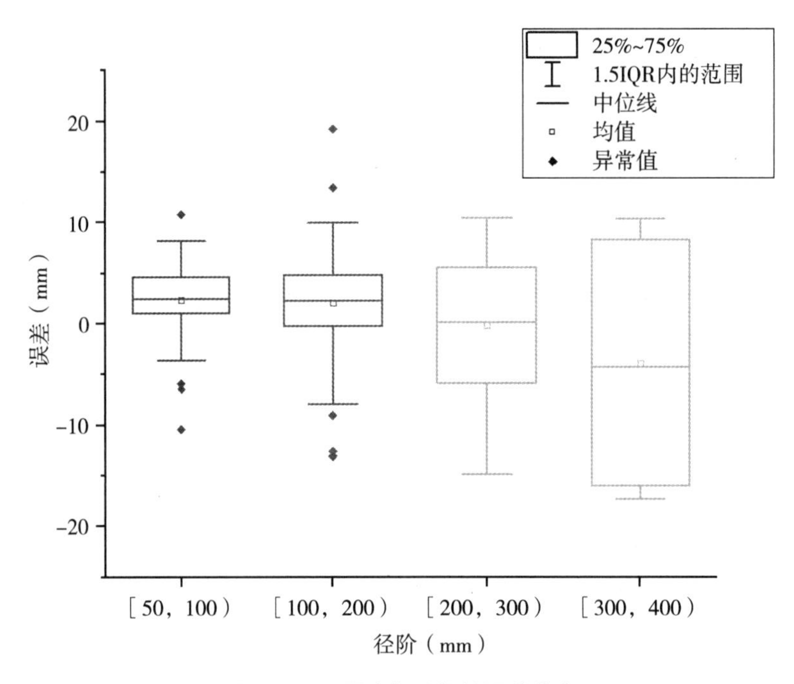

图 3.50　不同胸径区间的误差分布

表 3.5　胸径测量精度表

样地号	*BIAS*（mm）	*relBIAS*（%）	*RMSE*（mm）	*relRMSE*（%）
1	−2.04	−2.04	6.65	5.76
2	−1.22	−0.64	3.52	2.29
3	5.13	3.50	6.44	4.43
4	3.34	3.54	6.84	5.27
5	1.87	1.85	5.94	5.01
6	2.40	2.65	3.48	3.85
7	2.33	2.53	4.79	4.11
8	3.33	3.17	5.93	4.96
9	3.25	2.41	4.72	4.77
10	−0.62	−0.25	6.42	4.76
总体	1.89	1.88	5.38	4.53

（3）位置估算精度的实验结果

树木位置的估算点与参考点的在平面坐标系下的误差分布如图 3.51 所示，表 3.6 展

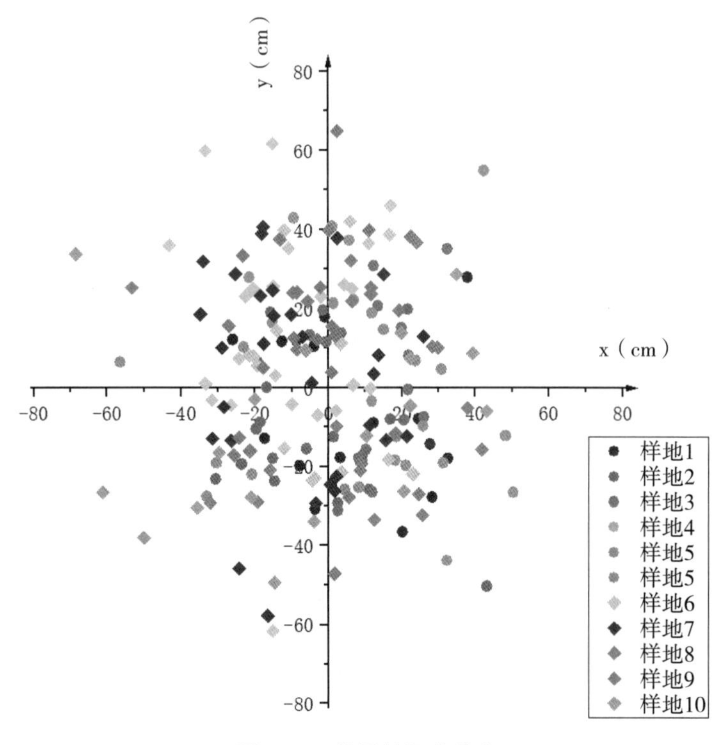

图 3.51　位置的误差分布

示了在X轴坐标和Y轴坐标上位置估算的精度评估结果，估算点与参考点在直线距离误差 *Ed* 的统计结果如表3.7所示。结果表明：在总体上，X轴坐标的 *BIAS* 值为 –0.80cm、*RMSE* 值为21.91cm，Y轴坐标的 *BIAS* 值为1.21cm、*RMSE* 值为24.62cm；估值估算偏差在两坐标的协方差 ρ_{xy} 在大约在 –0.26 到 0.30 之间，并无显著的相关性。*Ed* 的平均值为30.06cm，在平面OXY中范围大约在0到77cm之间，标准偏差为13.53cm。1~5号样地的 *Ed* 平均值相对略低于6~10号样地的 *Ed* 平均值，说明在野外环境下多遮挡、多杂草等条件对定位精度影响不大。

表3.6　树木位置在X轴坐标和Y轴坐标的精度表

样地号	X（cm）		Y（cm）		ρ_{xy}
	BIAS	*RMSE*	*BIAS*	*RMSE*	
1	6.51	20.21	–6.40	19.72	–0.22
2	–3.97	18.45	–12.07	21.73	–0.26
3	13.65	16.82	3.67	18.44	0.13
4	0.26	23.54	–3.86	23.06	–0.21
5	14.88	26.59	–3.75	25.17	–0.12
6	–8.19	18.05	10.58	27.94	–0.09
7	–8.55	19.37	3.19	25.12	–0.11
8	3.36	23.93	–9.57	24.03	0.04
9	–1.89	12.94	24.69	28.43	0.23
10	–5.50	33.96	–9.63	24.71	0.30
总体	–0.80	21.91	1.21	24.62	–0.07

表3.7　位置的估算点与参考点在直线距离误差的统计表

样地号	*Ed*（cm）			
	平均值	最大值	最小值	标准差
1	26.21	47.10	11.20	10.84
2	26.19	66.18	12.56	11.25
3	23.44	47.84	11.58	8.88
4	30.84	58.23	10.85	11.61
5	33.98	69.34	12.18	13.26
6	29.42	68.47	6.18	15.53
7	29.37	60.12	4.78	11.96
8	31.99	58.87	10.05	10.77
9	28.00	64.92	3.84	13.36
10	38.08	76.40	11.27	16.99
总体	38.06	76.40	3.84	13.53

第四章　森林资源无人机测量研究

森林资源调查是摸清森林资源的数量、质量与分布的重要手段，目前我国已形成了较为完善的森林资源调查体系。森林资源调查一般要建立专门工作小组，环境艰苦、工作量大，耗费大量的人力物力。如规划设计调查（简称“二类调查”）和出于森林生态状况监测的林分空间结构调查（林木组成、空间关系等）。目前针对小区域、高精度调查需求正在上升，传统调查方法要花费更大的人力物力，尤其在经济发达南方集体林区，农民很少上山从事经营活动，乔灌草生长迅速，曾经有的林间小道已经逐渐消失，要进行地面调查劳动强度极大。

20 世纪 50 年代，国家林业部成立了森林航空测量调查大队（现国家林业和草原局调查规划院前身），下设航测、航调、地面三个队，分别对应负责森林航空摄影测量、森林航空调查以及地面综合调查工作。该大队在东北地区开展了大量森林航空摄影测量调查，为我国森林航空遥感的发展打下了基础。

无人驾驶飞机，简称无人机（Unmanned Aerial Vehicle，UAV）是一种自带飞行控制系统和导航定位系统的无人驾驶飞行器（李德仁等，2014），可以携带多种设备，执行多种任务，并能重复使用。伴随着计算机技术、全球卫星定位技术、信息通讯技术的提高，无人机研制和应用研究得到迅速发展。

广义无人机机型种类多样，在林业上应用较为广泛的主要为多旋翼无人机和固定翼无人机，具有低成本、低损耗、可重复使用且风险小等诸多优势。这一先进技术的普及在林业工作者工作效率的提升，在成果精度的提高、人力物力的节约上，起到非常积极的推进作用，在林业工作中的应用具有明显的优势和广阔应用前景。

近几年，无人机森林资源调查研究与应用已逐渐成为热点。随着无人机技术和计算机视觉技术的发展，利用无人机遥感技术提取单木结构参数（树高、冠幅）成为现实（李德仁等，2014）。基于无人机的森林资源主要因子获取研究已有一些成果。李响等（2015）研究了基于局域最大值法单木位置探测的适宜模型构建，耿林等（2018）基于机载 LiDAR 研究了单木结构参数及林分有效冠的提取，Birdal A C 等（2017）利用无人机影像估算树木高度，樊仲谋等（2018）通过 SfM（Structure from Motion）算法对无人机获取的数据建立数字表面模型（DSM）和数字正射影像（DOM），从而提取单木的树高、冠幅、样地郁闭度与密度等因子。

本书从单木识别和单木结构参数、基于单视域的地块面积提取两个应用场景入手，探索无人机技术在森林资源调查中的应用，所选取的两个应用场景，不仅测量过程快捷简易，同时还具有较高的精度，适合推广应用。

单木结构参数主要包括树高、冠幅和胸径等关键的森林结构参数信息。本研究关注于树高和冠幅的提取，树高的提取首先通过 SfM（Structere from Motion）算法结合局部最大值算法识别的单木位置，而后得到树高信息，以此为基础进行单木胸径反演。冠幅的获取以树冠提取为基础，其中涉及分水岭分割算法和“ForestCAS”算法。

而在基于单视域的地块面积提取应用，从林业资源地块面积检查核查工作入手，探索一种基于无人机搭载 CMOS 相机拍摄的瞬时单视场全景照片，对指定地块进行面积测量和定位的方法，该方法无需生成正射影像图，计算过程快捷简易，同时实现所拍摄图像在电子地图上的精确定位。首先，在相机标定方法上，本书在张正友标定法基础上进行了改进，在图像区域提取方法上，结合了 Canny 边缘检测算子与数学形态学图像处理。

4.1 无人机测量原理

4.1.1 无人机系统组成

与人体一样，一架完整的无人机也可分为以下几大系统：飞控系统、遥控系统、动力系统、图传系统、云台、航拍相机。

飞行控制系统可以看作无人机的大脑，基础的飞控包含了 GPS、气压计、惯性测量单元、指南针。随着科技的发展，现在的一些航拍无人机上还加入了更多的传感器，例如超声波可在近地面测量精准高度、光流可在没有 GPS 的室内帮助飞机定位悬停。用以上传感器收集到信息后，飞控会对数据进行融合，判断出飞机当下的位置、姿态、朝向等信息，然后对如何飞行进行决策。

遥控系统包含地面的遥控器和飞机端的接收模块。除了俯仰（pitch）、横滚（roll）、航向（yaw）、油门（throttle）两个摇杆的四个通道外，还包含了切换飞行模式、控制云台转动、控制相机拍照等功能。

动力系统包括无人机的电调、电机、桨叶、动力电池。电调全称电子调速器，把动力电池提供的直流电转换为可直接驱动电机的三项交流电。电调接收飞控指令后，控制电机转速，从而实现飞机的倾角改变。

图传是把飞机上看到的图像传输到使用者面前的屏幕上，除画面外，图传也传输飞机的飞行数据。

为了消除抖动，无人机会安装云台。云台通过三轴加速度计和三轴陀螺仪中获取数据，并计算出倾角，反向修正位置来维持相机画面的水平。

航拍相机是无人机上用于拍摄的传感器。部分林业应用的无人机会搭载例如激光脉冲雷达（LiDAR）、多光谱相机等专用的航拍相机。

4.1.2 基于无人机的单木识别、单木结构参数提取技术

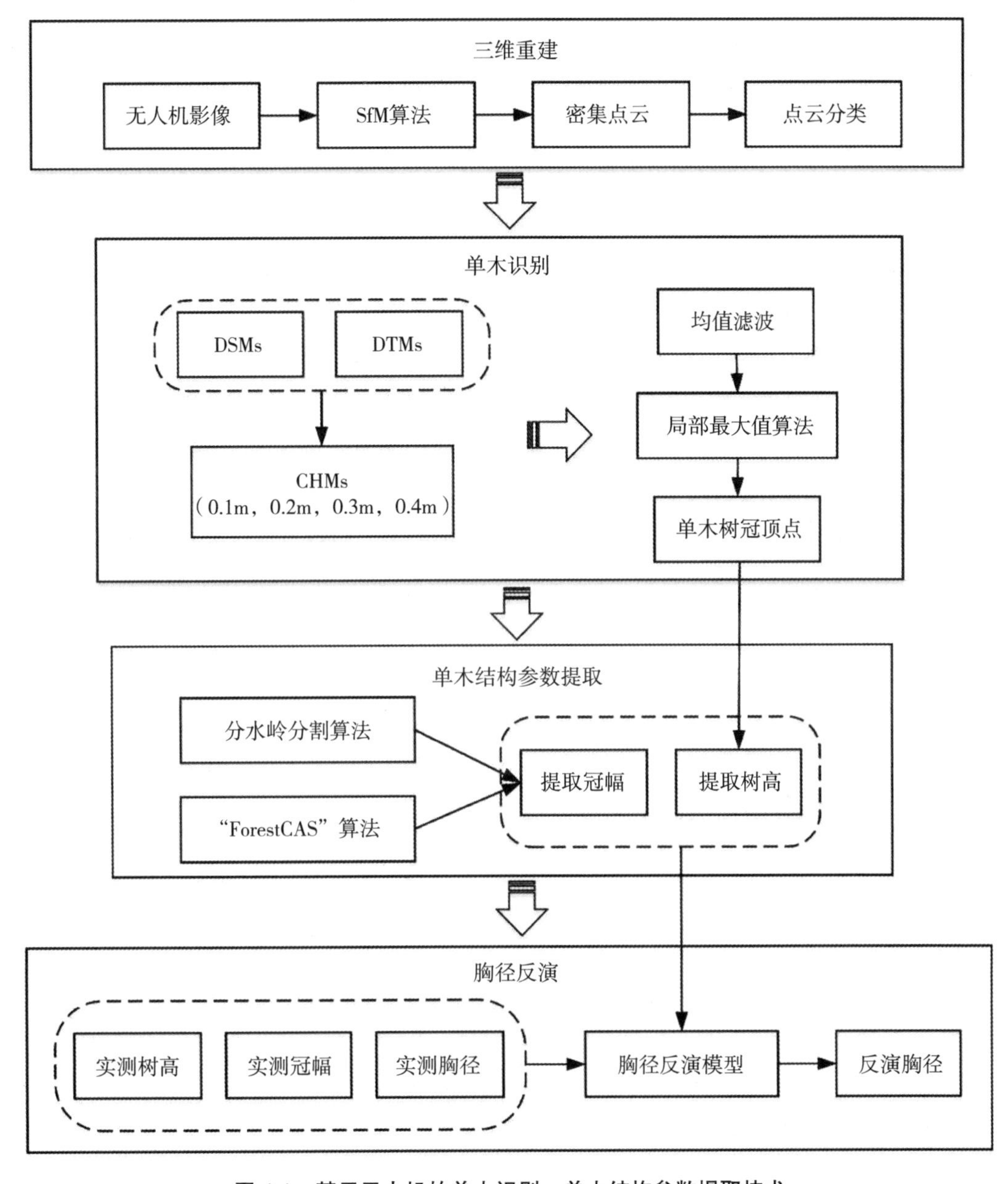

图 4.1 基于无人机的单木识别、单木结构参数提取技术

本书基于无人机的单木识别、单木结构参数提取技术主要分为：第一步，基于无人机影像结合 SfM（Structere from Motion）算法进行三维重建生成正射影像（DOM）、数字表面模型（DSM）和高密度点云数据，并对密集点云进行自动分类生成地面点和非地面地。第二步，对地面点插值生成数字地面模型（DTM），在 ArcGIS 中对 DSM 和 DTM 进行栅格作差，生成不同分辨率的 CHMs，继而对 CHMs 使用不同窗口大小的平滑滤波进

行平滑得到平滑后的 CHMs 第三步，使用不同窗口大小的局部最大值算法进行单木识别；基于最佳的单木识别结果结合 CHM 提取树高。第四步，基于 CHM 和识别到的单木树冠顶点，采用分水岭分割算法和“ForestCAS”算法提取树冠。第五步，基于以上获取的信息对胸径反演，首先对树高、冠幅和胸径的相关性进行分析，利用实测数据拟合得到树高 - 胸径一元模型、冠幅 - 胸径一元模型和树高 & 冠幅 - 胸径二元模型，并对模型进行评价。然后将基于无人机影像提取到的树高和冠幅代入到胸径反演模型中得到反演胸径，然后将其与实测胸径对比，最后对胸径反演模型进行精度验证。具体流程如图 4.1 所示。

4.1.2.1 SfM 算法

SfM（Structure from Motion，运动恢复结构）是计算机视觉中的专业术语，指根据一组二维图像中的对应特征估算场景三维空间结构的自动化过程。

SfM 流程为：①使用 SIFT 特征检测器（Lowe D G，2004）提取特征点并计算特征点对应的描述子（descriptor），然后使用 ANN（Approximate Nearest Neighbor）方法进行匹配，低于某个匹配数阈值的匹配对将会被移除。②对于保留下来的匹配对，使用 RANSAC（RANdom Sample Consensus）（Fischler M A 等，1987）和八点法（Hartley R 等，2003）来估计基本矩阵（Fundamental Matrix），在估计基本矩阵时被判定为外点（Outlier）的匹配被看做是错误的匹配而被移除。对于满足以上几何约束的匹配对，将被合并为 tracks。③通过 SfM 方法来恢复场景结构。

整个重建的过程首先需要选择一对好的初始匹配对。一对好的初始匹配对应该满足：①有足够多的匹配点。②有足够远的相机中心（Beder C 等，2006）。之后增量式地增加摄像机，估计摄像机的内外参并由三角化得到三维点坐标，然后使用光束平差法（Bundle Adjustment，BA）进行优化（Triggs B 等，1991）。下面对整个流程进行具体描述。

（1）特征检测

特征检测使用的是具有尺度和旋转不变性的 SIFT 描述子，其鲁棒性较强，适合用来提取尺度变换和旋转角度的各种图片特征点信息，在不需要考虑时间成本的情况下也较有优势。SIFT 算法通过不同尺寸的高斯滤波器（DOG）计算得到特征点的位置信息（x，y），同时还提供一个描述子 descriptor 信息。

（2）特征匹配

一旦每个图片的特征点被提出来以后，就需要进行图片两两之间的特征点匹配。一般根据欧式距离进行图像对两两匹配，其有两种方法：①粗暴匹配，对所有特征点都穷举计算距离。②邻近搜索，建立 KD-Tree，缩小搜索范围，能提高效率，但也有可能不是最优，所以邻域取值是关键，越大越准确但是计算量越大。

用 $F(I)$ 表示图像 I 周围的特征点。对于每一个图像对 I 和 J，考虑每一个特征 $f \in F(I)$ 找到最近邻的特征向量 $f_{nn} \in F(J)$：

$$f_{nn} = \arg\min_{f' \in F(J)} \left\| f_d - f_d' \right\| 2 \tag{4.1}$$

用 KD-Tree 去计算最近邻匹配，然后令最近邻的距离为 d1，第二近的匹配点之间距离为 d2，如果两个距离 d1 和 d2 之比小于一个阈值如 0.6，就可以判定为可接受的匹配对。这样，图像 I 中的特征点在图像 J 中至多一个匹配特征点，但是图像 J 中可能匹配图像 I 中多个特征点，就会出现多对一的情况，实际上特征点之间应该一一对应。所以还需要一个去除重复特征点匹配对的算法去解决这种多对一的情况。最后如果两个图片之间的特征点匹配数不少于 16 个即为初选图像对。

当距离小于一定阈值的时候就认为匹配成功，但是误匹配也比较多，需要采取多种手段剔除：①如果最近距离与次近距离的比值大于某个阈值，应该剔除；②对匹配点采用采样一致性算法 RANSC 八点法计算基础矩阵，剔除不满足基础矩阵的匹配对。

（3）SfM

描述摄像机的外参数用到 3×3 的旋转矩阵 R 和 1×3 的平移向量（或者摄像机中心坐标向量），摄像机的内参数用一个焦距 f 和两个径向畸变参数 k1 和 k2 描述。几何场景提供轨迹中的每个 3D 点 X_j，通过投影方程，一个 3D 点 X_j 被投影到摄像机的 2D 图像平面上。投影误差就是投影点和图像上真实点之间的距离。如图 4.2 所示。

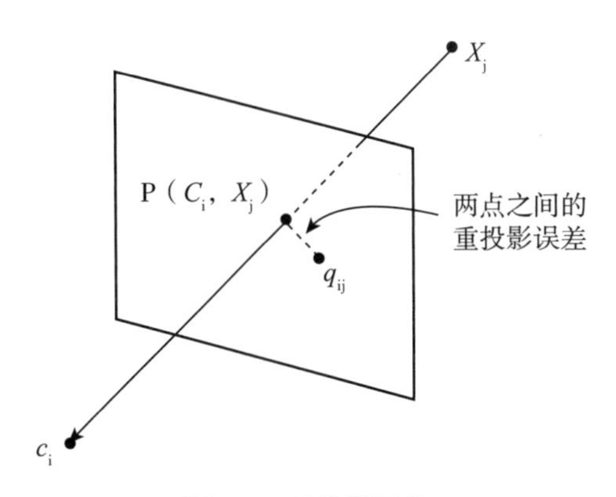

图 4.2　重投影误差

对于 n 个视角和 m 个轨迹，投影误差的目标优化方程如公式 4.2 所示：

$$g(C, X) = \sum_{i=1}^{n} \sum_{j=1}^{m} w_{ij} \left\| q_{ij} - P\left(C_i, X_j\right) \right\|^2 \tag{4.2}$$

当摄像机 i 观察到轨迹 j 的时候 W_{ij} 取 1，反之取 0，$\|q_{ij} - P(C_i, X_j)\|$ 就是摄像机 i 中的轨迹 j 的投影误差累积和。SfM 算法的目标就是找到合适的相机和场景参数去优化这个目标函数，g 是采用一个非线性最小二乘的优化方法求解，著名的有光束平差法

（Bundle Adjustment）。

采用5点法来估计初始化匹配对的外参，然后轨迹三角化后可以提供初始化的3D点，初始化的两帧图片就可以开始进行第一次Bundle Adjustment了。在这里用的是稀疏光束平差法（Sparse Bundle Adjustment）。Bundle Adjustment是一个迭代的过程，在一次迭代过后，将所有三维点反向投影到各自相片的像素坐标并分别与初始坐标比对，如果大于某个阈值，则应将其从track中去掉，如果track中已经小于2个点了，则整个track也去掉。

最后，不断添加新的摄像机和3D点进行BA。这个过程直到剩下的摄像机观察到的点不超过20为止，说明剩下的摄像机没有足够的点可以添加，BA结束。得到相机估计参数和场景几何信息，即稀疏的3D点云。

4.1.2.2 局部最大值算法

局部最大值算法首先把当前像元作为中心像元，向8个方向如图4.3所示进行扫描，然后将各个方向上的像元值与当前像元值比对，寻找到所有比8个邻域像元值都大的像元存入数组。对数组中的像元按像元值从高到低排序，并以每个像元为种子点执行泛洪填充算法（无需改变原始图像，而是在临时暂存的图像上完成），如果遇到比种子点像素值更高的点或者遇到了被标记为Maxima的点，则遗弃该种子点，否则被标记为Maxima，最后将标记为Maxima的点输出。

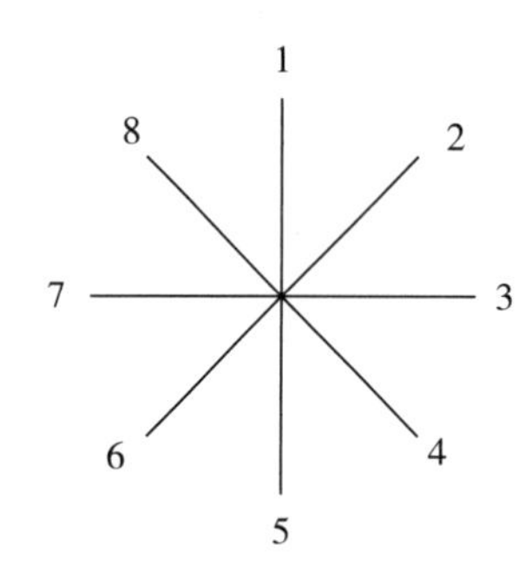

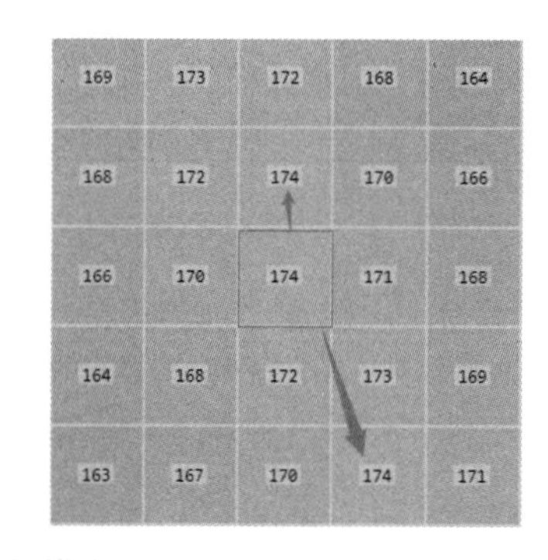

图4.3 扫描方向

4.1.2.3 分水岭分割算法

分水岭分割算法是一种基于拓扑理论的数学形态学的分割方法，其基本思想是把图像看做是测地学上的拓扑地貌，图像中每一点像素的灰度值表示该点的海拔高度，每一个局部极小值及其影响区域称为集水盆，而集水盆的边界则形成分水岭。分水岭的概念和形成可以通过模拟浸入过程来说明。在每一个局部极小值表面，刺穿一个小孔，然后把整个模型慢慢浸入水中，随着浸入的加深，每一个局部极小值的影响域慢慢向外扩展，在两个集水盆汇合处构筑大坝，即形成分水岭。

分水岭比较经典的计算方法是由 Vincent 提出的（Vincent L 等，1991）。在该算法中，分水岭计算分两个步骤，一个是排序过程，一个是淹没过程。首先对每个像素的灰度级进行从低到高排序，然后在从低到高实现淹没过程中，对每一个局部极小值在 h 阶高度的影响域采用先进先出（FIFO）结构进行判断及标注。

分水岭变换得到的是输入图像的集水盆图像，集水盆之间的边界点，即为分水岭。显然，分水岭表示的是输入图像的极大值点。因此，为得到图像的边缘信息，通常把梯度图像作为输入图像。

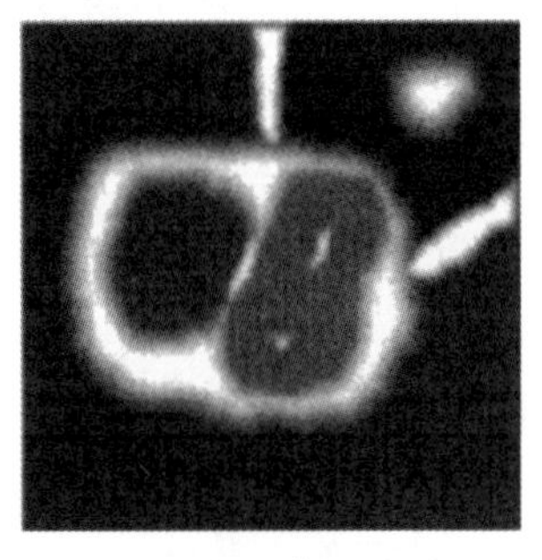

（a）原像图

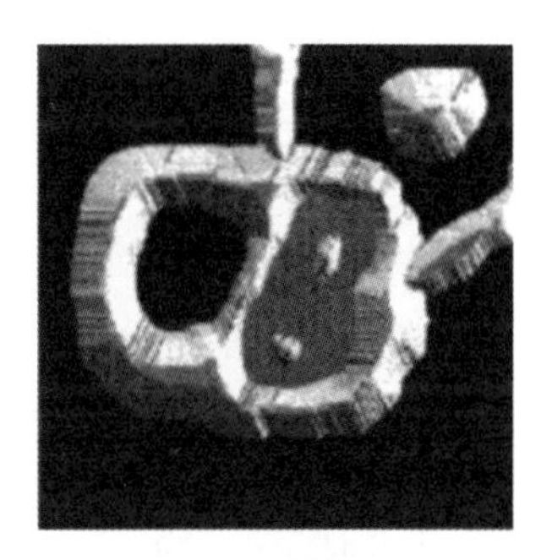

（b）地形俯视图

图 4.4 初始集水盆

图 4.4（a）为原图像，显示了一个简单的灰度级图像，图 4.4（b）中“山峰”的高度与输入图像的灰度级值成比例。为了阻止上升的水从这些结构的边缘溢出，将整幅地形图的周围用比最高山峰还高的大坝包围起来。最高山峰的值是由输入图像灰度级具有的最大值决定的。

图 4.5（a）为被水淹没的第一个阶段，水用浅灰色表示，覆盖了对应于图中深色背景的区域。在图 4.5（b）和图 4.5（c）中，可以看到水分别在第一和第二汇水盆地中上升。由于水持续上升，最终水将从一个汇水盆地中溢出到另一个之中。

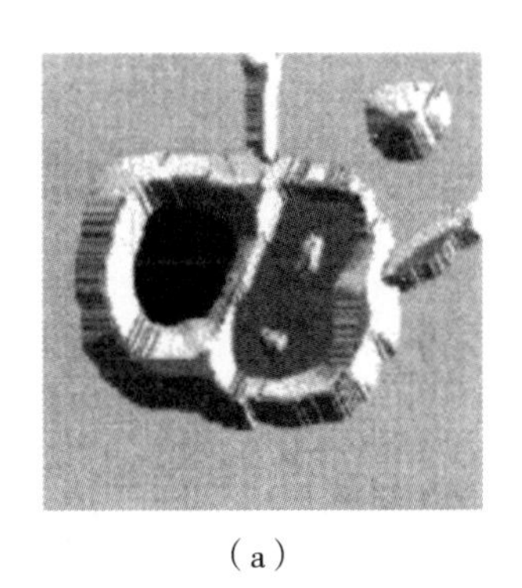

（a）

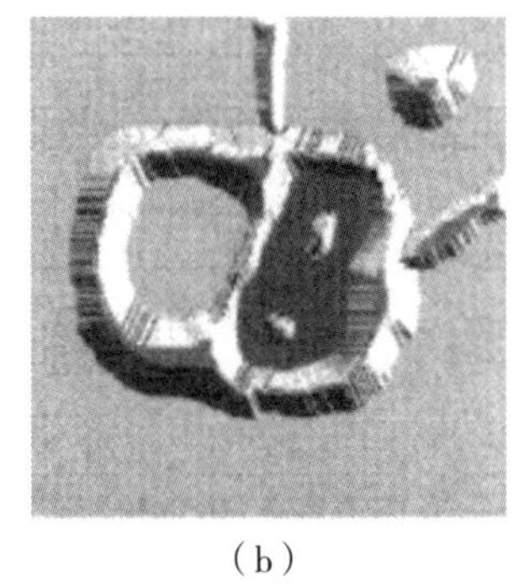

（b）

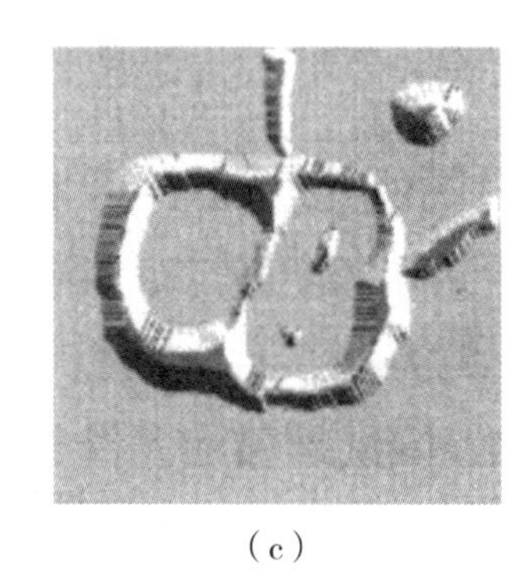

（c）

图 4.5 浸水过程

图 4.6（a）中显示了溢出的第一个征兆。这里，水确实从左边的盆地溢出到右边的盆地，并且两者之间有一个短“坝”（由单像素构成）阻止这一水位的水聚合在一起。随着水位不断上升，如图 4.6（b）所显示的那样，在两个汇水盆地之间显示了一条更长的坝，另一条水坝在右上角。这条水坝阻止了盆地中的水和对应于背景的水的聚合。

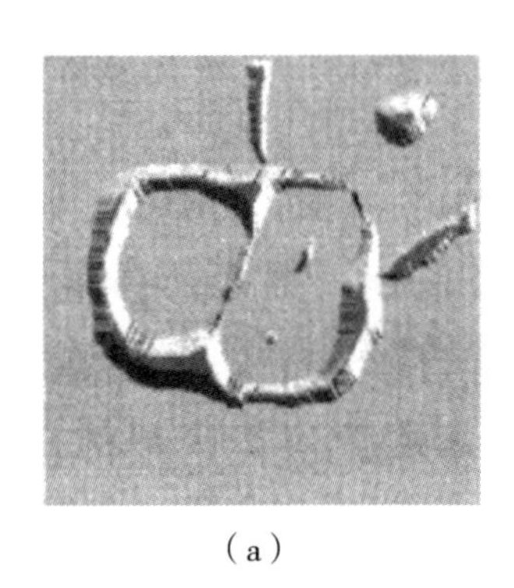
（a）

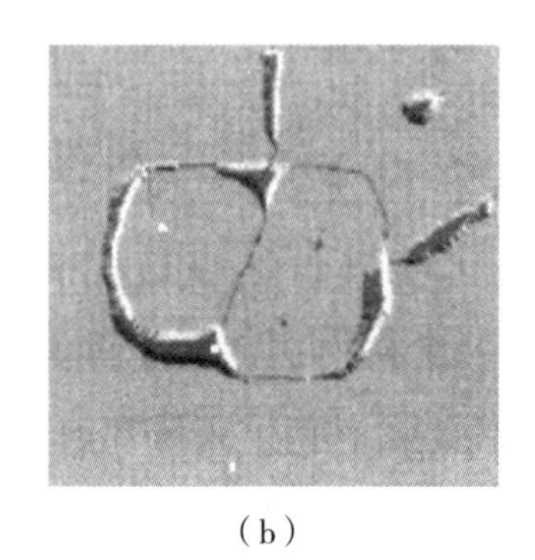
（b）

图 4.6　水溢出

这个过程不断延续直到到达水位的最大值（对应于图像中灰度级的最大值）。水坝最后剩下的部分对应于分水线，这条线就是要得到的分割结果，如图 4.7 所示。

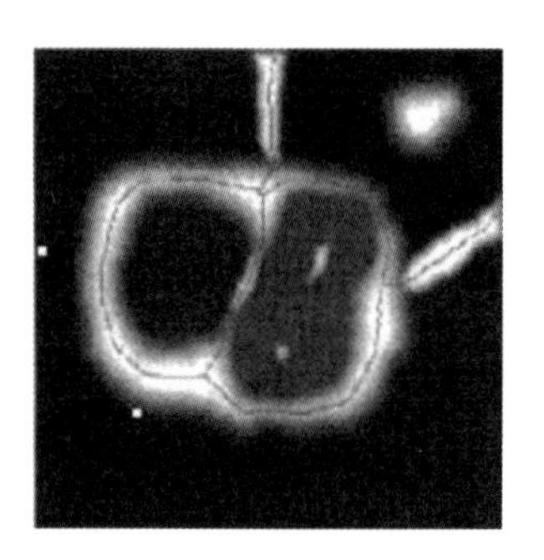

图 4.7　分水线

分水岭算法对微弱边缘具有良好的响应，图像中的噪声、物体表面细微的灰度变化，都会产生过度分割的现象。但同时应当看出，分水岭算法对微弱边缘具有良好的响应，是得到封闭连续边缘的保证的。另外，分水岭算法所得到的封闭的集水盆，为分析图像的区域特征提供了可能。

4.1.2.4　单木胸径反演

在森林资源调查中，树木胸径的获取是非常基础的工作。胸径可以通过直接测量或者是间接测量获得。直接测量主要是利用直径卷尺、轮尺和检尺等标准测量工具进行量测。这种通过人工直接测量的方式具有工作量大、成本高和效率低等不足。间接测量是指建立胸径与其他立木因子（树高、冠幅等）的相关模型，从而通过获取树高（H）和冠幅（CW）等单木结构参数结合事先建立的胸径反演模型得到胸径。本研究主要对基于无人机影像获取的树高和冠幅反演单木胸径的可行性进行研究。

目前，国内外已经有不少研究者对树高、冠幅等立木因子与胸径的关系进行了研究（Jucker T 等，2016；金星姬等，2013；卢妮妮等，2015；韩艳刚等，2018）。研究结果表明，树高和冠幅与胸径之间存在着较高的相关性，因此本研究考虑建立树高、冠幅和胸径之间的关系模型，然后利用无人机影像获取的树高和冠幅预测单木胸径，为单木胸径的获取提供一种新方法。表 4.1 为目前常用的用于建立树高、冠幅与胸径之间关系的函数类型，本研究根据这些模型对实测数据进行了拟合，并用 R^2 对这些模型的拟合度进行评价。

表 4.1　常用函数类型

函数类型	表达式
线性函数	$Y=aX+b$
指数函数	$Y=ae^{bX}$
幂函数	$Y=aX^b$
对数函数	$Y=a\ln(x)+b$
二次多项式	$Y=aX^2+bX+c$

在本研究中，选取出树高 – 胸径模型、冠幅 – 胸径模型和树高 & 冠幅 – 胸径模型拟合度最高的胸径反演模型，然后将用于验证的无人机影像提取到的树高和冠幅代入到其中，得到反演胸径。最后，建立反演胸径和实测胸径之间的线性回归模型。采用决定系数 R^2 对反演胸径与实测胸径之间的拟合度进行评价；利用均方根误差（*RMSE*）和相对均方根误差（*rRMSE*）对胸径反演模型的预测效果进行评价，其值小则胸径反演模型的预测效果较好。

4.1.3　基于无人机单视场的林地面积测量技术

基于无人机单视场的林地面积测量技术首先采用在张正友相机标定法基础上进行改进的相机标定方法，通过该方法得到无人机镜头的畸变参数，从而对无人机拍摄的全景照片进行畸变校正。通过 Canny 算子与形态学图像处理方法相结合的图像区域提取办法得到无人机地块区域的二值图像，统计地块区域所包含的像素数量。由无人机航高与传感器像元、图像地面分辨率之间的比例关系计算得到全景图像的图像地面分辨率，结合二值区域图像素数量与图像地面分辨率计算地块实际面积。将无人机拍照瞬间的经纬度定位到图像中心点，通过经纬度与投影坐标系之间的转换得到一个像素长度对应的坐标数值变化，以图像中心点为起始点向外扩散，计算得到全景图像四个顶点的经纬度，实现定位，如图 4.8 所示。

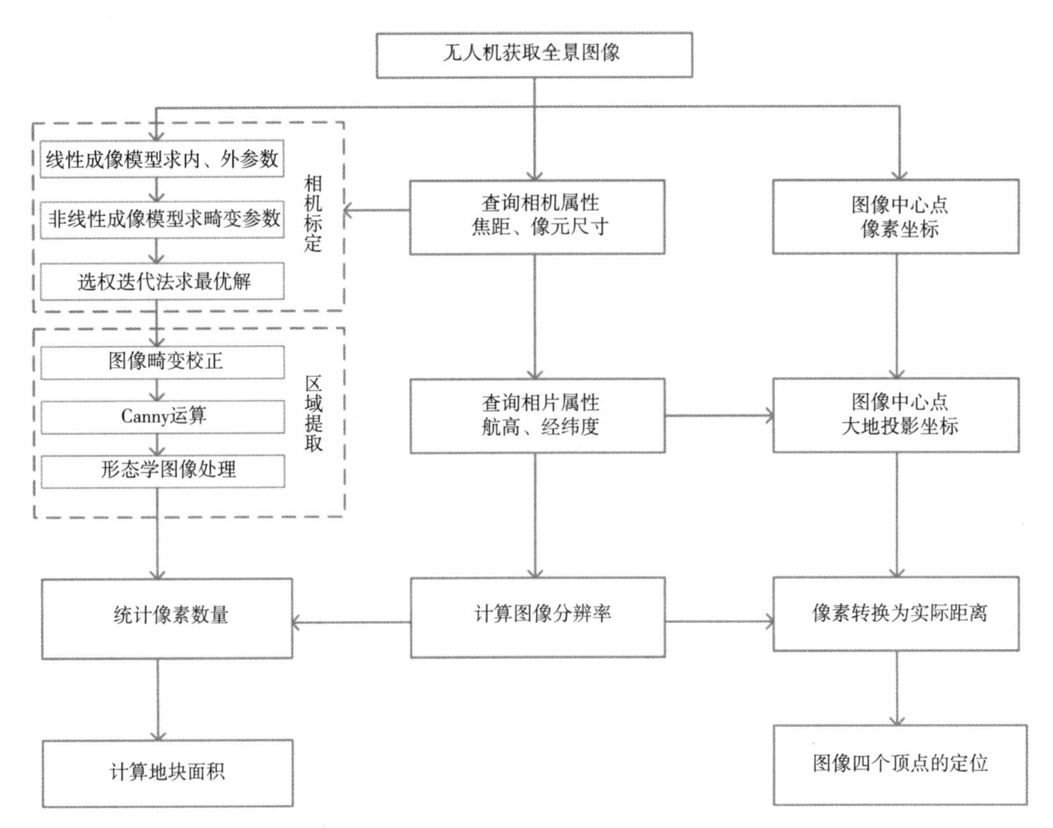

图 4.8　基于无人机单视场的林地面积测量技术

4.1.3.1　基于张正友法改进的相机标定法

张正友相机标定法（Zhang Z，1999）介于传统标定法和自标定法之间，通过标定棋盘格平面数据和图像数据计算图像与标定板间的单应性矩阵来约束相机的内部参数，求解单应性矩阵得到内、外参矩阵。克服了传统标定法需要的高精度标定物的缺点，在标定时仅需使用一个打印出来的棋盘格，同时相对于自标定而言，提高了精度，便于操作。

许多学者在张正友标定法的基础上进行了深入的研究。刘艳等（2014）针对鱼眼镜头所存在的畸变问题，提出了基于张正友标定法的一种改进的两步标定法，用非线性最小二乘法完善张正友法，得到了内外参数，提高了初始数值的鲁棒性。刘杨豪等（2016）在张正友标定法的基础上提出基于共面点的非线性标定方法，取得了较高的标定精度和标定速度，适用于单目相机标定。邹建成等（2017）提出一种简单的 5 点标定算法，在张正友法的基础上进行了简化，提高了标定精度。郑俊等（2011）通过对张正友法进行改进，提出一种使用校正模板的新标定方法，实现了高精度的相机标定，鲁棒性强。

（1）相机成像模型——线性成像模型

在图像测量过程中，为了确定三维空间中点的几何位置，三维点投影在像平面当中的位置，以及它们二者之间所具有的非线性关系，首先需要建立相机成像的几何模型，通过实验和计算来得到相关的变换参数，求解参数的过程就是相机标定。这一过程中涉及4个基本坐标系间的转换：世界坐标系、相机坐标系、成像平面坐标系、像素坐标系（马颂德等，1998；Lenz R 等，1988；Tsai R Y，2003）。

相机成像的几何模型简单来说是从三维的世界坐标系转换到相机坐标系，再逐步转换为二维的图像坐标系的过程，要求得这个变换过程的参数矩阵，首先需要了解四个基本坐标系之间的空间关系，其空间关系如图4.9所示。

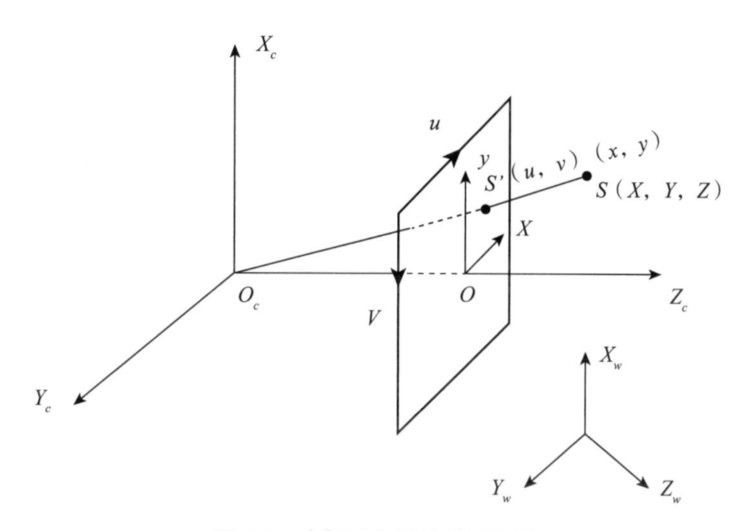

图4.9　坐标系空间关系示意图

图4.9中，世界坐标系以 O_w 为原点，由 X_w、Y_w、Z_w 3个坐标轴组成，度量单位为m；相机坐标系以 O_c 为原点，由 X_c、Y_c、Z_c 三个轴组成，度量单位为m；像平面坐标系以 O 为原点，由 x，y 两个轴组成，度量单位为m；像素坐标系和像平面坐标系在一个平面上，原点在图片的左上角，由 u、v 两个轴组成，其度量单位为pixel；O 点表示相机的中心点，也是相机坐标系的中心点；世界坐标系与相机坐标系存在一定的旋转和平移关系；Z_c 轴表示相机的主轴；S 点为三维世界上的任意一点，S' 点为该点在像平面上的投影；S' 点所在的平面表示相机的像平面，也就是图片坐标系所在的二维平面；O 点表示主点，即主轴与像平面相交的点，也是像平面的中心点；O_c 点到 O 点的距离为相机的焦距；像平面上的 x 和 y 坐标轴是与相机坐标系上的 X 和 Y 坐标轴互相平行的。世界坐标系中的点（X，Y，Z）与相机坐标系中的点（X_c，Y_c，Z_c）进行空间转换，其过程表示如式4.3所示：

$$\begin{bmatrix} X \\ Y \\ Z \end{bmatrix} = M \begin{bmatrix} X_c \\ Y_c \\ Y_c \end{bmatrix}, \quad M = \begin{bmatrix} R & t \\ 0^T & 1 \end{bmatrix} \tag{4.3}$$

式中：R 是旋转矩阵，为 3×3 的正交矩阵；t 为相机坐标系3个坐标轴上的移动向量；

0=（0，0，0）^{T}；M 为三维物点投射到二维像点的外参矩阵。

根据摄影测量学共线方程，在理想状态下，摄影瞬间像点、投影中心、物点位于同一条直线上（张剑清等，2006）。对于相机坐标系上的点（X_c，Y_c，Z_c）与其对应的图像坐标系上的点（x，y），有：

$$\begin{cases} x = f\dfrac{X_c}{Z_c} \\ y = f\dfrac{Y_c}{Z_c} \end{cases} \tag{4.4}$$

式中：f 为焦距；（X_c，Y_c，Z_c）为相机坐标系中的一点；（x，y）为其投影到图像坐标系中的点，其投影过程表示为：

$$Z_c\begin{bmatrix} x \\ y \\ 1 \end{bmatrix} = \begin{bmatrix} f & 0 & 0 & 0 \\ 0 & f & 0 & 0 \\ 0 & 0 & 1 & 0 \end{bmatrix}\begin{bmatrix} X_c \\ Y_c \\ Z_c \\ 1 \end{bmatrix} \tag{4.5}$$

像素坐标系与图像坐标系间的转换关系为：

$$\begin{bmatrix} u \\ v \\ 1 \end{bmatrix} = \begin{bmatrix} \dfrac{1}{dx} & 0 & u_0 \\ 0 & \dfrac{1}{dy} & v_0 \\ 0 & 0 & 1 \end{bmatrix}\begin{bmatrix} x \\ y \\ 1 \end{bmatrix} \tag{4.6}$$

式中：dx、dy 为像元的物理尺寸；（u_0，v_0）为图像中心不考虑相机镜头畸变，联立式 4.5 和 4.6，最终的空间关系表示为：

$$Z_c\begin{bmatrix} u \\ v \\ 1 \end{bmatrix} = \begin{bmatrix} \dfrac{f}{dx} & 0 & u_0 \\ 0 & \dfrac{f}{dy} & v_0 \\ 0 & 0 & 1 \end{bmatrix}\begin{bmatrix} X_c \\ Y_c \\ Z_c \end{bmatrix} \tag{4.7}$$

为了便于描述，令内参矩阵为 K，则式 4.7 可写为：

$$Z_c\begin{bmatrix} u \\ v \\ 1 \end{bmatrix} = K\begin{bmatrix} X_c \\ Y_c \\ Z_c \end{bmatrix} \tag{4.8}$$

根据以上公式，可以建立从世界坐标系到图像平面上像素坐标系的单应性矩阵：

$$Z_c\begin{bmatrix}u\\v\\1\end{bmatrix}=\begin{bmatrix}\frac{1}{dx}&0&u_0\\0&\frac{1}{dy}&v_0\\0&0&1\end{bmatrix}\begin{bmatrix}f&0&0&0\\0&f&0&0\\0&0&1&0\end{bmatrix}\begin{bmatrix}R&t\\0^T&1\end{bmatrix}\begin{bmatrix}X\\Y\\Z\\1\end{bmatrix}$$

$$=\begin{bmatrix}\alpha&0&u_0&0\\0&\beta&v_0&0\\0&0&1&0\end{bmatrix}\begin{bmatrix}R&t\\0^T&1\end{bmatrix}\begin{bmatrix}X\\Y\\Z\\1\end{bmatrix}=K\cdot M\begin{bmatrix}X\\Y\\Z\\1\end{bmatrix}=H\begin{bmatrix}X\\Y\\Z\\1\end{bmatrix} \tag{4.9}$$

式中：H 为 3×4 矩阵，是世界坐标系到像素坐标系的投影矩阵，自由度为 8，包含了相机内参矩阵和外参矩阵。所以上式又可以用（4.10）表示：

$$Z_c\begin{bmatrix}u\\v\\1\end{bmatrix}=\begin{bmatrix}h_{11}&h_{12}&h_{13}&h_{14}\\h_{21}&h_{22}&h_{233}&h_{24}\\h_{31}&h_{32}&h_{33}&h_{34}\end{bmatrix}\begin{bmatrix}X\\Y\\Z\\1\end{bmatrix} \tag{4.10}$$

（2）相机成像模型——非线性成像模型

在实际的情况中，世界坐标系上的点投影到图像坐标系上的过程往往不是理想的，由于镜头存在一定程度的畸变，因此实际的投影点会产生偏移，还需建立镜头畸变的非线性模型。镜头畸变一般分为径向畸变与切向畸变两大类（李勤等，2010），径向畸变可以通过下面的泰勒级数展开式来校正，如式 4.11：

$$\begin{cases}x'=x(1+k_1r^2+k_2r^4+k_3r^6)\\y'=y(1+k_1r^2+k_2r^4+k_3r^6)\end{cases} \tag{4.11}$$

切向畸变可以通过式 4.12 来校正：

$$\begin{cases}x'=x+[2p_1y+p_2(r^2+2x^2)]\\y'=y+[2p_1x+p_2(r^2+2y^2)]\end{cases} \tag{4.12}$$

式中：k_1、k_2、p_1、p_2 为相机镜头的畸变参数；（x，y）为畸变点在成像仪上的实际位置；r 为该点距离成像仪中心的距离，即 $\sqrt{x^2+y^2}$；（x'，y'）为校正后的新位置。对于一般的摄像机校正，通常使用泰勒级数中的前两项 k_1 和 k_2 就够了，本文使用的相机为无人机搭载的 CMOS 传感器数码相机，相对于特殊的相机如鱼眼相机来说畸变较小，因此只考虑公式的前两项。

（3）改进的相机标定方案

本文的相机标定方案是根据无人机搭载的 CMOS 数码相机可查询传感器相关参数的特点，结合与本文计算地块面积需要计算内参和畸变参数的要求，采用在张正友相机标定法的基础上改进的标定方法，对无人机进行事前标定求取内参矩阵与畸变参数。

通过获取 CMOS 相机参数确定焦距与像元尺寸，将这两个参数作为已知数进行计算。除了张正友标定法中引入的二阶径向畸变外，还考虑了二阶切向畸变，并通过选权迭代法对结果进行优化。具体的做法是：首先参考相机线性的小孔成像模型，建立世界坐标系转换到图像像素坐标系的单应性矩阵，对单应性矩阵进行求解；然后对单应性矩阵进行 QR 分解得到内参矩阵，其中焦距 f 由相片信息得到，d_x、d_y 可以根据传感器尺寸与有效像素计算得出；接着引入二阶径向畸变与切向畸变，求解畸变参数 k_1、k_2、p_1、p_2；最后对求得的内参与畸变参数，采用选权迭代法削弱粗差，求得最优解。标定流程如图 4.10 所示。

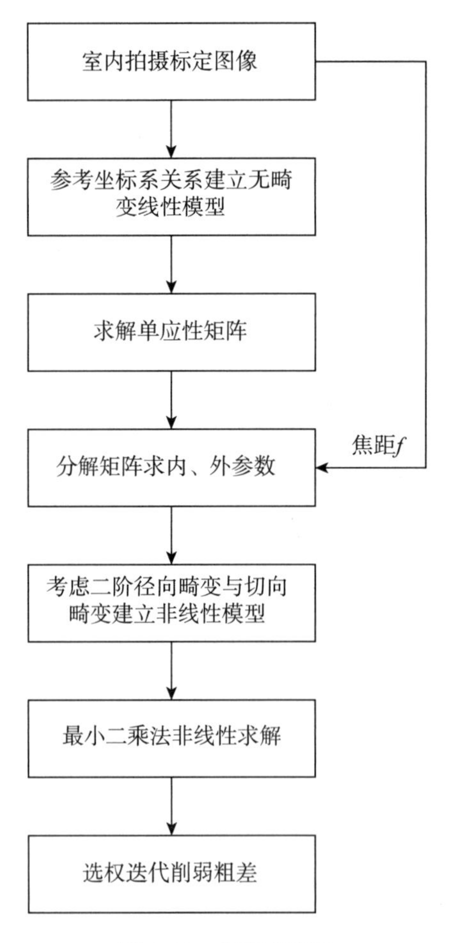

图 4.10　标定流程图

步骤一：线性模型求解单应性矩阵

根据前文的描述，可以建立线性成像模型的最终投影矩阵 H。

H 进行展开，可以得到世界坐标系与畸变过后的图像坐标系之间投影转换关系的方程组式 4.13：

$$\begin{cases} Z_c u = h_{11}X + h_{12}Y + h_{13}Z + h_{14} \\ Z_c v = h_{21}X + h_{22}Y + h_{23}Z + h_{24} \\ Z_c = h_{31}X + h_{32}Y + h_{33}Z + h_{34} \end{cases} \tag{4.13}$$

通过对拍摄的标定图像进行角点提取可以得到标定棋盘格上角点的像素坐标（靳盼盼等，2013），由于棋盘格上的点共面，可以建立基于标定板平面的世界坐标系，结合棋盘格的物理尺寸即可得到图像上各个角点的世界坐标。假设棋盘格所在平面 Z 为 0，则 H 可以简化为 3×3 的单应性矩阵。

图像平面间的单应矩阵具有 8 个自由度，为了归一化，设 $h_{33}=1$，三维点和二维点间的投影转换关系用矩阵表示为：

$$\begin{bmatrix} X & Y & 1 & 0 & 0 & 0 & -Xu & -Yu & -u \\ 0 & 0 & 0 & X & Y & 1 & -Yv & -Xv & -v \end{bmatrix} \cdot h = A \cdot h = 0 \tag{4.14}$$

其中，$h=(h_{11} \quad h_{12} \quad h_{13} \quad h_{21} \quad h_{22} \quad h_{23} \quad h_{31} \quad h_{32})^T$。共有 8 个未知参数，需要四个像公式 4.14 这样的式子才能求解，对于单应性矩阵 H，可以用式 4.15 来唯一求解：

$$\begin{bmatrix} X_1 & Y_1 & 1 & 0 & 0 & 0 & -X_1u_1 & -Y_1u_1 & u_1 \\ 0 & 0 & 0 & X_1 & Y_1 & 1 & -Y_1v_1 & -X_1v_1 & v_1 \\ X_2 & Y_2 & 1 & 0 & 0 & 0 & -X_2u_2 & -Y_2u_2 & u_2 \\ 0 & 0 & 0 & X_2 & Y_2 & 1 & -Y_2v_2 & -X_2v_2 & v_2 \\ X_3 & Y_3 & 1 & 0 & 0 & 0 & -X_3u_3 & -Y_3u_3 & u_3 \\ 0 & 0 & 0 & X_3 & Y_3 & 1 & -Y_3v_3 & -X_3v_3 & v_3 \\ X_4 & Y_4 & 1 & 0 & 0 & 0 & -X_4u_4 & -Y_4u_4 & u_4 \\ 0 & 0 & 0 & X_4 & Y_4 & 1 & -Y_4v_4 & -X_4v_4 & v_4 \end{bmatrix} \begin{bmatrix} h_{11} \\ h_{12} \\ h_{13} \\ h_{21} \\ h_{22} \\ h_{23} \\ h_{31} \\ h_{32} \end{bmatrix} = 0 \tag{4.15}$$

对于超定方程 $A \cdot h=0$ 可以求得其最小二乘解，对 A 进行 SVD 分解，其最小特征值对应的特征向量就是 $A \cdot h=0$ 的最小二乘解，也就是矩阵 h。

SVD 分解法是线性代数中对于实数矩阵和复数矩阵的分解，假设有 $m\times n$ 的矩阵 A，使用 SVD 将 A 分解为 3 个矩阵的乘积，即为：

$$A_{m\times n} = U_{m\times m} \sum\nolimits_{m\times n} V_{n\times n}^T \tag{4.16}$$

其中，式 4.16 中 Σ 是一个非负实对角矩阵；U 和 V 都是正交矩阵（Orthogonal Matrix），在复数域内为酉矩阵（Unitary Matrix），U 的转置等于 U 的逆，V 的转置等于 V 的逆，如式 4.17：

$$U^T = U^{-1}$$
$$V^T = V^{-1} \tag{4.17}$$

U 和 W 的列分别叫做 A 的左奇异向量（left-singular vectors）和右奇异向量（right-singular vectors），V 的对角线上的值叫做 A 的奇异值（singular values）。

求解 SVD 的过程就是求解这 3 个矩阵的过程，而求解这 3 个矩阵的过程就是求解特征值和特征向量的过程。U 的列由 AA^T 的单位化过的特征向量构成；V 的列由 A^TA 的单位化过的特征向量构成；Σ 的对角元素来源于 AA^T 或 A^TA 的特征值的平方根，并且是按从大到小的顺序排列的，因此求解 SVD 的步骤为：求 AA^T 的特征值和特征向量，用单位化的特征向量构成 U；求 A^TA 的特征值和特征向量，用单位化的特征向量构成 V；将 AA^T 或者 A^TA 的特征值求平方根，然后构成 Σ。

步骤二：分解单应性矩阵

上一步求得了最终投影矩阵 H，要想进一步求解内参与外参矩阵，还需要对 H 进行分解。从前文可以知道，矩阵 H 由内参矩阵与外参矩阵相乘得到，其中内参矩阵 K 为上三角形矩阵。本文进行面积计算所需要求解的参数为内参与畸变参数，直接使用 QR 法对 H 进行分解，即可求得相机的内参矩阵。从相片信息中获得相机焦距，将焦距代入矩阵中，可以计算得到内参，根据内参矩阵又可以求出相机的外参矩阵。

矩阵 QR 分解是一种特殊的三角分解，在解决矩阵特征值的计算、最小二乘法等问题中起到重要作用。对于实数矩阵 $A_{m\times n}$，如果存在酉矩阵 $Q_{m\times n}$ 和上三角矩阵 $R_{n\times n}$，使得 $A=QR$，则称之为 A 的 QR 分解，当 R 的对角线元素为正时，可唯一地分解为 $A=QR$。

QR 分解法是目前求一般矩阵全部特征值的最有效并广泛应用的方法，一般先使矩阵经过正交相似变化成为 Householder 矩阵，再应用 QR 方法求特征值和特征向量。Householder 变换可以将一个向量映射到一个超平面上，$P=I-2vv^T$，I 是单位矩阵，v 是单位正交矩阵，$vv^T=I$。

步骤三：非线性模型求解即畸变参数

为了计算畸变参数，将镜头畸变模型式 4.11、式 4.12 中的图像坐标系转换为像素坐标系，将其结果用矩阵表示为：

$$\begin{bmatrix}(u-u_0)r^2 & (u-u_0)r^4 & 2v & r^2+2u^2 \\ (v-v_0)r^2 & (u-u_0)r^4 & 2u & r^2+2v^2\end{bmatrix}\begin{bmatrix}k_1\\k_2\\p_1\\p_2\end{bmatrix}=\begin{bmatrix}(u'-u)\\(v'-v)\end{bmatrix} \tag{4.18}$$

$$\Downarrow$$

$$D\cdot b=T$$

式中：（u'，v'）为不考虑镜头畸变的理想投影点对应的像素坐标；（u，v）为经过畸变后的投影点对应的像素坐标；$r=\sqrt{x^2+y^2}$，为畸变后投影到图像坐标系原点的距离。由于在建立线性的投影模型时没有考虑镜头畸变的影响，因此（u'，v'）可以通过前面已经得到的单应性矩阵 H 计算；（u，v）为实际检测的角点像素坐标；r 通过图像坐标系与像素坐标系间转换关系得到。

同样地，对于超定方程 $D\cdot b=T$ 也可以通过线性最小二乘的方法求出矩阵 b，进而得到畸变参数 k_1、k_2、p_1、p_2。

步骤四：削弱粗差求最优解

由于标定图像拍摄角度、光照、距离以及算法本身存在的问题等原因，角点检测可能产生误差。为了进一步减小误差，提高标定精度，采用选权迭代法对前面求得的参数进行粗差剔除的操作（陈西强等，2010）。

考虑相机畸变，对要进行粗差剔除的参数建立迭代公式，将前面计算得到的参数值作为迭代初始值进行迭代运算，以得到更为精准的参数值。

选权迭代法的基本思想是：由于粗差未知，平差从惯常的最小二乘法开始，在每次平差会后，根据其残差和其他有关参数按所选择的权函数计算每个观测值在下步迭代计算中的权。如果权函数选择得当，且粗差可定位，则含粗差观测值的权将越来越小，直至趋近于零。迭代终止时，相应的残差将直接指出粗差的大小，且平差结果不再受粗差的影响，如此便实现了粗差的自动定位和改正。

结合线性成像模型与非线性成像模型，以前文求得的外参矩阵作为初值，可以将整个相机成像模型整理并线性化为如下形式：

$$\begin{aligned}M&=D\hat{x}-l\\ \hat{x}&=(D^TPB)^{-1}B^TPl\end{aligned} \tag{4.19}$$

式 4.19 中，权 P 的初始值为单位权，把解算得到的最小二乘结果作为初始值进行迭代运算，直至 x 收敛，其权函数为：

$$p_i=p_i^0\cdot F(v_i,\sigma_{v_i},Q)=P_i^0\cdot\frac{1}{1+(a_i|v_i|)^d} \tag{4.20}$$

式中：$a_i = \dfrac{1}{1.4\hat{\sigma}_{v_i}} = \dfrac{\sqrt{p_i^0}}{1.4\hat{\sigma}_0\sqrt{r_i}}$；　$d = 3.5 + \dfrac{82}{81+Q^4}$　；$Q = \dfrac{\hat{\sigma}_0}{\sigma_{先验值}}$；$v_i$ 为第 i 个观测值残差；p_i^0 为第 i 个观测值的先验权；r_i 为第 i 个观测值的多余观测分量；$\hat{\sigma}_0$ 为单位权中误差估值。

4.1.3.2　相机标定实现与图像畸变校正

在实验室内对无人机相机进行相机标定的操作。选用规格为 8×10，棋盘格实际大小为 23mm 的标定图像，由 MATLAB 生成后打印在 A4 纸上，将棋盘格固定于均匀的平面上，制作标定板。使无人机摄像头位置与角度固定不变，移动变换标定板的位置及角度，拍摄 22 张标定图像。将拍摄的图像导入相机标定程序，计算得到相机的内参与畸变参数，标定图像与相机间的位置关系如图 4.11；利用求解得出的参数对标定棋盘格角点进行重投影，对比实际角点的位置，得到本次标定的重投影误差。图 4.12 为标定图像角点重投影变化示意图，图 4.13 展示了标定图像的重投影误差，平均重投影误差为 0.74pixel，最大误差 0.88pixel，小于 1pixel，满足要求；最终相机标定参数估计结果如表 4.2 所示。

将本文标定方法与张正友标定法进行对比，发现相对于张正友标定法来说，本文方法除了得到径向畸变参数之外，还可求得二阶的切向畸变，其平均重投影误差虽略大于张正友标定法，但控制在一个像素以内，满足要求。试验表明，本文提出的相机标定法对于无人机单视场面积测算的前期图像畸变校正具有一定的实用性与准确性。

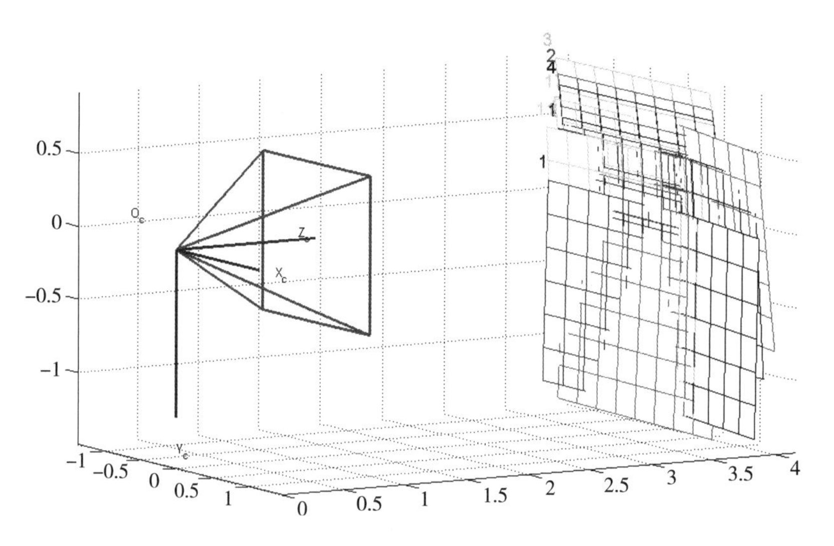

图 4.11　标定图像与相机间的位置关系

图 4.12　角点重投影示意图

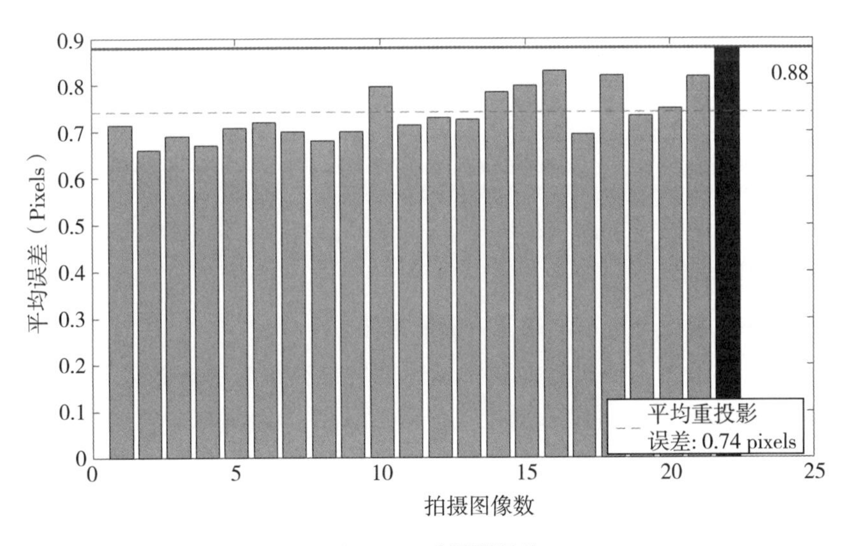

图 4.13　重投影误差

表 4.2 相机标定参数估计结果对比

标定参数	本文方法（pixel）	张正友方法（pixel）
f	3995.376	3786.147
u_0	2291.293	2415.708
v_0	1627.518	1664.856
k_1	-1.566×10^{-2}	-3.304×10^{-2}
k_2	-3.368×10^{-2}	-2.584×10^{-2}
p_1	-1.613×10^{-3}	—
p_2	3.080×10^{-3}	—
平均重投影误差	0.740	0.683

在求得相机的内外参矩阵与畸变参数之后，通过非线性的畸变模型对图像进行畸变校正的处理，以满足进一步研究的要求。结合相机畸变公式，可以在 MATLAB 中实现这一过程，代码如下：

```
KK =[ fc（1）alpha_c*fc（1）cc（1）; 0 fc（2）cc（2）; 0 0 1 ];
r2_extreme =（nx^2/（4*fc（1）^2）+ ny^2/（4*fc（2）^2））;
dist_amount = 1; %（1+kc（1）*r2_extreme + kc（2）*r2_extreme^2）;
fc_new = dist_amount * fc;
KK_new =[ fc_new（1）alpha_cfc_new（1）cc（1）; 0 fc_new（2）cc（2）; 0 0 1 ];
```

4.1.3.3 图像区域提取与定位

（1）基于 canny 算子与形态学的区域提取方法

一般情况下，林业上需要进行面积测量的地块具有较为明显的边界特征，MATLAB 中对于边缘的检测算法包括 Roberts 算子、Prewitt 算子、Sobel 算子，二阶算子有 Laplace 算子、LOG 算子等，这些算子简单易于实现，但它们对影像中的噪声非常敏感，实际应用中效果并不理想。与上述的边缘检测算子比起来，Canny 算子的运算基于最优化算法，并且其运算结果信噪比大、检测精度高，被广泛应用在图像边缘检测当中（李二森等，2008）。本文中引入 Canny 边缘检测算子对图像进行边缘识别。

Canny 边缘检测基本原理：进行图像边缘检测时必须满足两个条件，必须要有效地抑制噪声，必须保证边缘确定的最大精确度。根据信噪比与定位乘积进行度算，得到最优化逼近算子，属于先平滑后求导数的方法。

Canny 的目标是找到一个最优的边缘检测算法，需要遵循 3 个准则：信噪比准则；定义精度准则；单边缘响应准则。

遵循这 3 个准则，Canny 算子设计实现的步骤如下。

① 用高斯滤波模板进行卷积以平滑图像。

② 利用微分算子，计算梯度的幅值和方向。

③ 对梯度幅值进行非极大值抑制。遍历图像，若某个像素的灰度值与其梯度方向上前后两个像素的灰度值相比不是最大，则该像素值为 0，不是边缘。

图像中，梯度值较大的点不一定就是图像中的边缘点，为了进一步剔除这些点对边缘检测的影响，细化图像中的屋脊带，更准确地定位图像中的边缘点，需要对一阶微分计算后的图像数据进行非极大值抑制，只保留幅值局部变化最大的点。在像素的 3×3 邻域上进行非极大值抑制，沿梯度方向进行梯度幅值的插值，并将中心像素的梯度幅值与沿梯度方向相邻的 2 个梯度幅值的插值结果进行比较，若像素点本身的梯度幅值 H [i，j] 比梯度方向上的 2 个插值小，则将 H [i，j] 对应的边缘标志点赋值为 0；反之，则认为该像素为初选边缘点，H [i，j] 的值保持不变。通过非极大值抑制，可以把图像梯度幅值矩阵 H [i，j] 中的宽屋脊带细化到一个像素宽，并且保留了屋脊的梯度幅值。

④使用双阈值算法检测和连接边缘。通过累计直方图计算得到一高一低两个阈值，大于高阈值的判定为边缘；小于低阈值的判定为非边缘。若检测结果位置处于低阈值与高阈值的中间，当该像素的邻接像素中存在超过高阈值的边缘像素时，判定该像素为边缘，当不存在时，判定像素不为边缘。

上述方法仅得到处在边缘上的像素点。因为噪声和不均匀的照明而产生的边缘间断的影响，使得经过边缘检测后得到的边缘像素点很少能完整地描绘实际的一条边缘。因此在使用边缘检测算法后，使用连接方法将边缘像素组合成有意义的边缘。

对校正过的图像进行 canny 边缘检测后可以得到边界较为明显但存在较大非量测区干扰的二值图像，为了更精准地统计待测区域的像元数量，还需进一步剔除干扰，将需要测量的区域提取出来。引入形态学图像处理方法对 canny 算子提取的边界图像进行进一步处理（杨丽雯等，2012）。

（2）形态学处理方法

形态学，即数学形态学（Mathematical Morphology），是图像处理中应用最为广泛的技术之一，一般被用于提取图像中的某些特殊分量，这些图像分量对于表达和描绘图像中的区域形状具有一定意义。形态学图像处理方法能够抓住目标对象最本质的形状特征，例如形状边界、连通区域等，为后续的识别工作提供帮助。

数学形态学的图像处理方法利用形态结构元素作为基础工具来对目标图像进行分析。它的基本思想是借助具有特定形态的结构元素去度量和提取图像中的对应形状，以此对图像进行分析、达到识别对象的目的。其基本的运算包括膨胀、腐蚀、开启和闭合这 4 个算法，将这些基本运算进行组合、推导和循环，可以得到适应各种不同实际情况的图像处理算法，具有较高的灵活性和可操作性。

数学形态学中二值图像的形态变换是一种针对集合的处理过程，集合能够表达物体或形状。形态算子的实质是集合与结构元素间的相互作用，因此结构元素的形状决定了这种运算所提取的信号的形状信息。二值图像的形态学图像处理是在图像中移动一个结构元素，然后将结构元素与下面的二值图像进行交、并等集合运算。

但是，针对于不同的实际应用场合，需要相应地选择适当的结构元素及其处理算法。结构元素的大小、形状选择合适与否，直接影响图像的形态运算结果。很多学者结合应用实际，对形态学算法提出了一系列的改进算法。有研究提出一种用多方位形态学结构元素进行边缘检测算法的形态学处理方法，实验表明，该方法的边缘定位能力较强，并且可以很好地平滑噪声（梁勇等，1999）。还有研究使用最短线段结构元素构造准圆结构元素，使用序列结构元素生成准圆结构元素，将二者结合起来用于图像骨架的提取。该方法极大地减少了图像处理的计算量，并可同时满足尺度、平移及旋转相容性（许超，1999）。

本文在 Canny 算子提取图像边缘信息的基础上，引入形态学处理方法对林地区域进行进一步地提取，通过几次开闭运算的组合，最终可以得到干扰较小，信息较完整的林地区域二值图像。

（3）区域提取结果

区域提取试验场所选取不规则的采伐迹地，操控无人机飞行到地块上空，在一定的高度拍摄得到全景图像，400m 全景图如图 4.14 所示。飞行结束后取出内存卡，在计算机上对全景图像进行进一步处理。对图像进行灰度化、高斯滤波等预处理，再使用 Canny 算法识别图像边缘，识别得到的边界图像如图 4.15。

图 4.14　采伐迹地全景图像

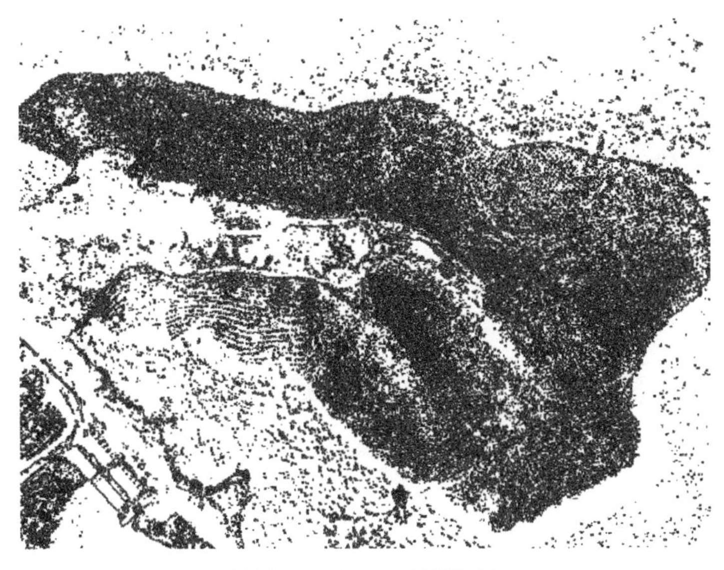

图 4.15　Canny 运算结果

从图 4.15 可以看到，Canny 边缘检测算子可以基本识别出不规则的采伐迹地边界轮廓，但由于本书需要计算的是图像上地块边界所围成的不规则图形的面积，因此需要剔除边界外与边界内的零散区域，将这一不规则图形完整地提取出来。形态学图像处理方法可以满足这一要求，将形态学基本的开、闭运算进行组合和循环，可以很好地将图中所要识别的不规则形状提取出来。对图 4.15 进行形态学处理，其过程如图 4.16 所示，分别对 400m、420m、440m、460m、480m、500m 的单张无人机影像进行形态学处理，得到最终区域提取结果，将其与手工勾绘的标准区域形状进行对比，如图 4.17 所示。

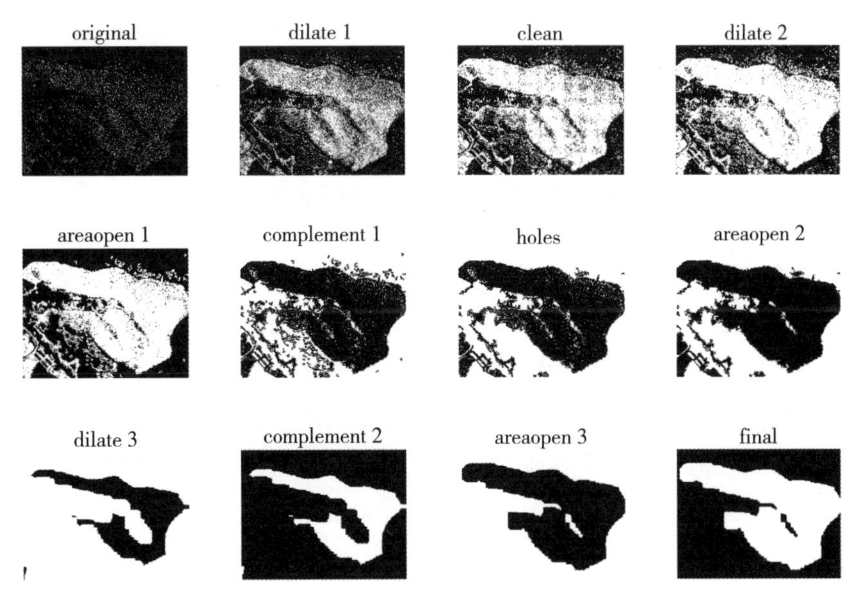

图 4.16　形态学处理过程

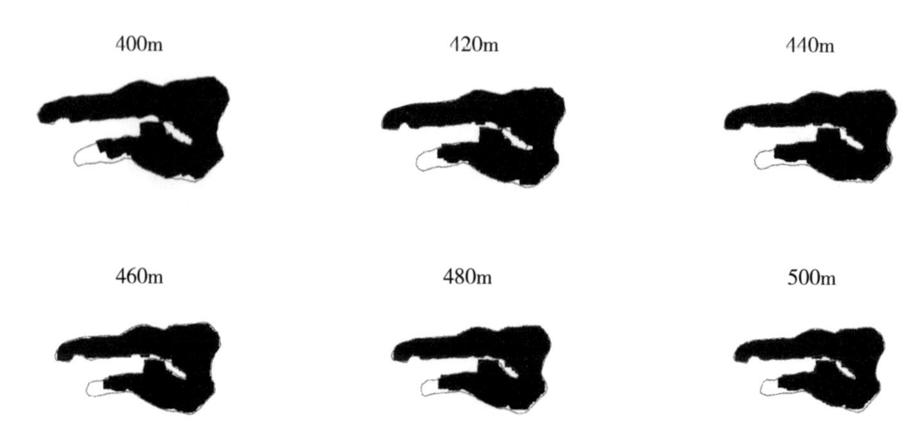

图 4.17　区域提取结果与人工勾绘边界对比

图 4.17 中，红色边界线为根据校正后的全景图像在 ArcGIS 中人工勾绘的地块边界，作为真实边界与区域提取结果进行比较，可以看出，区域提取结果与真实区域面积基本重合，其面积覆盖精度如图 4.18 所示。

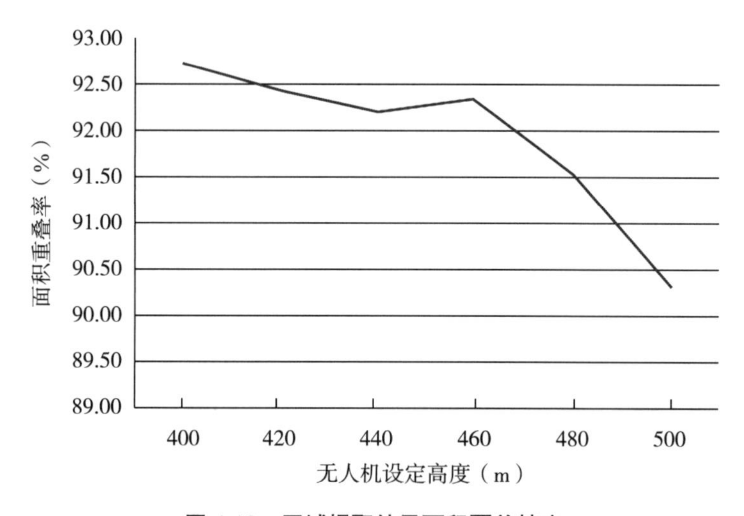

图 4.18　区域提取结果面积覆盖精度

对采伐迹地的试验表明，Canny 边缘检测算子结合数学形态学的图像处理方法可以清晰有效地提取出全景地物图像当中所需要计算面积的地块区域，其提取结果面积覆盖精度达到 90% 以上，且能够适应边缘不规则的、其他地物干扰较多的地块区域。

地面分辨率是衡量遥感图像（或影像）能有差别地区分开两个相邻地物的最小距离的能力，在本书中，地面分辨率具体指的是无人机拍摄图像上能分辨出来的最小像元所对应的实际地面尺寸。由于数字图像都是由形状大小相同的若干个像元组成的，因此求得每个像点所对应的实际尺寸，可以很容易计算出图像所对应的实际面积大小。

（4）图像在地图上的定位

无人机 GPS 可以记录拍摄全景图的瞬间无人机所在位置的经纬度与飞行高度，这些信息均可以从照片的属性信息中得到。由于单张全景图像的瞬时性，其图像属性中所记录的经纬度信息只有一组，而与这一组位置信息所对应的实际上只是无人机全景图像中的某一个点。在林业调查核查工作中，有时候除了需要测量指定地块的面积，还需要将这一区域的影像准确地定位到地图上去，从而能够对比核查地块的变化情况与相关位置信息。

将照相机的镜头看作一个凸透镜，通过小孔成像模型可以知道，来自物体的光经过凸透镜后会聚在胶片上，成为一个成倍缩小的倒立实像。相对于传统相机以“胶卷”作为信息记录载体而言，目前市面上使用的数码相机的“胶卷”对应的是与相机一体的成像感光元件，即相机传感器，是数码相机的心脏。数码相机使用感光器件，将光信号转变为电信号，再经转换后记录于存储卡上。总的来说，数码相机的成像遵循基于小孔成像的透镜成像原理，由光源发出的一束光线，经过透镜的折射作用后方向和发散度都出现变化，在像平面上形成一个新的交点，即像点，如图 4.19 所示。

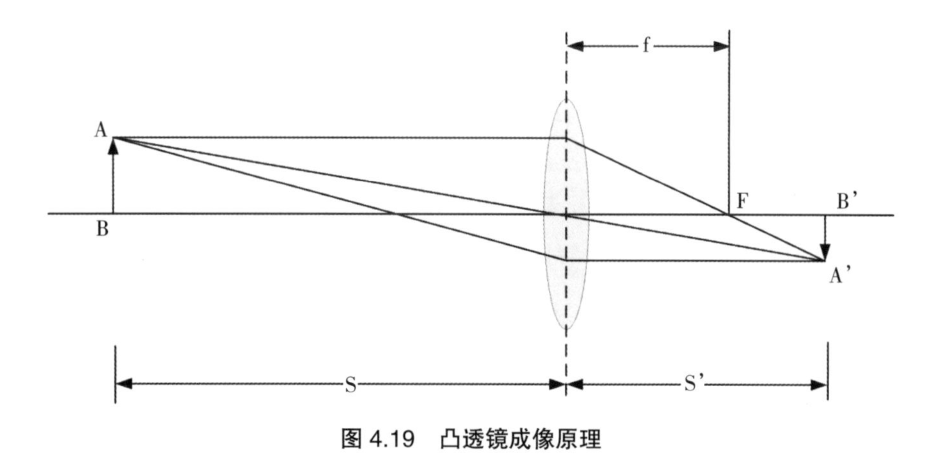

图 4.19　凸透镜成像原理

无论是小孔成像还是透镜成像，经过光的折射和投影后，物体在像平面上的成像均会产生不同程度的形变。对于透镜成像来说，像点越靠近成像中心，透镜对光产生的折射效果越小，越靠近成像中心的点，所产生的畸变也就越小。

无人机飞行平面与大地水准面是平行的，当相机云台角度设置为 –90° 时，无人机拍摄的地块所在的投影平面与成像平面之间存在平行的关系。拍摄区域的中心点与成像中心点以及相机的光心存在共线关系，且三者之间的连线与无人机飞行平面互相垂直。在这样的条件下，无人机拍摄全景图瞬间所记录下的经纬度位置信息即可定位到图像成像平面的中心点，即为前面相机标定过程中所求得的（u_0，v_0）。求出图像中心点的经纬度以后，由于越偏离图像中心点所产生成像误差越来越大，因此在进行下一步计算前需要先对图像进行畸变校正。校正后的图像根据其地面分辨率 *GSD*，把像素距离转换为经纬度的变化量，即可求出全景图中每一像素的经纬度。对于低空无人机摄影的全景图像来说，相邻像素点之间的经纬度几乎是没有变化的，因此只需求出矩形图像四个顶点的经纬度，便可以使全景图像能够在地图上进行精确定位。

实现像素距离与经纬度之间的转换首先要将 GPS 测量的经纬度转换为投影坐标系。GPS 所采用的坐标系是一个协议地球参考系，坐标系原点在地球质心，简称 WGS–84 坐标系，将球面坐标转化为平面坐标的过程称为投影。投影坐标系的实质是平面坐标系统，地图单位通常为 m（吴吉贤等，2008）。

坐标系之间的转换一般采用七参数法（赵强国，2012）、四参数法（杨国清等，2010）、拟合参数法（金时华等，2005）及校正参数法（丁海鹏等，2007），其中七参数为 X 平移、Y 平移、Z 平移、X 旋转、Y 旋转、Z 旋转以及尺度比参数，若忽略旋转参数则为四参数方法，四参数法为七参数法的特例。这里的 X、Y、Z 是空间大地直角坐标系坐标，为转换过程的中间值。为计算模型中的七个参数，至少需要三个已知点的北京 54 空间坐标（X，Y，Z）BJ54 和 WGS-84 空间坐标（X，Y，Z）WGS84，利用最小二乘法求出七参数。

然而，已知的三个公共控制点的坐标成果，一种是 GPS 观测中可直接获得的 WGS84 椭球下的大地坐标经纬度（B，L，H），另一种是工程测量中使用高斯投影后的平面直角坐标（x，y，h）。即已知的三个公共控制点的坐标成果均是以这两种形式的坐标表示的。因此，需要把这两种形式的坐标都转换为七参数模型中的空间直角坐标，步骤如下：① 将 WGS84 椭球下的大地坐标经纬度（B，L，H），采用 WGS84 椭球参数，转换为 WGS84 的空间直角坐标（X，Y，Z）；② 将北京 54 投影平面直角坐标（x，y，h），采用克拉索夫斯基椭球参数，转换为大地坐标（B，L，H）后，再转换为北京 54 的空间直角坐标（X，Y，Z）；③ 将转换得到的 3 个公共点的北京 54 空间坐标（X，Y，Z）BJ54 和 WGS-84 空间坐标（X，Y，Z）WGS84 代入七参数模型中，求解七个参数。

以上转换过程十分复杂，既涉及大地坐标经纬度与空间直角坐标的换算，还涉及空间直角坐标与平面直角坐标的投影。在求解七参数时，通常直接采用 WGS84 的大地坐标和北京 54 大地坐标来计算，只需输入 3 个已知点的一套 WGS84 的大地坐标和一套北京 54 大地坐标，即可求解出七参数。

在无人机摄影测量中，可以得到图像拍摄的航高，因为相机的小孔成像原理，根据相似三角形，航高、焦距与地面分辨率、像元尺寸之间存在等比例关系，则地面分辨率计算公式为式 4.21：

$$a = \frac{\text{传感器尺寸}}{\text{有效像素}} \tag{4.21}$$

$$GSD = \frac{f \cdot a}{H} \tag{4.22}$$

式中：GSD 为地面分辨率，单位为 m；f 为相机镜头焦距，单位为 mm；a 为像元尺寸，单位为 mm；H 为无人机拍摄航高，单位为 m。

对拍摄得到的地块全景照片进行信息提取，可以得到摄影瞬间无人机所在位置的经纬度信息。将照片信息中的经纬度定位到畸变校正过后的全景图像中心点上，根据无人机拍摄点所使用的大地投影坐标系，将经纬度信息转换为直角坐标系上的点，结合分辨率，以图像中心点开始向外扩散，计算得到每一像素点对应的坐标值，当我们确定图像四个角所在的经纬度时，即可实现全景照片在电子地图上的精确定位。实验选用人工湖 500m 的全景照片进行定位，其定位结果如表 4.3 所示。

表 4.3　人工湖 500m 全景照片定位结果

点	像素坐标	经度（°）	纬度（°）
中心点	（2304,1728）	119.724	30.258
角点 1	（1,1）	119.721	30.237
角点 2	（1,3456）	119.727	30.237
角点 3	（4608,3456）	119.727	30.233
角点 4	（4608,1）	119.721	30.233

4.2　基于无人机的单木识别、单木结构参数提取应用

4.2.1　研究区概况

临安区是杭州市辖区，位于浙江省杭州市西部。地处浙江省西北部天目山区，东邻余杭区，南连富阳区和桐庐县、淳安县，西接安徽省歙县，北接安吉县及安徽省绩溪县、宁国市。临安区境东西宽约 100km，南北长约 50km，总面积 3118.77km^2。

临安区境内地势自西北向东南倾斜，区境北、西、南三面环山，形成一个东南向的马蹄形屏障。西北多崇山峻岭，深沟幽谷；东南为丘陵宽谷，地势平坦，全境地貌以中低山丘陵为主。西北、西南部山区平均海拔在 1000m 以上，东部河谷平原海拔在 50m 以下；西部清凉峰海拔 1787m，东部石泉海拔仅 9m，东西海拔相差 1770m，为浙江省罕见。境内低山丘陵与河谷盆地相间排列，交错分布，大致可分为中山，深谷、低山丘陵，宽谷和河谷平原三种地貌形态，临安地处浙江省西北部、中亚热带季风气候区南缘，属季风型气候，温暖湿润，光照充足，雨量充沛，四季分明。年均降水量 1613.9mm，降水日 158 天，无霜期年平均为 237 天，受台风、寒潮和冰雹等灾害性天气影响。受地貌影响

（境内以丘陵山地为主，且地势自西向东南倾斜），当地立体气候明显，从海拔不足 50m 的锦城至 1500m 的天目山顶，年平均气温由 16℃降至 9℃，年温差 7℃，横跨亚热带和温带两个气候带。

4.2.2 研究数据

4.2.2.1 无人机影像数据获取

本书所使用的无人机为六旋翼无人机 DJI Matrice600 Pro，该型号无人机具有较强的稳定性。无人机所搭载的相机为 Zenmuse X5 云台相机，具体的无人机和相机参数如表 4.4 和表 4.5 所示。

表 4.4 DJI Matrice600 Pro 参数

指标	参数
最大起飞重量	15.5kg
悬停精度（P-GPS）	垂直：±0.5m，水平：±1.5m
最大俯仰角度	25°
最大上升速度	5m/s
最大下降速度	3m/s
最大水平飞行速度	65km/h（无风环境）
悬停时间（6 块 TB47S 电池）	无负载：32min，负载 6kg：16min
飞控系统	A3 Pro

表 4.5 Zenmuse X5 参数

指标	参数
尺寸	4/3″
型号	CMOS
有效像素	1600 万
最大分辨率	4608×3456
光圈范围	F/1.7-F/16
视角	72°
实际焦距	15mm
等效焦距	30mm
畸变	0.40%
快门速度	8～1/8000 秒

为了避免云朵遮挡和减少地面阴影，选取天气晴朗无云、无风，太阳光辐射强度稳定的时段进行无人机影像数据的采集。使用 DJI GO PRO 作为航线规划软件，飞行前在室内设置好无人机飞行计划。由于无人机飞行高度和飞行速度都会影响无人机影像的质量，因此在正式获取无人机影像前，进行了前期的无人机试验飞行。在前期的试验中发现当

无人机飞行高度大于 50m 或者飞行速度大于 3m/s 时，生成的正射影像中树冠的成像效果较差，因此为了获得较高质量的影像以满足研究的需要，本研究将无人机的飞行高度设置为 50m，飞行速度为 2.9m/s，航向重叠率和旁向重叠率分别设置为 95% 和 85%。

最终，本书使用影像质量总体较高的 2 个架次的无人机影像数据作为研究数据，架次编号分别为 T1、T2。其中 T1 位于浙江农林大学东湖校区内，共获取 305 张影像；T2 位于青山湖绿道内，共获取 289 张影像。影像的空间分辨率为 1.12cm。

4.2.2.2　无人机影像数据预处理

本书利用基于 SfM（Structure from Motion）算法的计算机视觉图像处理软件（Agisoft PhotoScan），对获取的具有一定重叠度的无人机影像进行处理，主要包括以下步骤。

① 添加照片，加载相机位置并检查相机校准。默认情况下，Agisoft PhotoScan 根据 EXIF 的初始值估算相机对准和优化步骤中的内置相机参数。如果像素尺寸和焦距（均以 mm 为单位）在图像 EXIF 中缺失，则可根据相机和镜头规格的数据在处理之前手动输入它们。如果使用预校准摄像头，则可以使用窗口中的加载按钮以一种支持的格式加载校准数据。

② 对齐照片。在这个阶段，PhotoScan 找到重叠图像之间的匹配点，估计每张照片的相机位置并构建稀疏点云。

③ 优化相机对齐。在计算相机外部和内部参数以及校正可能的失真（例如“碗效应”等）时获得更高的精度。

④ 构建密集点云。根据估算的相机位置，计算每张照片的深度信息，最后将结果合并为密集点云。

⑤ 点云分类。即利用渐进三角网的滤波算法将点云区分为地面点和非地面。

⑥ 利用所有点云插值生成数字表面模型进而生成正射影像，然后利用分类得到的地面点插值生成数字地面模型（DTM），最后在 ArcGIS 中利用数字表面模型和数字地面模型进行栅格作差，获得树冠高度模型（CHM）。

图 4.20 和图 4.21 为使用上述无人机影像数据预处理方法对两个研究区的影像处理得到的一系列数据产品：正射影像、数字表面模型、数字地面模型和树冠高度模型。

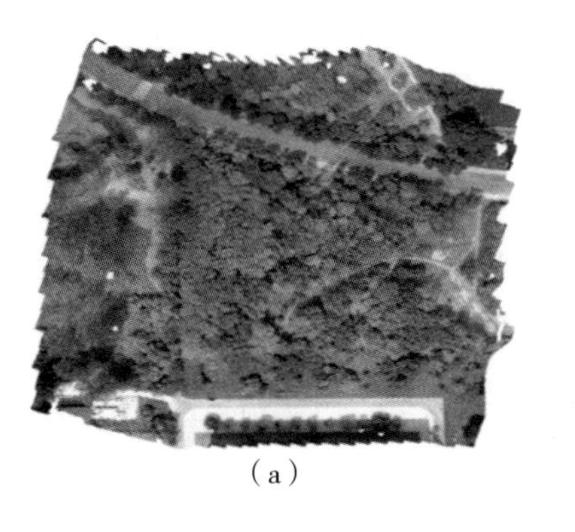
（a）

（b）

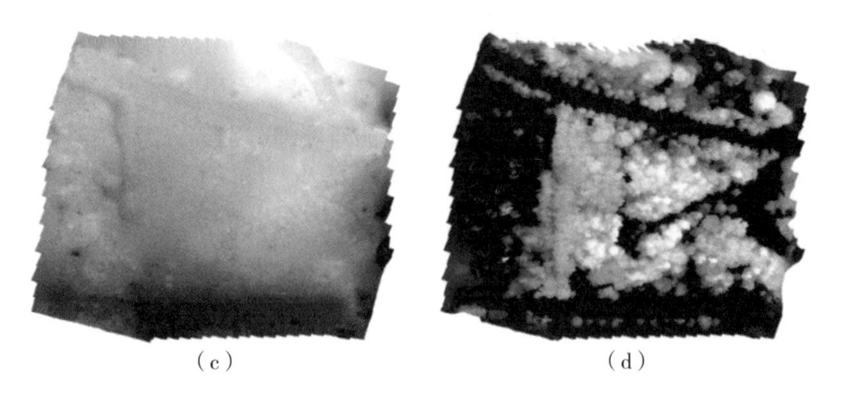

（c）　　（d）

图 4.20　研究区 1 的预处理示意图（a~d 分别为正射影像、数字表面模型、数字地面模型和树冠高度模型）

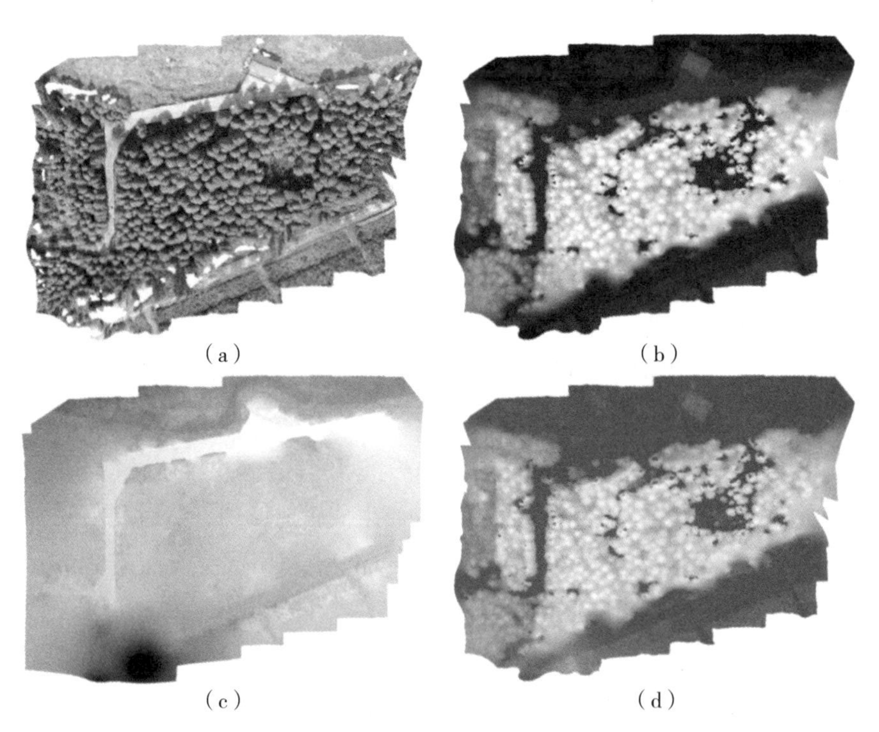

（a）　　（b）

（c）　　（d）

图 4.21　研究区 2 的预处理示意图（a~d 分别为正射影像、数字表面模型、数字地面模型和树冠高度模型）

4.2.2.3　实测样地数据

以正射影像作为样地布设的参考，在上述两个架次无人机飞行数据覆盖范围内共布设了 3 个 30m × 30m 的样地，其中研究区 1 内布设了 1 个样地，研究区 2 内布设了 2 个样地，并记录了每个样地四个角的经纬度坐标，每个样地的具体位置如图 4.22 和图 4.23 所示。

图 4.22　研究区 1（a）和样地 1（b）

图 4.23　研究区 2（a）、样地 2（b）和样地 3（c）

在疏密度较高的森林中，会产生冠层遮盖效应，导致 GPS 在林下定位信号变差，制约了地面调查单木位置的精确度，不利于单木识别精度的检验。因此，本研究采用实地调查结合目视解译的方法，实现样地中单木位置的确定。实地调查时，以正射影像为参考底图，首先根据样地的四个角的经纬坐标确定样地大致的位置和范围，然后利用单木之间的位置关系和单木特征（如树种、枯木、倒木等）对正射影像中的单木进行目视解译，将解译得到的单木标注于正射影像中。同时，使用激光测高仪测量样地内胸径大于 5cm 的单木树高。此外，使用本课题组自制的电子测胸径仪，测量样地内单木的胸径；使用钢卷尺测量东西、南北两个方向的冠幅，为了减小误差对每株单木都测量多次取平均值。所有实地测量数据都记录在 ArcGIS 中建立的单木实地测量数据属性表中。

4.2.3 树顶点提取与精度评价

4.2.3.1 树顶点提取

局部最大值算法是基于树冠顶点是树冠区域反射率最高的部分这样一个假设而提出的。寻找树冠顶点的主要工作就是在影像上找到滤波窗口中反射率最大的像元。本书选取了针阔混交林研究区中的样地 1 和水杉纯林研究区中的样地 2 作为研究数据。图 4.24 为样地 1 和样地 2 的 DSM 和 DTM。

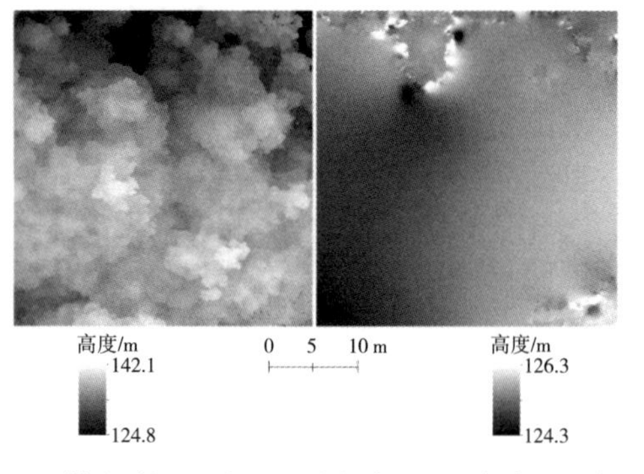

a. 样地1的DSM和DTM（左为DSM，右为DTM）

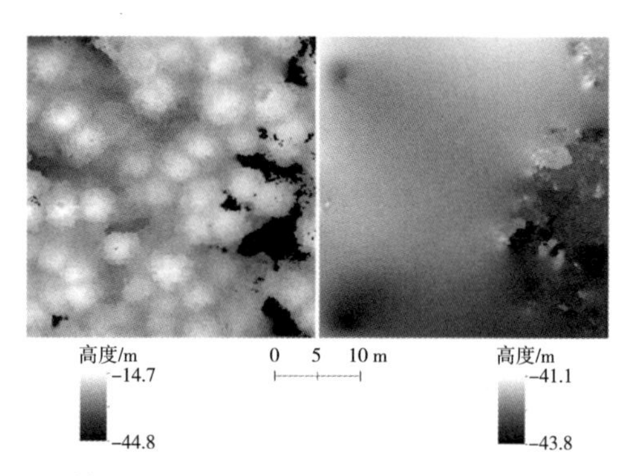

b. 样地2的DSM和DTM（左为DSM，右为DTM）

图 4.24 两个样地的 DSM 和 DTM

本研究首先生成了不同分辨率的 CHMs（0.1m、0.2m、0.3m、0.4m），如图 4.25 所示。然后，使用窗口大小不同的均值滤波对 CHMs 进行平滑，得到平滑后的 CHMs。最后，根据实地调查得到的单木树高，分别设置 2m 和 8m 为样地 1 和样地 2 的最低树高阈值（样地 1 中最低的树高大致为 2m，样地 2 中最低的树高大致为 8m），使用大小不同的移动窗口对平滑过后的 CHMs 进行过滤处理得到树冠顶点。

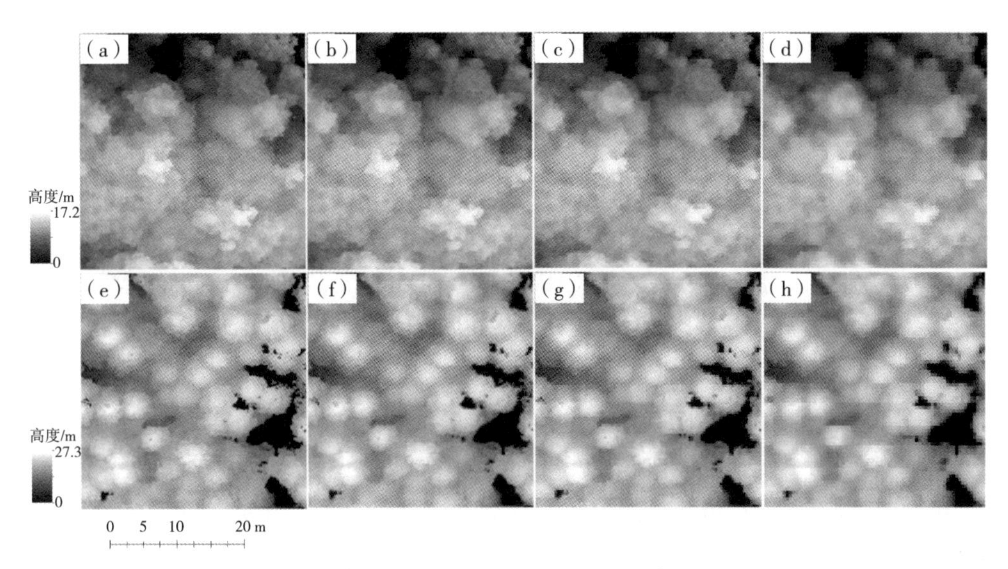

图 4.25 两个样地不同分辨率的 CHM（a~d 分别是样地 1 分辨率为 0.1、0.2、0.3、0.4m 的 CHM；e~h 分别是样地 2 分辨率为 0.1、0.2、0.3、0.4m 的 CHM）

4.2.3.2 树顶点提取精度评价标准

基于正射的无人机影像无法识别到被其他树冠覆盖的单木，因此，本研究将目视解译正射影像结合实地调查得到的单木树冠顶点位置作为参考，对单木识别结果进行单木尺度和样地尺度的精度评价。

样地尺度上的评价主要对比样地内识别到的单木数与参考单木数，两者越接近则说明识别效果越好。单木尺度上的评价主要针对在样地尺度上评价较好的几组结果。以用于参考的单木树冠顶点位置为原点，建立半径为 1m 的缓冲区，如果位于参考单木的缓冲区内仅探测到一株单木，则为识别正确；如果没探测到则为遗漏；若探测到两株或两株以上，那么距离参考单木顶点最近的为识别正确，其余的则为识别错误。此外，如果探测到的单木顶点不在任何一个参考单木顶点的缓冲区内也为识别错误。本文使用统计学中的召回率、准确率和 F 测度对单木识别的结果进行评价，其表达式分别如下：

$$R = TP / (TP + FN) \times 100\% \tag{4.23}$$

$$P = TP / (TP + FP) \times 100\% \tag{4.24}$$

$$F = 2RP / (R + P) \times 100\% \tag{4.25}$$

式中，*TP*（True Positive）为正确识别的单木数；*FP*（False Positive）为错误识别的单木数；*FN*（False Negative）为遗漏的单木数；*R*（Recall）为召回率，它表示正确识别的单木数占目视解译得到的单木数的比例；*P*（Precision）为准确率，它表示正确识别的单木数占所有识别到的单木数的比例；*F*（F-Measure）为 *F* 测度，它表示召回率和准确率的调和平均数，它同时考虑了错误识别和遗漏。召回率、准确率和 *F* 测度的范围都是 0 到

1，召回率和准确率越高，*F* 测度就越高，*F* 测度越高表示结果越好。

4.2.3.3 样地尺度精度评价

本研究通过对比各样地的单木识别数和参考单木数对单木识别结果进行样地尺度的评价。目视解译正射影结合实地调查得到样地 1 的参考单木数为 48，样地 2 的参考单木数为 42。表 4.6 至表 4.13 分别为对样地 1 和样地 2 的 0.1m、0.2m、0.3m 和 0.4m 分辨率的 CHM（为了方便表述，后面统一用 CHM0.1m、CHM0.2m、CHM0.3m、CHM0.4m 表示）应用不同的平滑窗口大小和移动窗口大小组合得到的单木数，其中加粗的数字是与参考单木数较接近的一些识别单木数。从这些表中可以看出，单木识别数受 CHM 的分辨率、平滑窗口大小和移动窗口大小的影响，当平滑窗口或移动窗口增大时，识别到的单木数减少；当平滑窗口或移动窗口减小时，识别到的单木数增多。当平滑窗口大小和移动窗口大小相同时，CHM 的分辨率越高，识别到的单木数就越多。此外，基于同一分辨率的 CHM 采用不同的窗口大小组合能够获得相同或者是非常相近的单木数；基于 CHM0.1m、CHM0.2m、CHM0.3m 和 CHM0.4m 都能获得与参考单木数非常相近甚至是相同的结果，只是取得这些结果的平滑窗口大小和移动窗口大小组合都不相同。

表 4.6　样地 1 基于 CHM0.1m 得到的单木数

固定窗口大小（像元）	平滑窗口大小（像元）							
	3×3	5×5	7×7	9×9	11×11	13×13	15×15	17×17
3×3	580	293	168	130	59	65	54	43
5×5	430	234	150	110	78	58	**49**	40
7×7	297	188	127	93	69	54	**45**	38
9×9	260	144	110	80	64	52	40	37
11×11	144	115	94	70	53	43	38	33
13×13	113	97	81	59	**51**	43	34	28
15×15	86	77	66	52	43	40	34	27
17×17	74	64	57	**48**	41	37	31	27
19×19	57	**51**	**45**	42	38	34	28	26
21×21	**46**	40	40	36	33	31	26	25

注：加粗数字表示与参考单木数最相近的结果。

表 4.7　样地 1 基于 CHM0.2m 得到的单木数

移动窗口大小（像元）	平滑窗口大（像元）			
	3×3	5×5	7×7	9×9
3×3	160	89	**50**	36
5×5	120	70	40	33
7×7	83	54	38	28
9×9	56	**44**	32	24

注：加粗数字表示与参考单木数最相近的结果。

表 4.8　样地 1 基于 CHM0.3m 得到的单木数

移动窗口大小（像元）	平滑窗口大小（像元）			
	3×3	5×5	7×7	9×9
3×3	83	**48**	35	21
5×5	**58**	**37**	25	16
7×7	40	28	21	16

注：加粗数字表示与参考单木数最相近的结果。

表 4.9　样地 1 基于 CHM0.4m 得到的单木数

移动窗口大小（像元）	平滑窗口大小（像元）			
	3×3	5×5	7×7	9×9
3×3	**48**	29	19	13
5×5	**38**	24	12	11
7×7	27	17	11	10

注：加粗数字表示与参考单木数最相近的结果。

表 4.10　样地 2 基于 CHM0.1m 得到的单木数

固定窗口大小（像元）	平滑窗口大小（像元）							
	3×3	5×5	7×7	9×9	11×11	13×13	15×15	17×17
3×3	331	113	79	59	55	44	38	34
5×5	179	76	63	54	46	39	35	32
7×7	89	64	53	46	**42**	37	34	32
9×9	59	54	**45**	**44**	**40**	36	33	31
11×11	**44**	**43**	**44**	**41**	37	34	33	31
13×13	**43**	**43**	**41**	37	37	34	33	31
15×15	**40**	**42**	**39**	36	34	33	32	29
17×17	**39**	38	36	36	33	33	30	29
19×19	36	35	36	36	32	31	29	28
21×21	34	35	35	33	30	29	28	28

注：加粗数字表示与参考单木数最相近的结果。

表 4.11　样地 2 基于 CHM0.2m 得到的单木数

固定窗口大小（像元）	平滑窗口大小（像元）			
	3×3	5×5	7×7	9×9
3×3	66	48	36	31
5×5	47	**43**	34	30
7×7	**43**	**38**	34	29
9×9	36	36	32	28

注：加粗数字表示与参考单木数最相近的结果。

表 4.12　样地 2 基于 CHM0.3m 得到的单木数

移动窗口大小（像元）	平滑窗口大小（像元）			
	3×3	5×5	7×7	9×9
3×3	**47**	34	32	23
5×5	**38**	32	27	20
7×7	34	28	26	16
9×9	28	26	22	14

注：加粗数字表示与参考单木数最相近的结果。

表 4.13　样地 2 基于 CHM0.4m 得到的单木数

移动窗口大小（像元）	平滑窗口大小（像元）			
	3×3	5×5	7×7	9×9
3×3	**36**	31	19	14
5×5	35	28	15	12
7×7	26	23	12	11
9×9	21	17	12	11

注：加粗数字表示与参考单木数最相近的结果。

4.2.3.4　单木尺度精度评价

本文对在单木尺度中评价较好的结果即与参考单木数最为相近的一些结果进行了单木尺度的精度评价。图 4.26 和图 4.27 为两个样地基于不同分辨率的 CHM 所获得的最佳单木识别结果。其中，黄点表示正确，蓝点表示遗漏，红点表示错误，黑圈表示以参考树冠顶点为圆心的 1m 缓冲区。从图中我们可以看出基于不同分辨率的 CHM 所得到的单木树冠顶点位置大致相同，主要差别在部分树冠顶点的错误识别和遗漏；有些单木在所有结果中都被遗漏，而有些单木虽然在一些结果中被遗漏却在另外的结果中被正确识别；树冠尺寸较大，并且冠型较复杂的树冠容易造成单木的识别错误，即将一株单木识别为多株；一些较低矮的单木和光谱反射率较低的树冠则比较容易被遗漏。

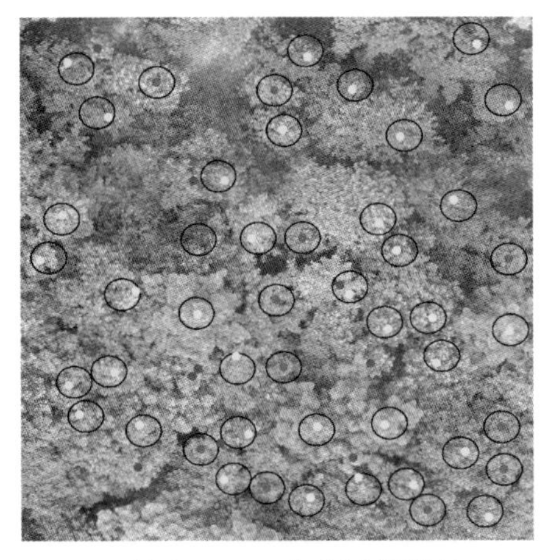

a.基于CHM0.1m的单木识别结果

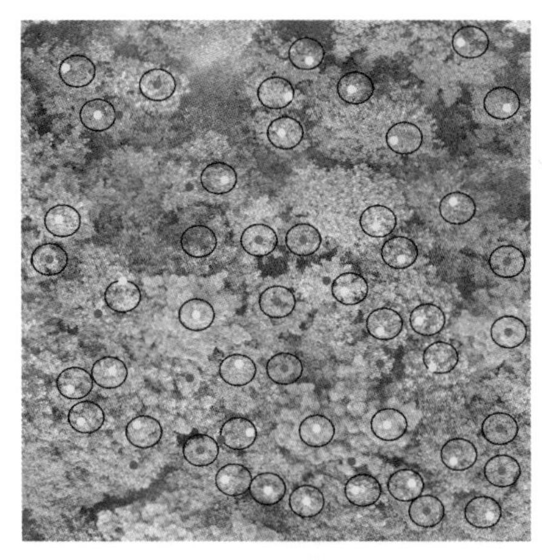

b.基于CHM0.2m的单木识别取结果

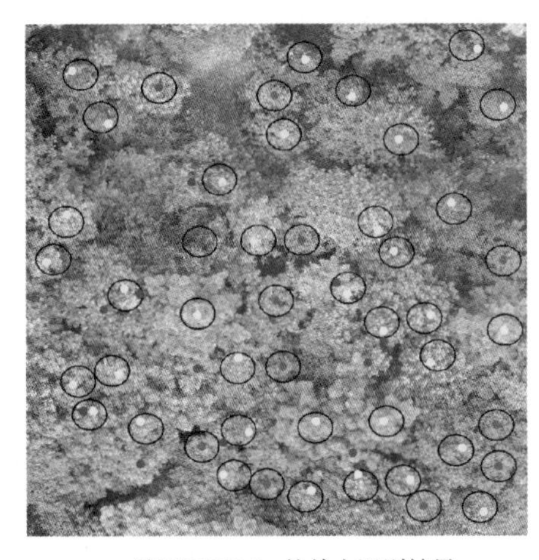

c.基于CHM0.3m的单木识别结果

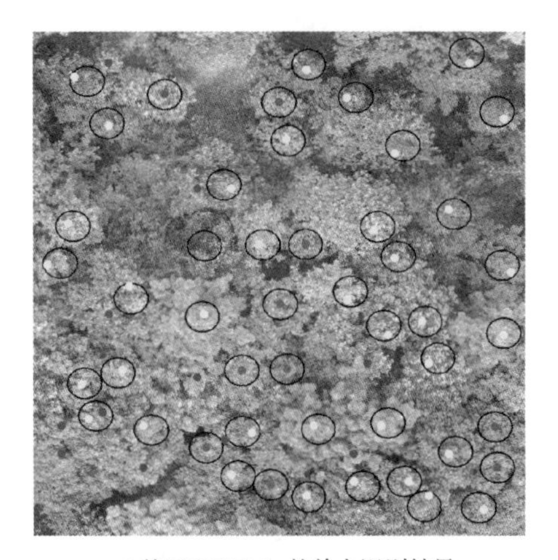

d.基于CHM0.4m的单木识别结果

注：黄点表示正确，蓝点表示遗漏，红点表示错误，黑圈表示以参考树顶点为圆心的 1m 缓冲区。

图 4.26　样地 1 基于不同分辨率 CHM 的单木识别结果（文后彩版）

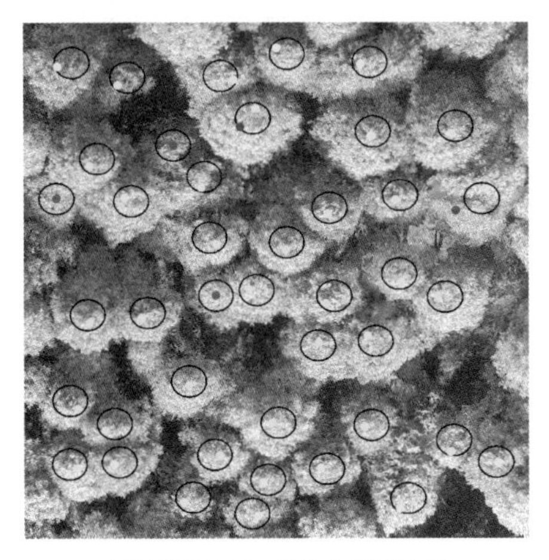

a.基于CHM0.1m的单木识别结果

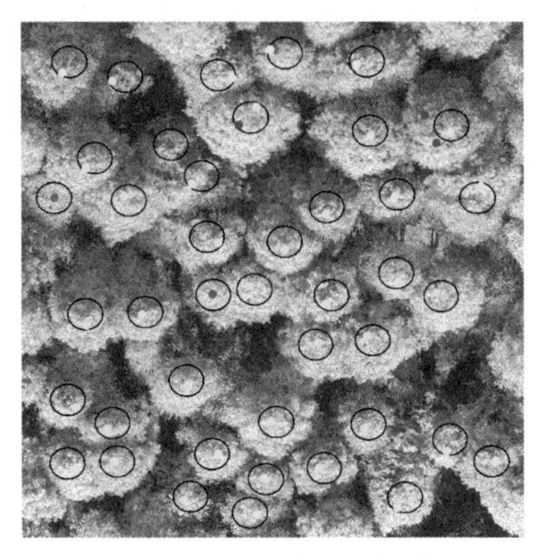

b.基于CHM0.2m的单木识别取结果

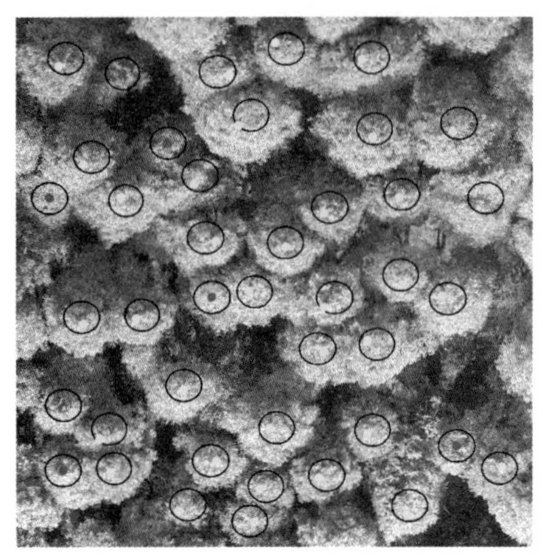

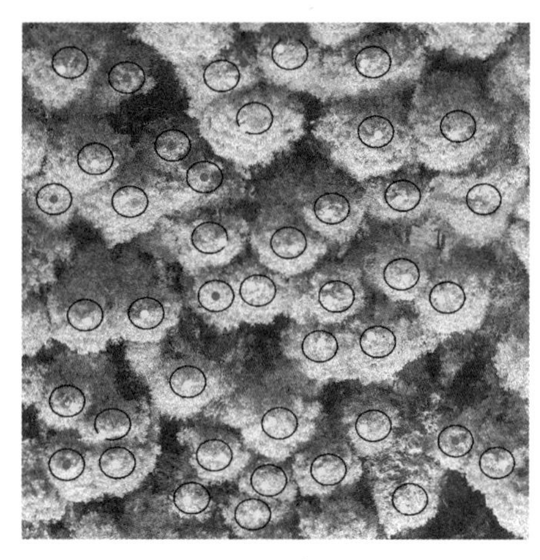

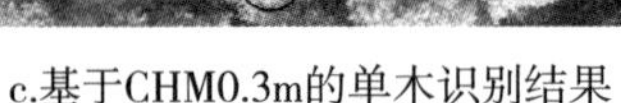

c.基于CHM0.3m的单木识别结果　　d.基于CHM0.4m的单木识别取结果

注：黄点表示正确，蓝点表示遗漏，红点表示错误，黑圈表示以参考树顶点为圆心的 1m 缓冲区。

图 4.27　样地 2 基于不同分辨率 CHM 的单木识别结果（文后彩版）

表 4.14 为两个样地基于 CHM0.1m、CHM0.2m、CHM0.3m、CHM0.4m 得到的单木尺度精度评价最好的单木识别结果统计表。从表 4.14 中可以看出，样地 1 识别错误的单木数和遗漏的单木数都较高，识别错误的单木数在 11~13 株之间，遗漏的单木数在 9~12 株之间，其中最多正确识别 37 株，最少正确识别 35 株；召回率的范围为 72.91%~77.08%，准确率的范围为 72.91%~77.08%，*F* 测度的范围为 72.91%~77.08%；其中基于 CHM0.1m 的 *F* 测度最高为 77.42%，正确提取 36 株，错误提取 12 株，遗漏 9 株；基于 CHM0.3m 的 *F* 测度最低为 75.00%，正确提取 36 株，错误提取 12 株，遗漏 12 株。样地 2 识别错误的单木数和遗漏的单木数较低，识别错误的单木数在 1~4 株之间，遗漏的单木数在 3~7 株之间，其中最多正确识别 39 株，最少正确识别 35 株；召回率的范围为 83.31%~92.86%，准确率的范围为 90.7%~97.22%，*F* 测度的范围为 89.74%~92.86%；其中基于 CHM0.1m 的 *F* 测度最高为 92.86%，正确识别 39 株，错误识别 3 株，遗漏 3 株；基于 CHM0.4m 的 *F* 测度最低为 89.74%，正确识别 35 株，错误识别 1 株，遗漏 7 株。

结合样地尺度的单木识别精度评价表和单木尺度的单木识别精度评价表，我们可以看出并不是在样地尺度评价中的精度越高，单木尺度评价的精度就会越高。这主要是因为样地尺度的评价会产生“抵消效应”，即识别错误的单木与遗漏识别的单木相互抵消，造成样地尺度评价的精度偏高；而单木尺度的评价则会对错误识别的单木与遗漏识别的单木作综合考虑，因此单木尺度的精度评价更能够反映单木识别的精度。

表 4.14　单木识别精度评价

样地编号	参考单木（株）	CHM	识别单木（株）	*FP*（株）	*FN*（株）	*TP*（株）	*R*（%）	*P*（%）	*F*（%）
1	48	CHM0.1m	45	9	12	36	75	80	77.42
		CHM0.2m	44	9	13	35	72.92	79.55	76.09
		CHM0.3m	48	12	12	36	75.00	75.00	75.00
		CHM0.4m	48	11	11	37	77.08	77.08	77.08
2	42	CHM0.1m	42	3	3	39	92.86	92.86	92.86
		CHM0.2m	43	4	3	39	92.86	90.7	91.76
		CHM0.3m	38	2	6	36	85.71	94.74	90
		CHM0.4m	36	1	7	35	83.33	97.22	89.74

有研究提出一种从激光雷达点云中分割出单木的算法（Li W 等，2012），该算法通过利用单木之间的相对距离，从点云中按顺序对单木进行分段。其以美国加利福尼亚州内华达山脉中部的混交针叶林为研究区，总共获取 380 株单木作为参考对算法进行验证，得到召回率、准确率和 *F* 测度分别为 86%、94% 和 90%。另外也有研究提出一种专用于从激光雷达点云中提取单木的多尺度动态点云分割算法“PTrees”（Vega C 等，2014）。以针叶林、阔叶林和针阔混交林为研究对象，总共实测 668 株单木数据对该算法进行验证。在针叶林中所得的召回率、准确率和 *F* 测度分别为 93%、98% 和 95%；在阔叶林中所得的召回率、准确率和 *F* 测度分别为 80%、85% 和 82%；在针阔混交林中所得的召回率、准确率和 *F* 测度分别为 75%、86% 和 80%。有研究以芬兰东部的针阔混交林为研究对象，基于机载激光扫描数据使用贝叶斯反演范式进行单木检测，准确度为 70.2%（Lähivaara T 等，2014）。从表 4.14 可以得到，本研究中，针阔混交林样地单木识别最佳结果的召回率、准确率和 *F* 测度分别为 75%、80% 和 77.42%；水杉纯林样地单木识别最佳结果的召回率、准确率和 *F* 测度分别为 92.86%、97.22% 和 92.86%。从以上结果可以看出，固定窗口的局部最大值算法在水杉纯林和针阔混交林中的单木识别效果较好。此外，其在水杉纯林中的单木识别效果比在针阔混交林中好。这可能是由于局部最大值算法是基于树冠顶点是树冠区域反射率最高的部分这样一个假设而提出的，针叶树的树冠顶点较显著，相应的光谱反射率较高；而阔叶树种的树冠形状往往是不规则的，树冠顶点不明显，使其非常难以识别。例如，糖槭树可能会有超过 12m 的冠幅，并且它的非圆锥形状会导致在树冠内部出现较大的亮度差异，这种亮度差异就容易导致一株树的树冠被识别为多个。此外，年龄和树种相近的树往往会有大致相同的树高、树冠尺寸和树冠形状，因此在同一张影像中具有相近的光谱反射模式，这对于图像分析来说是非常重要的特征，所以进行单木识别的难度更低。

4.2.4 冠幅提取

冠幅的获取需要以树冠提取为基础。针对基于遥感影像提取单木树冠，国内外的研究者已经提出了不少算法，但是对于这些算法在不同森林类型中的树冠提取效果的研究不多。因此，本书利用“ForestCAS”算法和树冠提取中应用较多的分水岭分割算法，对针阔混交林和水杉纯林两种森林类型进行了树冠提取，并对结果进行精度评价。

4.2.4.1 分水岭分割算法提取树冠

本书在 ArcGIS 10.3.1 中使用了分水岭分割算法。为了实施分水岭分割算法，首先对 CHM 进行翻转，使树冠顶部成为一个“集水盆地”，树枝则成为支流，树冠边界则形成分水岭；然后，使用翻转后的 CHM 创建流域层，以表示各个水文流域，流域以栅格层的形式识别了树冠轮廓。但是，该层还包含位于树冠之间的较大间隙即林窗。因此为了得到要提取的树冠区域，将翻转之后的 CHM 重新分类为树冠覆盖区域和非树冠覆盖区域两个不同的类别。第一个类别表示所有像元值大于样地中树高阈值的像元（即树冠覆盖区域，将其像元值赋为 1），第二个类别表示所有像元值小于样地中树高阈值的像元，包括间隙区域（即非树冠覆盖区域，将其像元值赋为 0）。为了确定流域层中所有树冠覆盖区域和非树冠覆盖区域，将分类处理之后的结果与流域层相乘，得到仅包含树冠覆盖区域的流域层。最后，使用分水岭分割算法对树冠覆盖区域的流域层进行分割，得到单木树冠，并将其转换为 Shapefile 格式的矢量结果。图 4.28 为分水岭分割算法的单木树冠提取结果。

图 4.28 基于分水岭分割算法的树冠提取结果（文后彩版）

4.2.4.2 “ForestCAS”算法提取树冠

本书使用 R 语言 rLiDAR 包中的“ForestCAS”算法进行单木树冠的提取。以平滑过后的 CHM 和基于局部最大值算法探测到的单木树冠顶点为初始数据图，如图 4.29（a）所示。首先以探测到的单木树冠顶点为圆心作圆形缓冲区以表示原始的树冠区域，如图

4.29（b），这些圆形缓冲区的半径通过对应的提取到的单木树高来确定。如果检测到有多个树冠融合在一起，则利用 CVT（Centroidal Voronoi Tessellation）将它们分离开，如图 4.29（c、d）所示。将这些树冠分开后，把它们从 CHM 中裁剪出来并除去像元值小于所对应树高 30% 的像元以消除低值噪声，如图 4.29（e）所示。最后，通过描绘每个树冠区域的轮廓边界，就得到了最终的树冠轮廓，如图 4.29（f）所示。图 4.30 为“ForestCAS”算法的单木树冠提取结果。

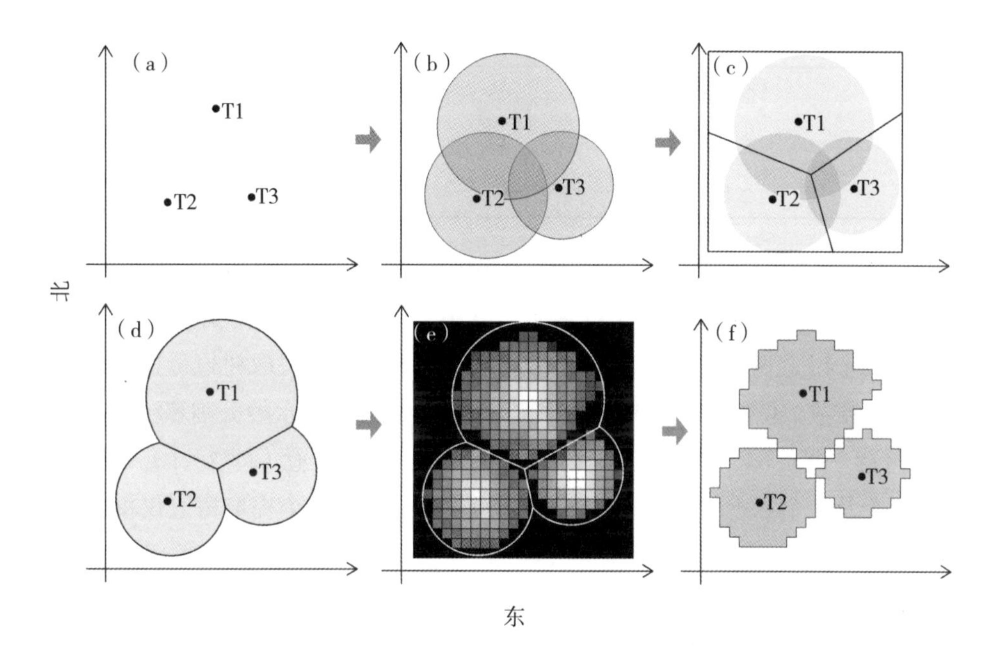

图 4.29　“ForestCAS”算法示意图

图 4.30　基于“ForestCAS”算法的树冠提取结果（文后彩版）

4.2.4.3 树冠提取精度评价

表 4.15 为 3 个样地利用分水岭分割算法和“ForestCAS”算法提取到的树冠数。从中可以看出分水岭分割算法在 3 个样地提取到的树冠数都多于参考树冠数，“ForestCAS”算法提取到的树冠数则与参考树冠数大致相同，同时也存在着少于参考树冠数的结果。

表 4.15 提取树冠数

样地编号	样地类型	参考树冠数	提取树冠数	
			分水岭分割	ForestCAS
1	针阔混交林	48	63	45
2	水杉纯林	42	54	42
3	水杉纯林	36	46	35

本研究从参考树冠角度和提取树冠角度统计了分水岭分割算法和“ForestCAS”算法的树冠提取结果，如表 4.16 和表 4.17 所示。其中，参考树冠角度表示每个参考树冠被分割为一个或一个以上树冠的频数。提取树冠角度则表示每个提取树冠覆盖一个或一个以上参考树冠的频数。例如，在样地 1 中有 48 个参考树冠，分水岭分割算法正确地提取了 26 个参考树冠（即 1∶1），14 个参考树冠被分割成了 2 个树冠（即 2∶1），5 个参考树冠被分成了 3 个及 3 个以上树冠；对于 63 个提取树冠，有 39 个提取树冠仅覆盖一个参考树冠，有 12 个提取树冠覆盖了两个参考树冠，4 个提取树冠覆盖了 3 个及 3 个以上参考树冠。需要注意的是，当一个参考树冠被分割为多个树冠就会导致提取树冠角度 1∶1 关系的频数增加。因此，提取树冠角度 1∶1 关系的频数会比参考树冠角度的高。

从表 4.16 和表 4.17 中可以看出，分水岭分割算法与“ForestCAS”算法相比，更容易将参考树冠分割为多个树冠（n∶1，其中 n ≥ 2）；分水岭分割算法还易形成一个提取树冠覆盖多个参考树冠（1∶n，其中 n ≥ 2）。针阔混交林样地（样地 1）与水杉纯林（样地 2、3）相比，参考树冠更容易被分割成多个树冠（n∶1，其中 n ≥ 2）。

表 4.16 分水岭分割算法的树冠提取结果

样地编号	提取树冠数：参考树冠数									
	参考树冠角度					提取树冠角度				
	0∶1	1∶1	2∶1	（≥ 3）∶1	总数	1∶0	1∶1	1∶2	1∶（≥ 3）	总数
1	2	26	14	5	48	3	39	12	4	63
2	2	28	9	3	42	2	38	10	4	54
3	1	26	7	2	36	1	34	8	3	46

表 4.17　“ForestCAS”算法的树冠提取结果

样地编号	提取树冠数：参考树冠数									
	参考树冠角度					提取树冠角度				
	0：1	1：1	2：1	（≥3）：1	总数	1：0	1：1	1：2	1：（≥3）	总数
1	2	43	3	0	48	0	38	6	1	45
2	1	39	2	0	42	2	38	2	0	42
3	2	33	1	0	36	1	32	2	0	35

本研究引入生产者精度和用户精度对单木树冠分割的结果进行进一步的精度评价，如表 4.18 所示。从表中可以看出，分水岭分割算法在 3 个样地中的提取精度最低为在针阔混交林样地 1 中的提取精度，为 58.56%，最高为在水杉纯林样地 2 中的提取精度，为 71.2%；“ForestCAS”算法在针阔混交林样地 1 中的提取精度最低，为 87.1%，在水杉纯林样地 2 中最高，为 92.3%；无论是分水岭分割算法还是“ForestCAS”算法，在针阔混交林样地中的树冠提取精度都比在水杉纯林中低；“ForestCAS”算法在 3 个样地中的树冠提取精度都比分水岭分割算法高。

表 4.18　两种树冠提取算法的精度评价

编号	分水岭分割			ForestCAS		
	生产者精度（%）	用户精度（%）	总体精度（%）	生产者精度（%）	用户精度（%）	总体精度（%）
1	54.17	61.9	58.56	89.58	84.44	87.1
2	66.67	70.37	68.75	92.86	90.48	91.67
3	72.22	73.91	73.17	91.67	91.43	91.55

注：生产者精度 = 参考树冠角度 1：1 频数 / 参考树冠总数；用户精度 = 提取树冠角度 1：1 频数 / 提取树冠总数；总体精度 =（参考树冠角度 1：1 频数 + 提取树冠角度 1：1 频数）/（参考树冠总数 + 提取树冠总数）。

将“ForestCAS”算法提取到的树冠转化为矢量格式导入到 ArcGIS 中，量测其南北向和东西向的冠幅，并取南北向和东西向的冠幅平均值作为单木的提取冠幅。将提取冠幅与实测冠幅进行线性回归。表 4.19 为实测冠幅和提取冠幅的基本统计量。

表 4.19　实测冠幅和提取冠幅的基本统计量

样地编号	冠幅（m）	最小值（m）	中位数（m）	最大值（m）	平均数（m）	标准差
1	实测冠幅	2.3	3.9	5.9	4.0	0.9321
	提取冠幅	3.0	4.4	6.9	4.5	0.9172
2	实测冠幅	2.5	4.3	5.8	4.3	0.6695
	提取冠幅	3.3	4.5	6.1	4.5	0.6545
3	实测冠幅	2.6	4.2	5.7	4.3	0.7933
	提取冠幅	3.1	4.7	6.1	4.6	0.7543

图 4.31（a）至图 4.31（c）分别为样地 1 至样地 3 提取冠幅与实测冠幅的散点图和线性拟合结果。从图中可以看出 3 个样地的实测冠幅 *x* 与提取冠幅 *y* 有较明显的线性关系，R^2 分别为 0.7188、0.7355 和 0.7487；均方根误差 *RMSE* 分别为 0.7152m、0.4038m 和 0.5285m；相对均方根误差 *rRMSE* 分别为 17.79%、9.43% 和 12.4%。

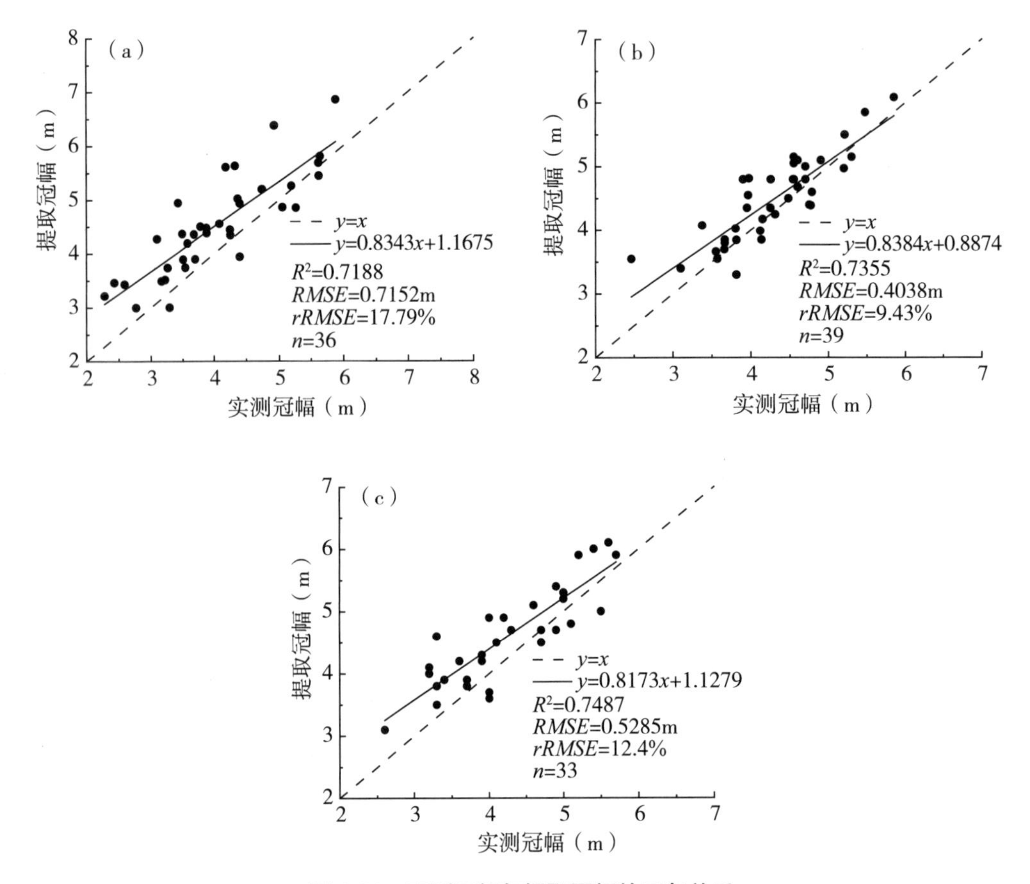

图 4.31　实测冠幅与提取冠幅的回归关系

前人以东台市林场为研究区，通过人工实地测量与无人机遥感目视解译两种方法获得 213 株杨树的冠幅值，将两种方法所得到的冠幅值对比，相关系数 *R* 为 0.89，均方根误差 *RMSE* 为 0.6m，相对误差 *RE%* 为 7.93%（乔正年等，2019）。结果表明，使用这两种方法测得的单木冠幅在总体上非常相近。国外有研究在捷克布拉格东南部和南部分别设置了一块 25m × 25m 的针阔混交样地，样地中的主要树种为挪威云杉。基于无人机影像生成的 CHM，利用分水岭分割算法对两块样地进行冠幅提取，将两块样地的提取冠幅与实地测量得到的冠幅对比，R^2 分别为 0.63 和 0.85，*RMSE* 分别为 0.82m 和 1.04m，*rRMSE* 分别为 14.29% 和 18.56%（Panagiotidis D 等，2017）。将本书中 3 个样地提取到的冠幅与实测冠幅对比，R^2 分别为 0.7188、0.7355 和 0.7487，*RMSE* 分别为 0.7152m、

0.4038m 和 0.5285m，*rRMSE* 分别为 17.79%、9.43% 和 12.4%。本研究的单木冠幅提取精度与其他研究相比相差不大甚至更高，说明利用无人机影像结合“ForestCAS”算法也可以较好地提取单木树冠。此外，样地 1 的冠幅提取精度明显低于样地 2 和样地 3，这可能是因为样地 1 多为阔叶树种，其树冠的不规则性会导致其树冠内部出现较大的亮度差异，这种亮度差异就容易导致一株树的树冠被分割为多个。而样地 2 和样地 3 为水杉纯林，有大致相同的树高、树冠尺寸和树冠形状，因此在同一张影像中具有相近的光谱反射模式，有利于树冠的分割。

4.2.5　单木胸径反演

相关性分析是指对两个或两个以上处于同等地位的随机变量的相关性进行分析，从而衡量变量之间的相关程度。本研究共获取了 72 组完整的水杉树高、冠幅和胸径数据，将其中 54 组数据作为拟合模型的数据，另外 18 组数据作为模型的验证数据。在模型构建之前，对 54 组用来拟合模型的数据进行皮尔森相关性分析（Pearson Correlation Coefficient，PCC），结果如表 4.20 所示。从表 4.20 中可以看出，用于拟合模型的冠幅和树高与胸径的皮尔森相关系数分别为 0.792、0.839，都通过了 0.01 水平显著性检验，说明冠幅和树高与胸径都具有较强的相关性，可以作为自变量进行胸径反演模型的构建。

表 4.20　相关性分析表

皮尔森相关系数（PPC）		树高	冠幅	胸径
树高	相关性	1	0.736**	0.794**
	显著性		0.000	0.000
冠幅	相关性	0.736**	1	0.811**
	显著性	0.000		0.000
胸径	相关性	0.794**	0.786**	1
	显著性	0.000	0.000	

注：** 表示在置信度（双侧）为 0.01 时，相关性是显著的。

本书首先利用 54 组拟合数据建立相应的胸径反演模型，使用决定系数 R^2 对模型进行评价。决定系数表示模型的拟合度，其值越大则表示拟合程度越高，反之则表示拟合程度越低。

4.2.5.1　树高 – 胸径一元模型

树高 – 胸径模型是指以树高为自变量，以胸径为因变量构建的模型，是比较常用的胸径反演模型。本研究利用五种常用的函数类型进行树高 – 胸径一元模型的拟合，各函数类型的拟合结果如表 4.21 所示。

表 4.21 树高 - 胸径模型

模型类型	表达式	R^2
线性模型	D=1.7864*H−13.7268	0.6298
指数函数模型	D=6.7986*$e^{0.0602H}$	0.6415
幂函数模型	D=0.2576*$H^{1.4865}$	0.6349
对数函数模型	D=42.7915*ln（H）−106.6068	0.6184
二次多项式模型	D=0.0911*H^2−2.6772*H+40.4117	0.6445

注：H 为树高（m），D 为胸径（cm）。

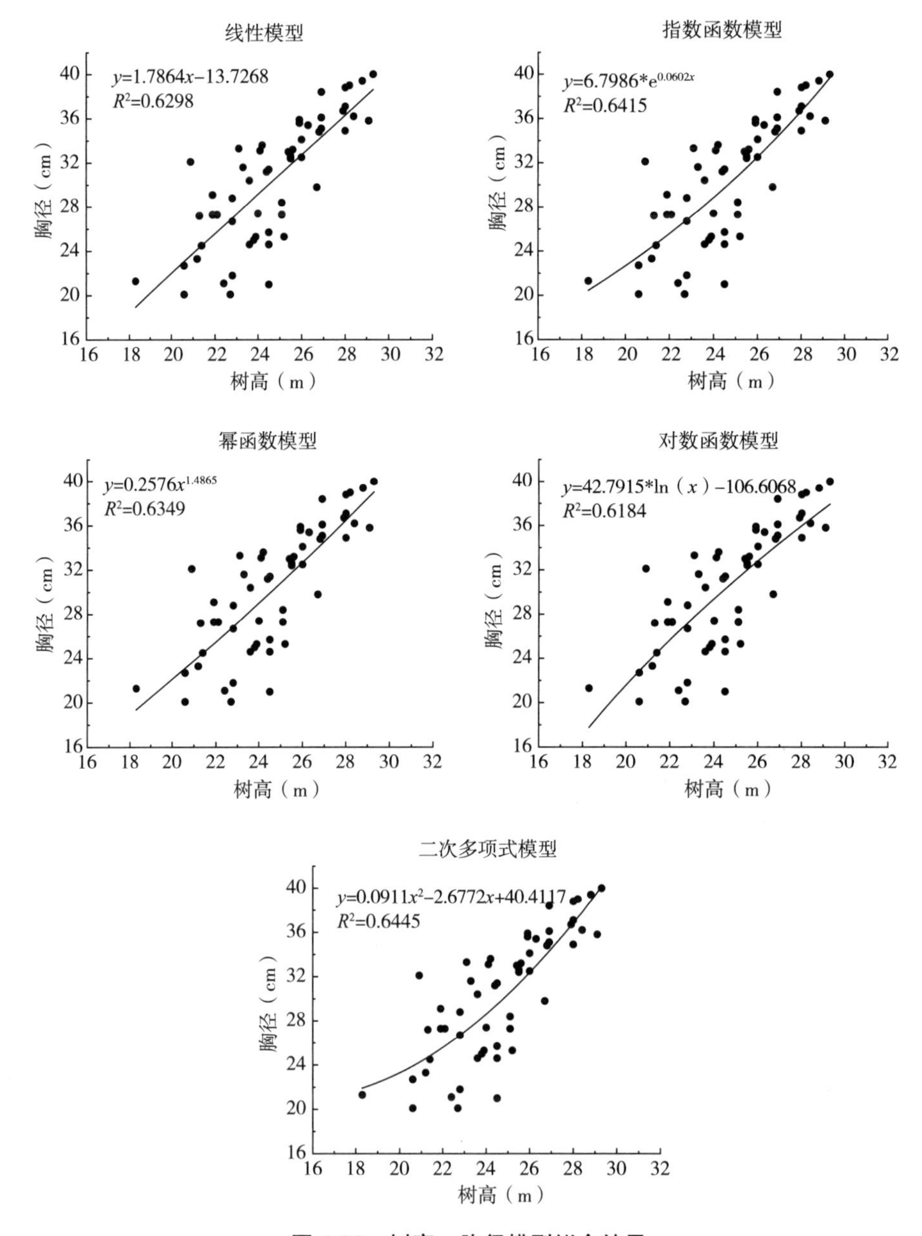

图 4.32 树高 - 胸径模型拟合结果

从图 4.32 结果可以看出，二次多项式模型 $D=0.0911\times H^2-2.6772\times H+40.4117$ 的决定系数最高为 0.6445；对数函数模型 $D=42.7915\times\ln(H)-106.6068$ 的决定系数最低为 0.6184。

4.2.5.2　冠幅 - 胸径一元模型

冠幅 - 胸径一元模型是指以树冠为自变量，以胸径为因变量构建的反演模型。本研究利用五种常用的函数类型进行冠幅 - 胸径模型的拟合，各函数类型的拟合结果如表 4.22 所示。

表 4.22　冠幅 - 胸径模型

模型类型	表达式	R^2
线性模型	$D=6.6971\times CW+3.1989$	0.6574
指数函数模型	$D=12.8502\times e0.2096^{CW}$	0.6389
幂函数模型	$D=8.7656\times CW^{0.8884}$	0.6585
对数函数模型	$D=26.5709\times\ln(CW)-6.4656$	0.6573
二次多项式模型	$D=-0.5736\times CW^2+11.4151\times CW-6.2406$	0.6618

注：*CW* 为冠幅（m），*D* 为胸径（cm）。

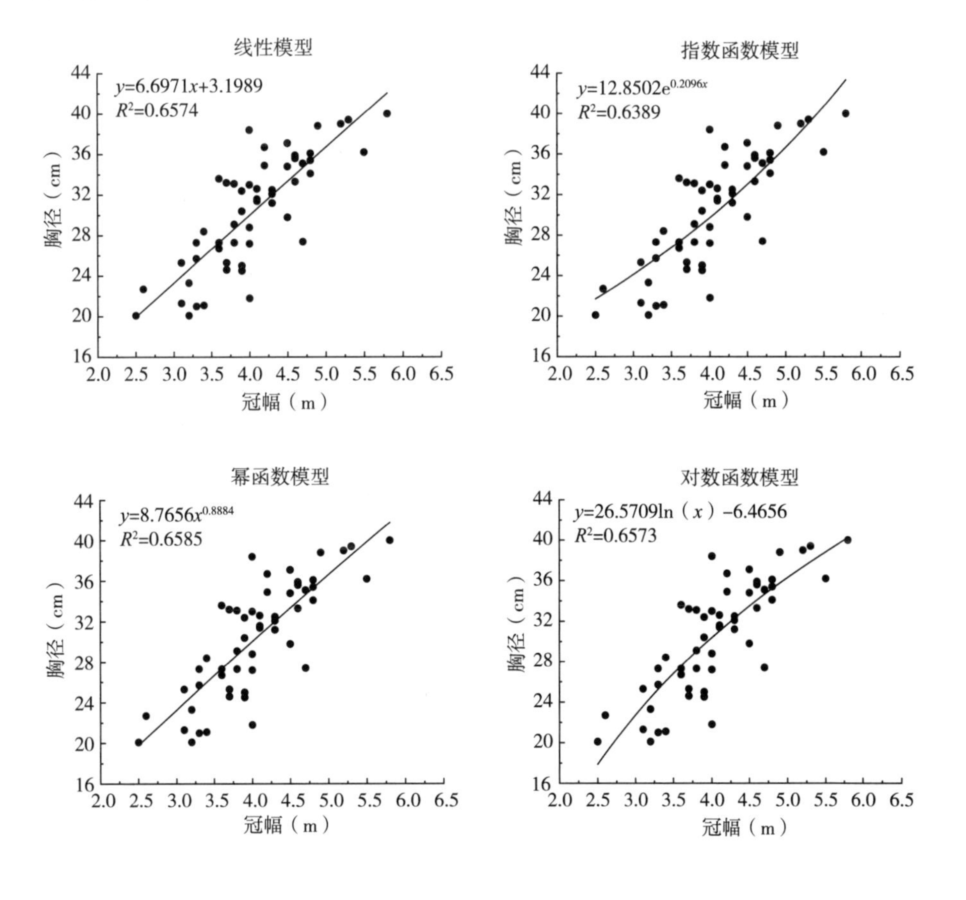

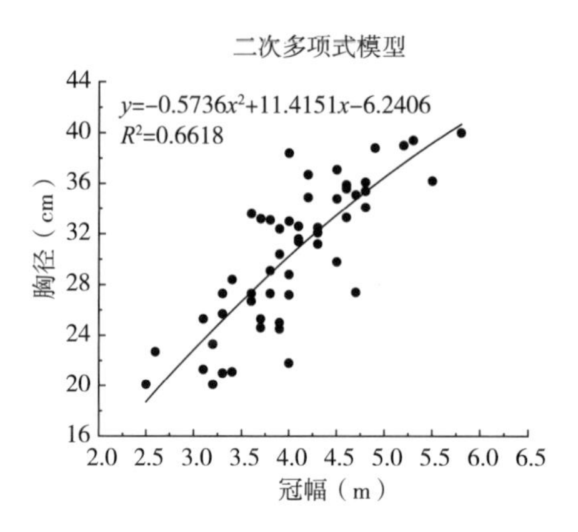

图 4.33　冠幅－胸径模型拟合结果

从图 4.33 结果可以看出，二次多项式模型 $D=-0.5736\times CW^2+11.4151\times CW-6.2406$ 的决定系数最高为 0.6618；指数函数模型 $D=12.8502\times e0.2096^{CW}$ 的决定系数最低为 0.6389。

4.2.5.3　树高 & 冠幅－胸径二元模型

树高 & 冠幅－胸径二元模型是指以树高和冠幅为自变量，以胸径为因变量构建的反演模型。本研究采用一次多项式和二次多项式进行二元胸径反演模型的拟合，拟合结果如表 4.23 所示。

表 4.23　树高 & 冠幅－胸径模型

模型类型	表达式	R^2
一次多项式模型	$D=0.9719\times H+4.0936\times CW-10.2268$	0.7346
二次多项式模型	$D=-0.0008\times(H\times CW)^2+0.3748\times H\times CW+1.8592$	0.7485

注：H 为树高（m），CW 为冠幅（m），D 为胸径（cm）。

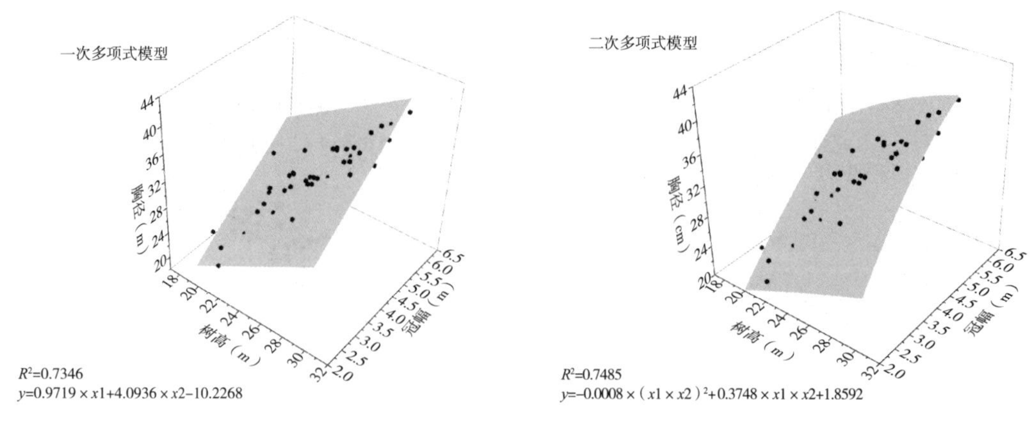

图 4.34　树高 & 冠幅－胸径模型拟合结果

从图 4.34 看，二次多项式模型 $D=-0.0008\times(H\times CW)^2+0.3748\times H\times CW+1.8592$ 的决定系数 R^2 较高，为 0.7485。一次多项式模型 $D=0.9719H+4.0936CW-10.2268$ 的决定系数 R^2 较低，为 0.7346。

4.2.5.4　单木胸径反演模型精度验证

以上结果发现二元反演模型 $D=-0.0008\times(H\times CW)^2+0.3748\times H\times CW+1.8592$ 的拟合效果最好。将 18 组基于无人机影像提取到的树高和冠幅代入到该模型中得到反演胸径。以实测胸径为验证数据，对胸径反演模型进行精度验证。图 4.35 所示为实测胸径与反演胸径的回归关系，可以看出实测胸径 x 与反演胸径 y 有着较好的线性关系，得到线性回归方程 $y=0.9252x+3.3665$，决定系数 $R^2=0.6356$，均方根误差 $RMSE=3.6876$cm，相对均方根误差 $rRMSE=11.31\%$。

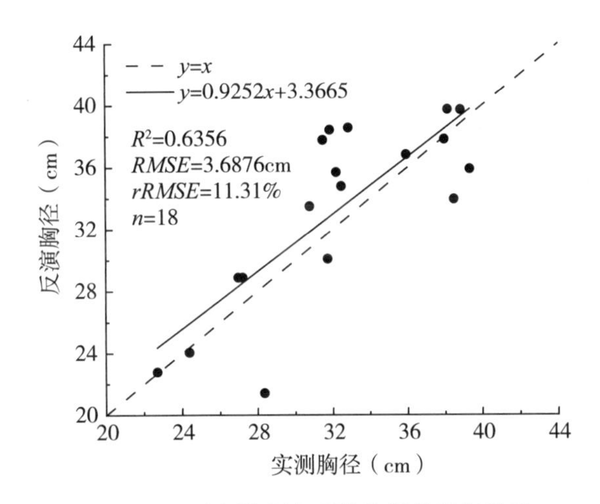

图 4.35　实测胸径与反演胸径的回归关系

4.3　基于单视域的地块面积提取与精度评价

4.3.1 森林突变地块提取

本书选用两块研究区进行面积提取与精度评价，研究区 1 选用面积较大、形状不规则、具有一定坡度的采伐迹地；研究区 2 选用面积较小、形状规则、地势较为平缓的苗圃地。其中采伐迹地通过规划设计图查询，得到其真实面积为 56333m²；苗圃地通过图纸勾绘，得到其真实面积为 4051m²。实验选用无人机为大疆经纬 M600 PRO，搭载 zenmuse x5 云台相机，镜头焦距为 15mm，传感器型号为 CMOS，尺寸为 17.3mm × 13.0mm（高宽比 4 : 3），有效像素 1600 万。实验设计流程如图 4.36 所示。

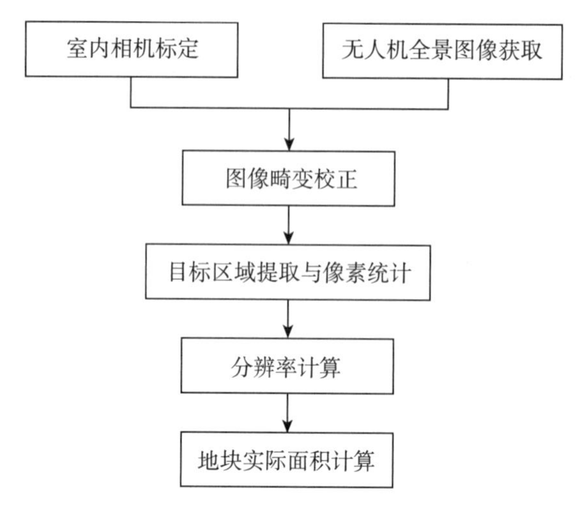

图 4.36　实验设计流程图

进行外业拍摄前先在实验室内对无人机相机进行标定，计算得到相机的内参与畸变参数。将无人机云台相机角度设为 –90°，试验后发现，当飞行高度至少为 400m 时，无人机能够获取采伐迹地的全景照片，实验所用无人机飞行限高为 500m，因此分别设定飞行高度为 400、420、440、460、480、500m 五个实验组，对采伐迹地进行拍摄，得到其全景图像。当飞行高度至少为 80m 时，无人机相机能够获取苗圃地的全景，因此实验组的设定从 80m 开始，以 20m 为增长梯度，逐渐增加高度，由于苗圃地的地块面积较小，当飞行高度高于 200m 时，地块占全景图像的比例较小，难以分辨提取，因此设定飞行高度为 80、100、120、140、160、180、200m，对苗圃地进行实地拍摄，获得其全景图像。拍摄得到的地块全景图如图 4.37、图 4.38 所示。

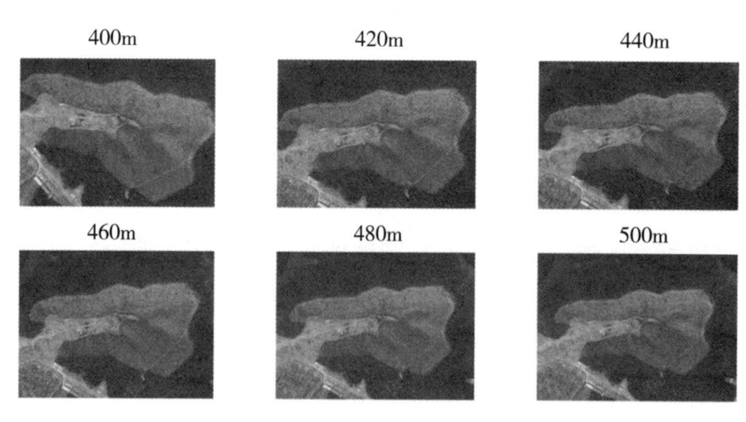

图 4.37　采伐迹地全景照片（文后彩版）

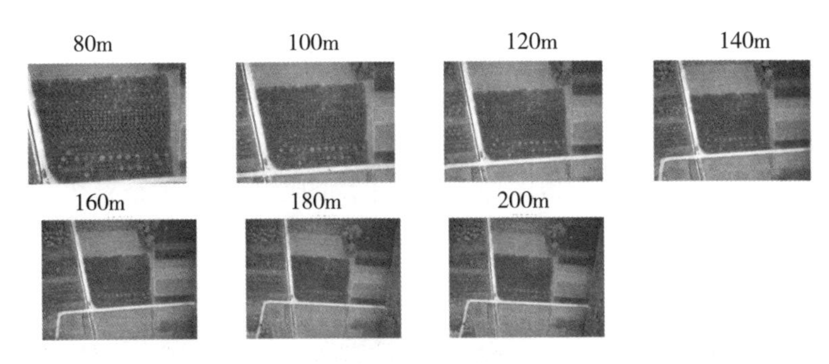

图 4.38　苗圃地全景照片

由于拍摄的相片存在畸变，需对全景图像进行畸变校正，这个步骤借助相机标定求得的相机内参与畸变参数完成。经过校正后可以得到去畸变后的灰度图像，为了求得目标地块的实际面积，需要统计出地块区域内的像素点总和；为了求得区域内的像素点总和，需要对校正得到的灰度图像进行进一步的处理，即运用 4.1.3 节中叙述的 Canny 边缘检测算子与数学形态学图像处理方法相结合的方法对灰度图进一步识别、分割、提取指定区域。

首先运用 Canny 算子对灰度全景图进行边缘检测，采伐迹地与苗圃地的检测结果如图 4.39、图 4.40 所示。

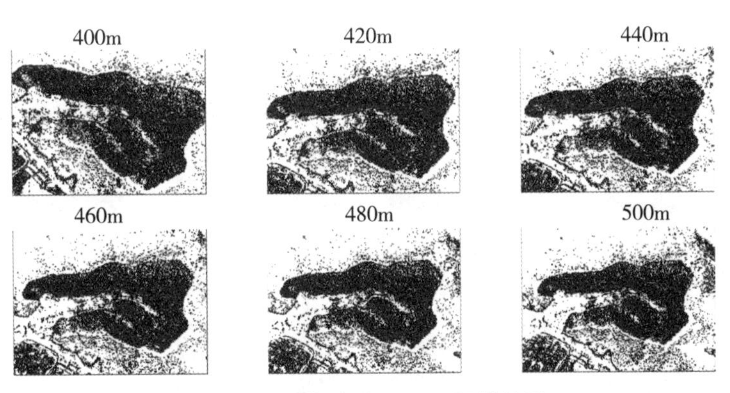

图 4.39　采伐迹地 Canny 运算结果

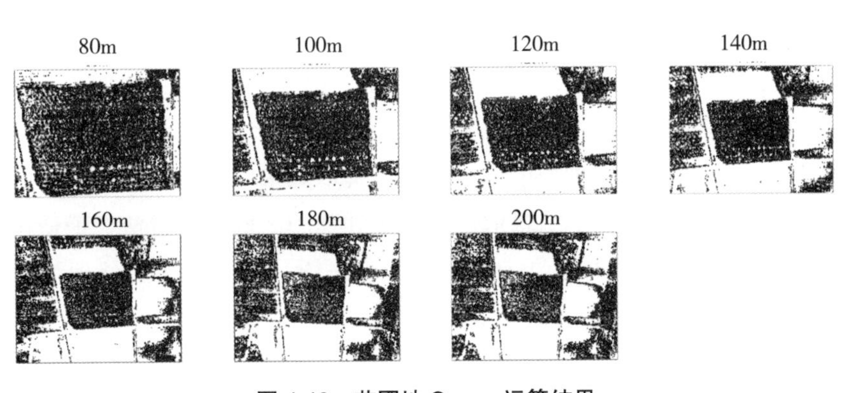

图 4.40　苗圃地 Canny 运算结果

从运算结果可以看出，Canny 算子能够基本完整地识别出地块的边缘轮廓，为下一步的形态学处理奠定基础。为了有效地提取求算地块的区域，对 Canny 运算得到的二值图像进行形态学处理，将形态学运算的开、闭操作，膨胀、腐蚀等基本运算进行合理的组合，可以得到满足要求的二值图像。两种地块的形态学处理结果如图 4.41、图 4.42 所示。

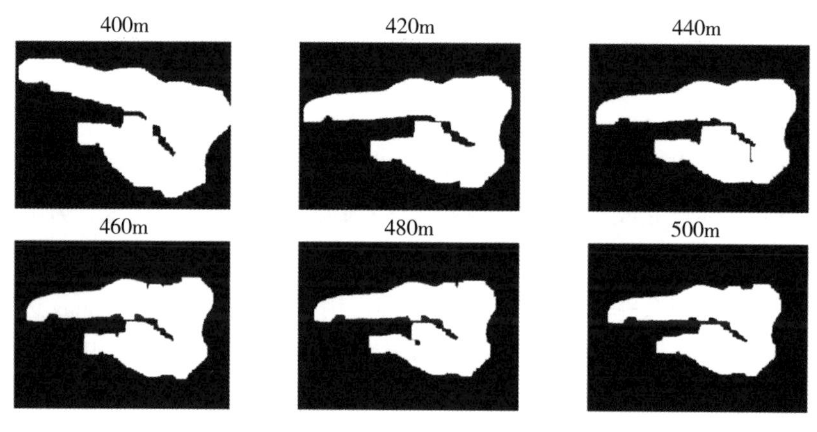

图 4.41　采伐迹地形态学处理结果

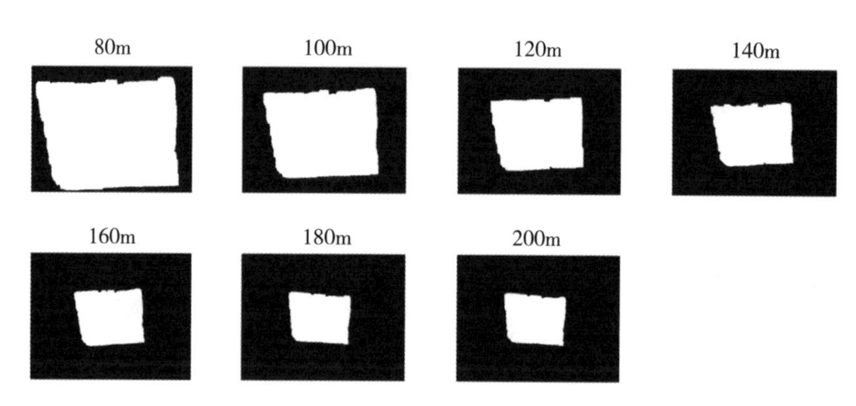

图 4.42　苗圃地形态学处理结果

比较三种地块的形态学处理结果，可以看出，相较于不规则地块而言，对形状规则的苗圃地进行区域提取的结果最为理想。比较两个形状不规则地块的提取结果，可以看出，地块形状内部不存在镂空现象的人工湖，其提取效果要优于存在镂空区域的采伐迹地。总的来说，采用 Canny 算子结合形态学图像处理的区域提取方法，最适用于形状完整且规则的地块区域，对与形状复杂的地块面积来说，这一方法的处理结果误差相对较大。

4.3.2　森林突变地块面积提取精度评价

统计区域像素数量，并根据标定求得的f、d_x、d_y计算图片的地面分辨率，根据比例关系计算得到实验区域的实际面积，结果如表4.24、表4.25所示。

表4.24　采伐迹地计算结果与相对误差

实验组	设定高度（m）	实际高度（m）	像素数量（个）	分辨率（m）	面积（m²）	实际面积（m²）	相对误差（%）
1	400	396.59	6072549	0.100	60866.140	56666	7.412
2	420	416.29	5491384	0.105	60682.734	56666	7.088
3	430	436.59	4994737	0.108	60576.298	56666	6.901
4	460	456.39	4521320	0.115	59932.950	56666	5.765
5	480	476.19	4224809	0.120	60978.158	56666	7.610
6	500	496.09	3911083	0.125	61252.214	56666	8.093

表4.25　苗圃地计算结果与相对误差

实验组	设定高度（m）	实际高度（m）	像素数量（个）	分辨率（m）	面积（m²）	实际面积（m²）	相对误差（%）
1	80	82.18	11079450	0.020	4242.231	4051	4.721
2	100	102.28	7003776	0.025	4237.867	4051	4.613
3	120	122.28	4739486	0.030	4153.733	4051	2.536
4	140	142.28	3525291	0.035	4222.780	4051	4.240
5	160	162.38	2781388	0.040	4370.660	4051	7.891
6	180	182.18	2192045	0.045	4359.655	4051	7.619
7	200	202.08	1776438	0.050	4366.325	4051	7.784

实验中计算出的区域面积与实际面积相比相对误差基本控制在10%以下，这表明，对区域瞬时单视场的全景照片进行处理，从而计算该区域面积的测算方法基本可行，并且其计算结果可以达到实用的精度。

纵向对比，观察每种地块相对误差的变化情况，可以发现，随着高度的增加，面积量算的相对误差逐渐减小，误差下降到某一个值之后开始上升，在面积上表现为随着高度的增加，计算出的区域面积增加，达到一个值后开始减小。通过分析可以知道，由于相机成像的原理是中心投影，从而导致成像的中心点畸变最小，越偏离成像中心，产生的畸变就越大。第一阶段误差的减少是由于无人机从最靠近目标区域的高度逐渐上升，目标区域所占整幅图像的比例逐渐减小，需测算的位置更靠近图像中心点，畸变也逐渐减小，因此高度越高，相对误差越小；第二阶段误差开始上升，这是因为在焦距一定的条件下，相机离目标物越远，能够获取的图像细节也越少，对区域的提取结果误差也就越大，无人机上升到一定高度后，区域提取误差对结果产生的负影响大于畸变减小产生的正影响，因此相对误差开始增加。飞行高度与实际面积、相对误差之间的关系如图4.43、图4.44所示。

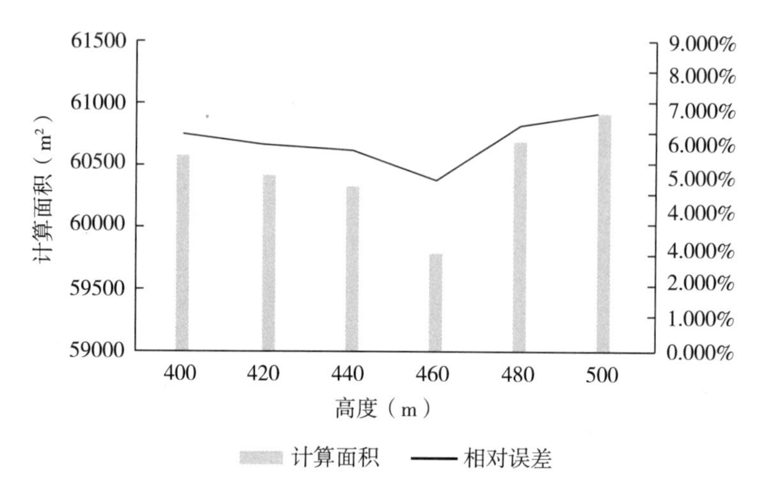

图4.43　采伐迹地面积与飞行高度、相对误差的关系

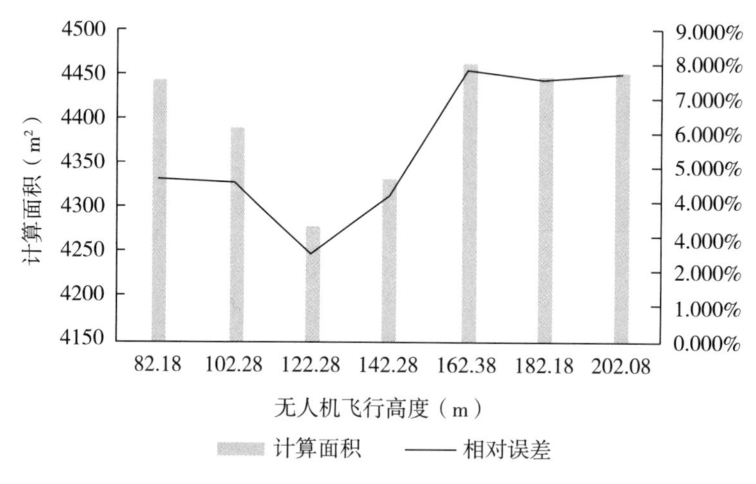

图4.44　苗圃地面积与飞行高度、相对误差的关系

4.3.3　人工湖区域面积提取与精度验证

对以上两组实验对象进行面积测算，得到了精度较高的计算结果，但用来进行精度验证的实际面积是以往的调查结果，考虑到地块面积调查存在一定程度的粗放性，传统林业调查方法获得的地块面积可能与真实的面积存在一些出入。因此为了实验的科学性与结果的可靠性，增设了一组实验用于精度验证。实验场所选用面积较大、形状不规则、坡度基本为零的人工湖。人工湖经全站仪测量得到该湖的水域实际面积为57625m²。试验后发现，当飞行高度至少为350m时，无人机能够获取人工湖的全景照片，因此分别

设定飞行高度为350、370、390、410、430、450、470、490、500m，对人工湖进行拍摄（这里由于实验所用无人机最高限飞高度为500m，因此最后一组实验组没有在前一组的基础上等量增加），得到人工湖的全景图像。对全景图像进行Canny运算与形态学处理，其区域提取结果如图4.45所示。对提取的地块区域进行像素统计，并将像素数量转换为实际面积，其计算结果如表4.26所示，飞行高度与实际面积、相对误差之间的关系如图4.46所示。

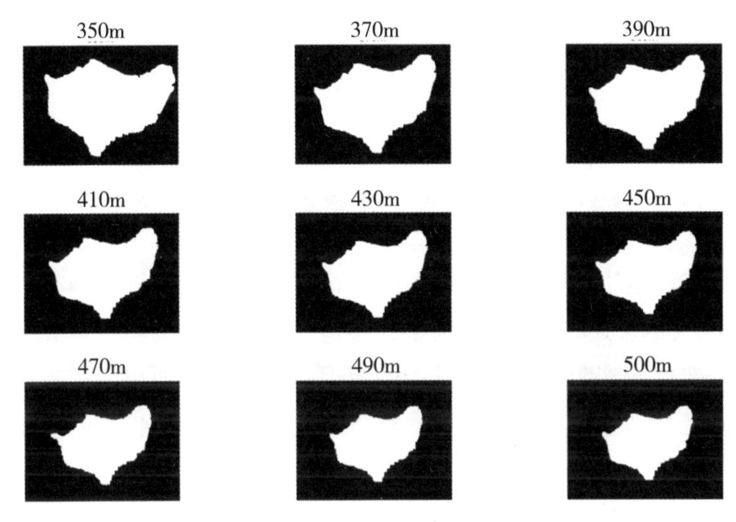

图4.45　人工湖区域提取结果

表4.26　人工湖计算结果与相对误差

实验组	设定高度（m）	实际高度（m）	像素数量（个）	分辨率（m）	面积（m^2）	实际面积（m^2）	相对误差（%）
1	350	356.27	6638126	0.089	52782.353	57625	8.404
2	370	376.07	5961984	0.094	52821.768	57625	8.335
3	390	396.07	5404022	0.099	53106.264	57625	7.842
4	410	416.07	4897052	0.104	53107.061	57625	7.840
5	430	436.17	4460393	0.109	53158.101	57625	7.752
6	450	456.07	4102779	0.114	53459.622	57625	7.228
7	470	476.07	3810418	0.119	54100.216	57625	6.117
8	490	496.07	3474354	0.124	53560.515	57625	7.053
9	500	506.07	3334084	0.127	53491.216	57625	7.174

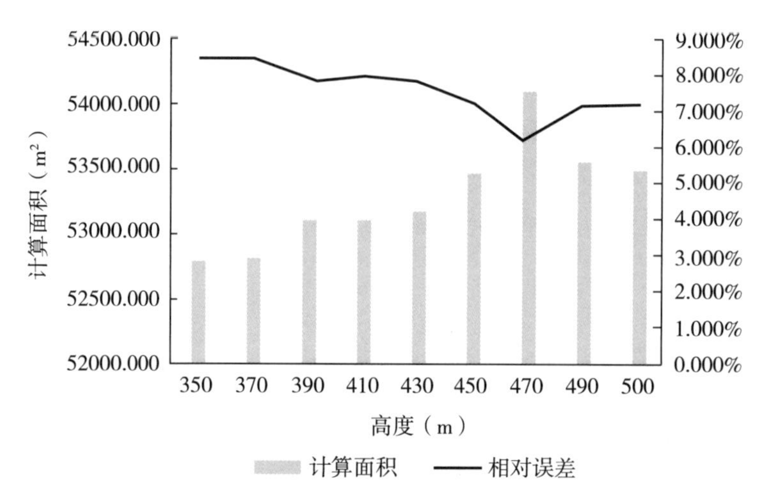

图 4.46　人工湖面积与飞行高度、相对误差的关系

横向对比，三种地块均具有相对误差随飞行高度升高而降低，到某个值之后开始上升的特点。其中，面积较大的人工湖与采伐迹地二者变化幅度相差不大，而面积较小的苗圃地，其误差变化尤其明显。分析其中的原因，可知由于地块面积较小，起飞的高度也较低，无人机飞行高度增加量相同时，相较于其他两个面积较大的地块，苗圃地受到的影响更大。也就是说，同样的飞行高度下，面积小的地块更容易受到无人机高度变化的影响，因此对于地块面积较小的区域，我们在进行全景照片获取和面积计算时，应设置更小的高度增量，以获得更全面的误差变化情况，取得精度更高的结果。

对比总体相对误差，可以发现，面积小且形状相对规则的苗圃地，其计算的精度要高于其他两个地块，这说明本书的面积测算方法对于苗圃地类型的地块面积计算效果最优。

对比地势平缓的人工湖与具有一定坡度的采伐迹地，总体来说，人工湖的计算精度高于采伐迹地的面积计算精度，但相差不大。这是由于林业工作中，对于有一定坡度的地块，一般不考虑坡度的因素，而计算其投影面积，实验用于验证的实际面积即为该采伐迹地的投影面积，因此与人工湖相比，采伐迹地的面积计算误差相差不大。而计算精度仍然存在一定差距的原因，是因为采伐迹地为中间有镂空的不规则地块，比起具有完整性的人工湖来说，在图像处理提取目标区域这一步当中会产生比较大的误差，导致像素数量统计结果与真实数据有偏差，从而在通过像素数量计算面积时产生误差。

第五章　森林资源动态更新方法

5.1　森林资源动态监测原理

大规模森林资源动态监测工作在我国已进行了40年时间，目的是要掌握森林资源现状和动态，为各级决策机构提供正确决策与有效管理的科学依据。其中的资源动态更新是动态监测的核心工作，以下从原理上来阐述与动态监测有关的几个问题。

5.1.1　动态系统

动态系统是指状态随时间而变化的系统。动态系统具有这样的特点：系统的状态变量随时间有明显的变化，是时间的函数；系统状况可以由其状态变量随时间变化的信息（数据）来描述（朱明德等，1991）。要特别指出的是，动态系统和系统的运动是两个不同的概念。运动是系统的基本属性，一切系统，包括静态系统，都是在不断地运动之中。唯有系统在运动中状态随时间而发生明显变化的，才是动态系统。自然界和人类社会客观存在的动态系统常可分为两类：一是确定性动态系统，二是随机性动态系统。森林资源系统、生态系统等是典型的随机性动态系统，简单的力学、机械、电学系统等是典型的确定性动态系统。两种动态系统有着本质的差别，主要表现在系统状态的特征上，对比如表5.1所示。

表5.1　动态系统对比表

动态系统	状态	输入输出关系	原因	结局	再现性	各时刻状态值
确定性	确定	定律	确定	唯一确定	可	可直接测量
随机性	随机	统计	确定	多种可能	不可	未必能直接测量

动态系统的首要特征就是该系统由多种变量或参数构成，这些变量相互联系，并处在恒动之中。它们的区别是，同样是由多种确定原因，确定性系统的结果是唯一的，可以以实验手段重复出现；而随机性系统的结果却有多种可能，不能以实验手段重复出现。但是，不论是确定性还是随机性动态系统都是客观存在的，都可作为监测对象。图5.1显示了活立木总蓄积动态变化关系（佚名等，1991）。

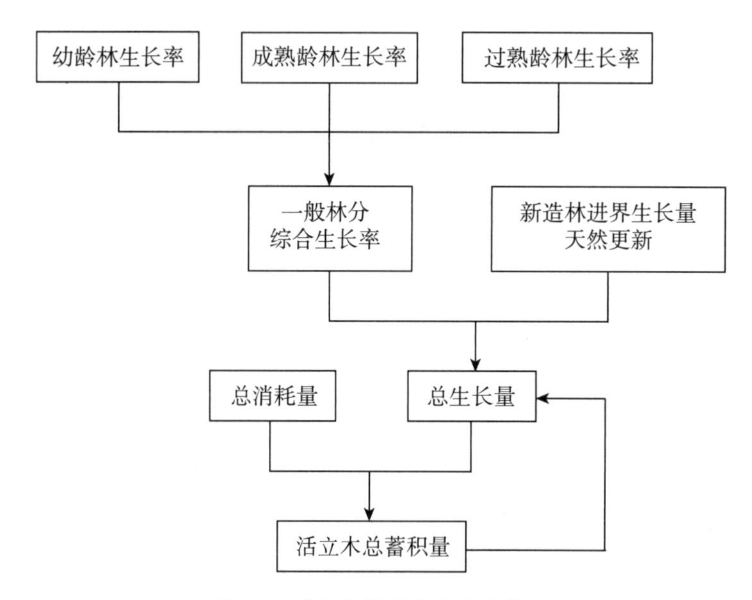

图 5.1　活立木总蓄积动态变化图

5.1.2　动态调查方法

正确的森林资源动态调查是客观认识森林资源系统的基础。数学模型的模拟、计算机模拟等都是以调查数据为依据的（朱明德等，1991）。如果缺少必要的可靠的调查数据，仅凭数学模型模拟、计算机模拟，则得不出可信的监测结果。

森林资源调查包括静态调查与动态调查。动态调查有 3 种方法：一是全面动态调查方法，它属非随机动态调查方法，例如小班全林定时观测等；二是典型动态调查方法，它属非随机动态调查方法，例如典型标准地定时定点观测等；三是随机动态调查方法，例如随机样地定时定点观测与随机样地定时非定点观测（唐伟等，2011）。

三种动态调查方法提供三种不同性质的动态数据，它们有着本质的差别，对比如表 5.2 所示。

表 5.2　动态调查方法对比表

动态调查方法	动态数据	理论误差、精度	估计、预测区间	概率保证	主观性	适用范围
全面	非随机	不考虑	不考虑	不考虑	不存在	一切动态系统
典型	非随机	给不出	给不出	谈不上	显著	确定性动态系统
随机	随机	能给出	能给出	能给出	不显著	随机性动态系统

由表 5.2 看出，三种动态调查方法有着各自特定的适用范围，森林资源动态调查的主要任务是查清森林、林地和林木资源的种类、数量、质量和分布，客观反映调查区域

自然、社会经济条件，综合分析与评价森林资源及经营管理的现状，提出对森林资源培育、保护与利用的意见，为森林可持续经营提供理论依据。森林资源动态调查是森林资源动态监测的主要方法与基础（于政中等，1993）。

5.1.3　动态数学模型

动态数学模型是反映一个动态系统各状态变量间关系的数学描述式，通常可分为两种：一是确定性动态数学模型，二是随机性动态数学模型（朱明德等，1991）。确定性微分方程、确定性差分方程，包括由此导出的系统动力学模型，是典型的确定性动态数学模型。随机性微分方程、随机性差分方程、回归方程，包括由确定性微分方程及确定性差分方程导出的回归方程，是典型的随机性动态数学模型（康文智等，2010；连亦同等，1987；钟瑚绵，1982；徐萍等，2007）。两者有着本质的差别，主要表现在模型变量的特征上。对比见表 5.3。

表 5.3　动态数学模型对比表

动态数学模型	描述对象	数据	建模准则	表达式	模型变量	输入	输出	功用
确定性	确定性动态系统	确定性	定律	确定性微分差分方程	非随机	确定	唯一确定	描述、决策、控制
随机性	随机性动态系统	随机性	最小二乘法	随机性微分差分方程	随机	确定	多种可能	描述、预测、决策、控制

由表 5.3 可得到下列 3 点结论：

①不同的动态系统应采用不同的动态数学模型描述。确定性动态系统的行为或状态，应采用确定性动态数学模型描述；随机性动态系统的行为或状态，应采用随机性动态数学模型描述。②大地域森林资源系统是典型的随机性动态系统，应采用随机性动态数学模型描述。③如果采用确定性动态数学模型描述随机性动态系统，它将与随机性动态系统的状态、特征相悖。确定性动态数学模型中的状态变量，在特定时刻是非随机的确定性变量。随机性动态系统的状态，在特定时刻是随机状态。两者属不同范畴，有本质差别，不可等同，不可取代。如果将两者人为地等同、取代，那将是模型理论上的倒退。

系统动力学模型是典型的确定性动态数学模型，用它来描述确定性动态系统的行为或状态才是确切的。如果用它来描述大地域森林资源系统，那就用错了地方，套错了公式。大地域森林资源系统是典型的随机性动态系统，因此随机性动态数学模型是森林资源动态监测的重要数学工具。

5.1.4　动态最优控制

研究系统的目的不只是为了描述系统的行为或状态，更重要的是为了控制系统的行为或状态（朱明德等，1991）。按一定目的给系统的输入称为控制。控制的目的在于使受控系统沿着到达既定目标的最优轨道运行，并最终到达既定目标。为使既定目标实现，要求决策者更多的保证，保证控制策略的执行。如果失去这种控制能力，则称该系统失控（文彦桂等，1995）。

动态最优控制，包括两层含义。一是开环控制与闭环控制，二是确定性最优控制与随机性最优控制。

如果在时刻 k，所做的控制 $U(K)$ 仅是时刻 k 的函数，则称此控制策略为系统的开环控制策略。开环控制策略的特点，是不需要利用系统每一步的量测输出信息，当开环控制策略确定后，不管系统在每一步处于何种状态，都按既定策略进行控制。

如果在时刻 k，控制 $U(k)=G_k(Y^k)$ 是有效信息 $Y^k=\begin{bmatrix}Y^{(0)}\\Y^{(1)}\\\cdots\\Y^{(k)}\end{bmatrix}$ 的函数，则称控制策略 $\{G_1,\ G_2,\ \cdots\}$ 为系统的闭环控制策略或反馈控制策略。

闭环控制策略的特点是每一步控制都是到该步为止所得到的系统量测值的函数，是将系统输出的量测信号反馈到输入端来确定下一步的控制。

给定确定性受控动态系统（等价于给定确定性动态数学模型）和确定性评价准则，求出使确定性评价准则达到极小值的控制律，称为确定性最优控制。系统动力学模型及控制问题是典型的确定性最优控制问题。

给定随机性受控动态系统（等价于给定随机性动态数学模型）和期望评价准则，求出使期望评价准则达到极小位的控制律，称为随机性最优控制。LQG 问题是典型的随机性最优控制问题。

两种控制有着本质的差别，对比如表 5.4 所示。根据表 5.4 中的差别，可得到以下 4 点结论：

表 5.4　动态最优控制对比表

动态最优控制	控制对象	动态数学模型	评价准则	控制		效果	反馈	信息
				策略	状态	开环与闭环		
确定性	确定性动态系统	确定性	确定性	确定	确定	无差别	无动态	未利用
随机性	随机性动态系统	随机性	随机性	确定	不确定	开环较闭环差	动态	利用

① 对确定性动态系统，应采用确定性最优控制。当控制策略给定时，不论是开环控制还是闭环控制，系统的状态完全由系统的状态方程确定。开环最优控制与闭环最优控制是等效的，都能达到同一最优化目标，具有相同的最优效果。

② 对随机性动态系统，应采用随机性最优控制。当控制策略确定后，不论是开环控制还是闭环控制，系统的状态仍不能由系统的状态方程完全确定。开环最优控制与闭环最优控制是不等效的，分别达到不同的最优目标，具有不同的最优效果。一般地，开环最优控制较闭环最优控制的效果要差。

③ 对随机性动态系统，若采用确定性最优控制，不论是开环控制还是闭环控制，其效果更差。

系统动力学模型是仅适用于确定性动态系统的确定性最优决策、控制模型。林业界用它来决策与控制森林资源系统，则不论是开环控制还是闭环反馈控制，其效果都更差。更谈不上闭环反馈控制比开环控制好的问题。因此系统动力学模型用于决策、控制大地域森林资源系统实为下策，一般不宜采用（朱胜利等，2001；李崇贵等，2001；梁长秀等，2001）。

④ 对森林资源系统的决策与控制，采用随机性最优决策、控制，才是唯一正确的方法。这时，决策、控制的核心变量应定义为森林更新面积与蓄积消耗，也可包括结构。系统动力学模型与《公元 2000 年我国森林资源发展趋势的研究》一样，将用材林生长率（或用材林年增生长量）定义为决策、控制变量，显然是错误的（K.J. 奥斯特隆姆，1983；伊・普里戈金等，1987；张彦等，1990）。

要对森林资源系统做出科学的决策与有效的控制，决策者既应懂得林业科学与决策、控制理论，更应懂得党的方针政策。

总之，动态最优控制是动态监测的主要目的，森林资源随机动态最优控制是森林资源动态监测的主要目的。

5.1.5　动态预测

预测是根据随机过程过去与现在的样值去推断该随机过程在未来某一时刻的状态值（朱明德等，1991）。森林资源预测是根据森林资源系统过去与现在的样值去推断该森林资源系统在未来某一时刻的状态值。

上述定义说明了以下 3 点：

① 预测是对随机性动态系统而言的。它是属于统计范畴的一个概念。随机性动态系统在未来某一时刻的状态是随机变量，具有多种可能的结局，这才需要事先预测究竟哪一种结局出现的可能性大。如果预测者确知在某一特定时间中已处于确定性动态系统中，系统未来状态只有一种唯一的结局，则预测就将失去意义。银行存款系统是确定性动态系统，当利率与现在的存款已知时，则五年后的本利是唯一确定的，只需按确定性公式计算就可以了，不存在预测问题。

② 预测是针对随机性动态系统的未来状态而言的。这就要求预测者提前公布预测值。事后预测只是为了检验模型的预测能力。即使事后预测已证明了模型的预测能力强，

仍不能保证事前预测的能力也强。这对无“准则”产生的模型更是如此。原因是随机性动态系统的未来与过去有着本质的差别。

③ 预测是以随机性动态系统的过去与现在的状态值为依据的。如果对随机性动态系统的过去与现在一无所知或知之不多，那不论采用什么数学模型都很难做出有科学根据的预测。在历史数据较少的情况下，一般应以专家定性预测为主。

由上述说明，可得出以下 3 点结论：

① 对确定性动态系统的未来状态，谈不上预测，也无需预测，但存在确定性最优决策、控制问题。

② 用随机性动态数学模型描述、平滑、滤波、预测、决策与控制随机性动态系统，如大地域森林资源系统，是切实可行的科学方法（肖化顺等，2004）。它具有以下优良特效：a. 它与系统特性相适应；b. 它能反映随机性动态系统未来与过去之间的内在差别。对随机性动态系统未来的预测、控制不同于对其过去的回顾；c. 它具有无偏性，能导出动态条件数学期望。采用动态条件数学期望的无偏估计量进行平滑、滤波、预测、决策与控制，才是正确的科学方法；d. 它能给出理论误差与理论精度；e. 它能提供平滑、滤波、预测与控制区间，并具有相应的概率保证。如预测，实际上所提供的结果是具有一定概率保证的预测区间。

③ 若用确定性动态数学模型，如系统动力学模型描述、平滑、滤波、预测、决策与控制随机性动态系统，如大地域森林资源系统，则存在许多不可弥补的缺陷：a. 它与系统特性相悖；b. 它混淆了随机性动态系统未来与过去之间的内在差别；c. 它谈不上具有无偏性，无法导出动态条件数学期望；d. 它谈不上理论误差与理论精度。实际误差与实际精度通常又是得不到的；e. 它无法给出平滑、滤波、预测与控制区间，更谈不上概率保证；f. 它的参数“调试”没有准则。“调试”是指对“可调参数”进行调试，可调参数是由时变参数构成。它的表达式更多的是指数式，参数的微小变动会导致两种截然不同的趋势，究竟哪一种趋势真实可信，缺乏准则依据。

上述缺陷说明，确定性动态数学模型，如系统动力学模型，只能作为确定性动态系统的描述、决策、控制模型，而不能作为随机性动态系统，如大地域森林资源系统的数据更新、预测、决策、控制模型。因此，将系统动力学模型作为森林资源动态监测模型是无科学根据的。

总之，预测是随机性动态监测的重要内容，森林资源预测是森林资源动态监测的重要内容。

5.1.6 动态监测

动态监测包括确定性动态监测与随机性动态监测。

确定性动态监测是指对确定性动态系统定时定点典型调查观测与定时不定点典型调

查观测（简称多时多点典型调查观测），并利用确定性动态数学模型描述、决策与控制（朱明德等，1991）。

随机性动态监测是指对随机性动态系统定时定点随机调查观测与定时不定点随机调查观测（简称多时多点随机调查观测），并利用随机性动态数学模型描述、预测、决策与控制。

森林资源动态监测是指对森林资源系统定时定点随机调查观测与定时不定点随机调查观测，并利用随机性动态数学模型描述、预测、决策与控制（李东升等，2000）。

定义明确指出，森林资源动态监测主要由上述五部分构成。

当前，为进一步搞好森林资源动态监测，首先应坚持、完善已有连续清查体系；其次应对全面动态调查方法及其问题进行研究；第三应统一输入输出、决策与控制指标体系；第四应坚持遥感技术在森林资源动态调查中应用的研究；第五应继续保持林业政策的稳定性。

森林资源动态监测是指根据监测的目标，运用相关技术与指标，查清森林资源的数量和质量，包括森林、林木、林地以及依托森林、林木、林地生存的野生动植物和微生物的现状及其消长变化情况，以及对森林经营管理的各个环节定期的调查、核查、检查、统计分析、监督管理的过程（周立，1998）。森林资源动态监测的核心问题是决策与控制森林更新面积与蓄积消耗，要集中更多的资金、人力、物力，增加更新面积，减少蓄积消耗。

5.2　森林蓄积量估算方法

5.2.1　森林蓄积量估测研究现状

在森林蓄积量估测的研究领域，国内外的学者已经做出相当丰富的研究成果。随着遥感技术、机器学习算法和神经网络技术的发展，森林蓄积量的估测正朝着多源、非线性回归模型的趋势发展。

在数据源方面，高分遥感数据、雷达数据、数字高程模型数据得到了广泛的运用。在森林蓄积量估测方法方面，各种传统的多元线性回归方法得到不断的改善，机器学习方法逐渐渗透到森林蓄积量的研究（刘唐等，2019）。应用精度更高的多源数据以及合适的回归模型对森林蓄积量进行估测成为了森林蓄积量估测持续热点。选择合适的森林蓄积量影响因子和森林蓄积量估测算法，不仅对精确估算森林蓄积量有着重要的意义，也对提高森林资源监测效率有着很大的影响。

刘俊等（2016）研究了树种和立地等级对建模结果的影响，引出了一种提高森林蓄积量估测精度的新思路。尹瑞安等（2018）以森林资源二类调查数据为样本数据，利用基于 BP 神经网络的预测模型，分优势树种对森林资源蓄积量进行预测，实验结果表明：由树龄、海拔、坡度级、土层厚度、A 层厚度、郁闭度等 6 个指标组成的自变量因子集与森林蓄积量之间具有较好的相关性。刘志华等（2008）发现遥感影像提供的全面性、实时性和提取的光谱信息可作为因变量加入建模样本集，使用 ANN 模型建模，实验结果呈现了中红外波段对预测结果有较强的影响。郝泷等（2017）表明了纹理信息的加入确实有助于提升模型的性能。王海宾等（2018）通过对 K-NN 方法与偏最小二乘法建模并反演，表明在自变量因子集加入植被指数后，K-NN 方法的性能表现要好于偏最小二乘回归。郎晓雪等（2019）研究了支持向量机（SVM）在森林蓄积量估测领域的应用，并通过与 BP–NN 对比验证了 SVM 在研究森林蓄积量估测领域中的可行性。吴发云等（2018）探讨了激光雷达能在森林资源调查中起到协助性作用，为林业资源调查提供了一种新的工具参考。曾涛等（2010）表明了变量投影重要性准则得出的自变量因子集都能通过 BootStrap 检验，且比 BootStrap 得出的组合更少，更具有相关性。刘明艳等（2017）采用主成分分析方法对实验数据进行降维，利用线性回归方法建立森林蓄积量估测模型，并取得良好的效果。周如意等（2019）选用相关性分析对所有自变量因子进行筛选，通过多元线性回归、偏最小二乘法以及广义回归神经网络分别建立森林蓄积量估测模型，对龙泉市森林蓄积量进行全局预测。汪康宁等（2016）以黑龙江凉水自然保护区为研究对象，使用随机森林算法（Random Forest，RF）建立蓄积量反演模型。

5.2.2 常用的森林蓄积量估测研究方法

5.2.2.1 多元线性回归

① 多元线性回归原理

在许多现实问题中，经常要研究一个因变量和多个自变量的相关关系，多元线性回归就是解决此类问题最常用的方法（Draper N R，1963）。主要包括两个或两个以上自变量，将自变量的最优组合作为基础，用来实现模型对因变量的预估，原理和过程同一元线性回归。多元线性回归模型相对于其他方法的可解释性更强，因此成为遥感地学中普遍采用的建模方法（Houghton R A，2007）。

多元线性回归分析模型如下：设有 p 个自变量能够影响因变量 Y，将其分别记为 x_1、x_2、…、x_p。之所以被称为多元线性模型，是由于这些自变量对 Y 的影响是线性的，即有 $Y=\beta_0+\beta_1x_1+\beta_2x_2+\cdots+\beta_px_2+\varepsilon$ 成立，其中 $\varepsilon \sim N(0, \sigma^2)$、$\beta_0$、$\beta_1$、$\beta_2$、…、$\beta_p$、$\sigma^2$ 是与 x_1、x_2、…、x_p 无关的未知参数，称上式为因变量 Y 对自变量 x_1、x_2、…、x_p 的多元线性回归方程。

记 n 组样本分别是（x_{i1}，x_{i2}，…，x_{ip}，y_i），$i=1$，2，…，n，令：

$$Y=\begin{bmatrix} y_1 \\ y_2 \\ \vdots \\ y_n \end{bmatrix}, X=\begin{bmatrix} 1 & x_{11} & x_{12} & \cdots & x_{1p} \\ 2 & x_{21} & x_{22} & \cdots & x_{2p} \\ \vdots & \vdots & \vdots & \vdots & \vdots \\ 1 & x_{n1} & x_{n2} & \cdots & x_{np} \end{bmatrix}, \beta=\begin{bmatrix} \beta_0 \\ \beta_1 \\ \vdots \\ \beta_p \end{bmatrix}, \varepsilon=\begin{bmatrix} \varepsilon_1 \\ \varepsilon_2 \\ \vdots \\ \varepsilon_n \end{bmatrix},$$

则多元线性回归方程的矩阵形式为 $Y=X\beta+\varepsilon$，其中 ε_1、ε_2、…、ε_n 仍然服从同一元线性回归的正态性、无偏性、同方差性、独立性四个假设。

② 多元线性回归模型预测

通过选取浙江省龙泉市为研究区域，选取 2017 年的森林资源二类调查数据（共计 58910 个小班数据），地形数据来源于 2009 年数字高程模型，遥感数据来源于 2017 年 11 月 3 日 Landsat-8 对地观测卫星数据一景。

整合数据在 SPSS 20 中采用多元线性回归方法进行线性回归，建立森林蓄积量估测模型并对模型进行显著性 Sig 检验、相关系数 R 检验、独立性指标值 F 检验、t 检验等。通过线性回归功能设置因变量为单位蓄积量，自变量为地形因子、遥感因子、二类数据共 18 个因子；分别选择好进入回归；设置好回归系数输出、模型拟合度、图形设置等；并选中步进方法标准为使用 F 的概率，将 F 统计量的显著性取值（Sig）作为标准，当 Sig 值小于指定的进入临界值时变量进入回归方程，大于删除临界值则剔除。运行多元线性回归，输出结果显示：在回归系数的估计中，自变量因子 DVI 对其他变量产生明显影响，造成共线性，不能通过显著性检验，所以在已排除的变量中剔除了 DVI 自变量因子。

建模结果如公式 5.1 所示。

$$Y=-0.979363-0.001556X_1-0.041352X_2-0.000048X_3-0.002379X_4+0.000141X_5-0.006836X_6+0.003111X_7-0.014154X_8+0.021444X_9-3.491215X_{10}-0.06384X_{11}-0.35309X_{12}-2.072138X_{13}+0.022156X_{14}-0.051495X_{15}+0.159642X_{16}+11.089202X_{17} \tag{5.1}$$

式中：Y 为平均蓄积量；X_1 为高程；X_2 为坡度；X_3 为坡向；X_4 为 B2；X_5 为 B3；X_6 为 B4；X_7 为 B5；X_8 为 B6；X_9 为 B7；X_{10} 为 NDVI；X_{11} 为 RVI；X_{12} 为 EVI；X_{13} 为 RI；X_{14} 为土层厚度；X_{15} 为腐殖层厚度；X_{16} 为年龄；X_{17} 为郁闭度。

③ 多元线性回归模型精度检验

将随机抽取的 1000 个预留数据的自变量因子带入多元线性回归模型中，进行模型检验和精度验证。其中详细表示前 30 个随机数据以及整体模型结果，如表 5.5 所示。

由表 5.5 可知，从小班数据中随机抽取的 1000 个检验小班对模型的预测精度进行了检验，得到多元线性回归模型的平均绝对误差 MAE=2.0562，均方根误差 $RMSE$=2.7828，预测精度 A 平均水平为 69.73%。能具有一定的区域林业生产经营参考价值，打下了良好基础，但还不能提供很强的理论依据，仍有必要探索其他方法。

表 5.5　多元线性回归模型对森林蓄积量的估测

预测小班序号	实测值（m^3）	预测值（m^3）	绝对误差（m^3）	相对误差×100%	绝对误差的平方
1	7.11	7.123794985	0.013794985	0.19%	0.000190302
2	16.25	10.06962227	6.180377732	38.03%	38.19706891
3	10.93	11.1559309	0.225930897	2.07%	0.05104477
4	4.78	7.497135905	2.717135905	56.84%	7.382827524
5	4.77	5.505792754	0.735792754	15.43%	0.541390977
6	18.59	7.903572752	10.68642725	57.48%	114.1997273
7	8.70	5.292707978	3.407292022	39.16%	11.60963892
8	2.18	0.378610384	1.801389616	82.63%	3.245004547
9	6.23	5.901550278	0.328449722	5.27%	0.10787922
10	4.79	4.382307954	0.407692046	8.51%	0.166212804
11	5.55	7.523230601	1.973230601	35.55%	3.893639005
12	12.03	6.280913036	5.749086964	47.79%	33.05200092
13	3.88	10.36695281	6.486952808	167.19%	42.08055673
14	6.27	7.680206598	1.410206598	22.49%	1.98868265
15	6.84	8.929456897	2.089456897	30.55%	4.365830125
16	12.41	9.389543428	3.020456572	24.34%	9.123157904
17	7.09	9.565604186	2.475604186	34.92%	6.128616086
18	5.56	7.50808692	1.94808692	35.04%	3.795042647
19	15.20	10.15167312	5.048326884	33.21%	25.48560432
20	5.04	5.079903897	0.039903897	0.79%	0.001592321
21	12.38	10.84062214	1.539377863	12.43%	2.369684204
22	8.85	9.05940167	0.20940167	2.37%	0.043849059
23	6.27	6.939870676	0.669870676	10.68%	0.448726722
24	15.14	8.223352968	6.916647032	45.68%	47.84000617
25	6.21	7.019842784	0.809842784	13.04%	0.655845335
26	10.70	9.066663949	1.633336051	15.26%	2.667786656
27	5.29	5.840803544	0.550803544	10.41%	0.303384544
28	5.59	6.179078592	0.589078592	10.54%	0.347013587
29	5.61	5.752372421	0.142372421	2.54%	0.020269906
30	5.23	4.25363785	0.97636215	18.67%	0.953283047
…	…	…	…	…	…
999	6.98	4.654425355	2.325574645	33.32%	5.408297427
1000	13.25	9.101984569	4.148015431	31.31%	17.20603201
总计			2056.169905	30274.91%	7744.069185
平均			2.056169905	30.27%	7.744069185
均方根误差					2.782816772

如图 5.2 所示，多元线性回归方法的预测值和实际值点线图，在第 2、6、12、16、19、24 序号处为波峰值，预测值明显低于实际值，第 8 个波谷值处也明显低于实际值，而波动变化不明显的 4、5、9、10 等序号处符合度较高，其他小班点预测值符合度相对平稳，说明其在出现极大值或极小值的情况整体预测值偏低，而变化不明显的区域预测较准确。因此可以判断多元线性回归方法在森林蓄积量预测模型中是可用的，并有一定的参考价值。

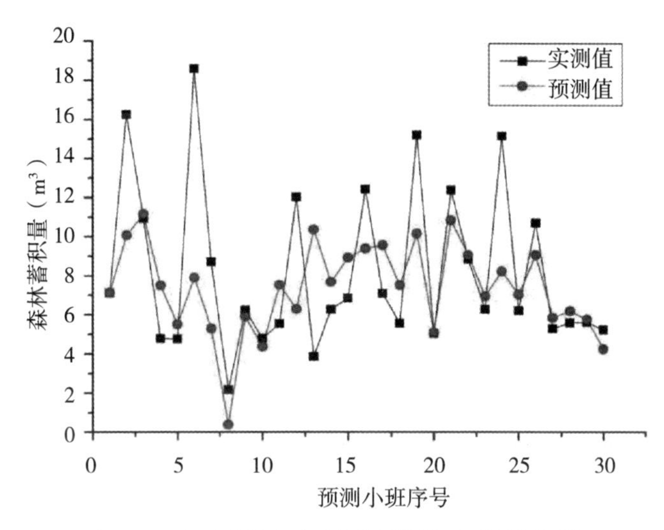

图 5.2　多元线性回归模型实测值与预测值比较

从多元线性回归模型拟合图（图 5.3）可以看出实测值在 5m³ 以下的小班误差较大，点值比较分散，虽然也有部分样本远离拟合线，但对整体趋势影响不大，因此多元线性回归方法可以作为森林蓄积量估测的方法之一。

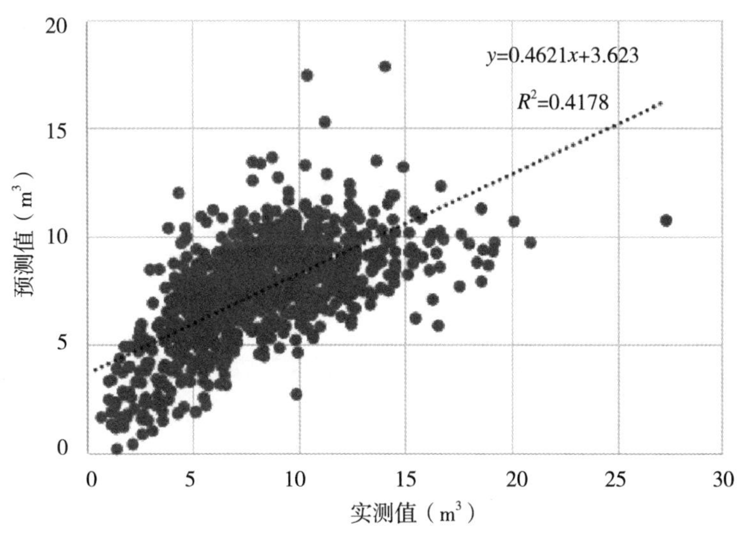

图 5.3　多元线性回归模型拟合图

5.2.2.2 偏最小二乘法

偏最小二乘法（Partial Least Square，PLS）最早在1983年由S.Wold和C.Albano等人提出，被密歇根大学Fornell教授称作第二代回归分析方法。属于区别于传统的新型多元数据统计分析方法，由多元线性回归分析、主成分分析和典型相关分析三种方法结合组成，其数据结构简化、易于分析变量之间相关性然后建立回归模型，能够很好处理自变量因子集内部的高度相关性等问题（刘琼阁等，2014）。偏最小二乘回归在普遍情况下，通过截尾的方式来筛选自变量，而不是用全部因子建立模型，通常由交叉有效性检验来判定需要参与建模的因子（施鹏程等，2013）。本模型中偏最小二乘回归建模在MATLAB R2012a环境下编程运算。

对比传统的多元线性回归模型，偏最小二乘回归具有以下特点：自变量存在多重相关性的情况下可以进行建模；可以有样本数量小于变量数目的情况，能够降低样本数量少导致的严重误差；最终回归模型包括原有的全部自变量，不进行剔除；可以分辨模型信息也易于排除系统噪声；能更好解释自变量的回归系数。

① 偏最小二乘回归原理

偏最小二乘法建立模型的重点就在于筛选回归自变量因子，剔除总样本中异常点。应该在提取主成分的过程中判断回归模型是否满足精度的指标是交叉有效性Q_h^2（Qin S J，1998）。定义交叉有效性公式如公式5.2所示。

$$Q_h^2 = 1 - \frac{PRESS_h}{SS_h - 1} \tag{5.2}$$

式中：$SS_h = \sum_{i=1}^{n}\left(y_i - y_{hi}\right)^2$；$PRESS_h = \sum_{i=1}^{n}\left(y_i - y_{h(-i)}\right)^2$；原始因变量为$y_i$；$y_{hi}$是将因变量与提取的$t_h$个成分回归建模后，该样本点$i$的回归估计值；$y_{h(-i)}$是去掉第$i$个样本点，建立回归模型后的拟合值。当$Q_h^2 \geqslant 0.0975$，引入的$t_h$包括$X$矩阵中的异常信息，且与$y$强相关。提取第一主成分后，继续提取$X$与$y$中被$t_1$解释后的残余信息。依次为主成分$t_1$、$t_2 \cdots$，并将提取的主成分$X$与$y$进行线性回归，每一主成分提取都要计算$Q_h^2$。当计算的$Q_h^2 \leqslant 0.0975$时停止对主成分的提取。如果最后共提取$m$个成分$t_1$、$t_2 \cdots t_m$（$m < n$），将实施$y$对$t_1$、$t_2 \cdots t_m$的回归，由于$t_1$、$t_2 \cdots t_m$都是$x_1$、$x_2 \cdots x_p$的线性组合，最后可表达为$y$对原始变量$X$的回归方程（王佳等，2014）。

②偏最小二乘回归模型预测

由于18个自变量因子分别来自地形、遥感影像和森林资源二类调查数据，受不同量纲的影响，因此为规避模型的预测能力被量纲问题影响，首先对来源不同的样本数据值进行中心标准化处理：$x_{ij}' = (x_{ij} - \bar{x}_j)/s_j$。式中：中心标准化观测值为$x_{ij}'$；实测值$x_{ij}$；$\bar{x}_j$是第$j$变量的平均值；$s_j$是第$j$变量的标准差。

本模型同 5.2.2.1 章节多元线性回归模型预测数据相同，在 MATLAB R2012a 中计算得到偏最小二乘回归常量和各自变量的系数，根据交叉有效性原则剔除 B5 和 DVI 因子，提取最佳成分，将回归方程系数还原到原始变量，建模结果如公式 5.3 所示。

$$Y=-5.2443-0.0004X_1-0.0607X_2-0.0008X_3+0.0008X_4+0.0004X_5+0.0002X_6-0.0003X_7-0.0002X_8-0.7673X_9+0.0039X_{10}-0.0427X_{11}-2.5757X_{12}+0.0231X_{13}-0.04X_{14}+0.1442X_{15}+12.3655X_{16} \quad (5.3)$$

式中：Y 为平均蓄积量，X_1 为高程，X_2 为坡度，X_3 为坡向，X_4 为 B2，X_5 为 B3，X_6 为 B4，X_7 为 B6，X_8 为 B7，X_9 为 NDVI，X_{10} 为 RVI，X_{11} 为 EVI，X_{12} 为 RI，X_{13} 为土层厚度，X_{14} 为腐殖层厚度，X_{15} 为年龄，X_{16} 为郁闭度。

③ 偏最小二乘回归模型精度检验

采用与多元线性回归实验相同的 1000 个随机小班，将其自变量因子代入偏最小二乘回归模型中，进行模型检验和精度验证。其中详细表示前 30 个随机数据以及整体模型结果如表 5.6 所示。

表 5.6　偏最小二乘法模型对森林蓄积量的估测

预测小班序号	实测值（m^3）	预测值（m^3）	绝对误差（m^3）	相对误差×100%	绝对误差的平方
1	7.11	7.092273075	0.017726925	0.25%	0.000314244
2	16.25	10.49466647	5.75533353	35.42%	33.12386404
3	10.93	11.27193711	0.341937105	3.13%	0.116920984
4	4.78	7.690424314	2.910424314	60.89%	8.470569687
5	4.77	6.103133863	1.333133863	27.95%	1.777245897
6	18.59	8.268391695	10.32160831	55.52%	106.535598
7	8.70	6.673168323	2.026831677	23.30%	4.108046648
8	2.18	0.924294669	1.255705331	57.60%	1.576795879
9	6.23	6.003567747	0.226432253	3.63%	0.051271565
10	4.79	5.560912152	0.770912152	16.09%	0.594305546
11	5.55	7.152439486	1.602439486	28.87%	2.567812308
12	12.03	8.323704838	3.706295162	30.81%	13.73662382
13	3.88	10.12862892	6.248628924	161.05%	39.04536342
14	6.27	7.21545117	0.94545117	15.08%	0.893877916
15	6.84	9.179884169	2.339884169	34.21%	5.475057923
16	12.41	9.477318329	2.932681671	23.63%	8.600621781
17	7.09	9.720440709	2.630440709	37.10%	6.919218321
18	5.56	8.197334561	2.637334561	47.43%	6.955533588
19	15.20	9.47607616	5.72392384	37.66%	32.76330412

（续）

预测小班序号	实测值（m^3）	预测值（m^3）	绝对误差（m^3）	相对误差×100%	绝对误差的平方
20	5.04	3.65251789	1.38748211	27.53%	1.925106607
21	12.38	10.8977156	1.482284404	11.97%	2.197167055
22	8.85	10.03613654	1.186136543	13.40%	1.406919899
23	6.27	6.95123426	0.68123426	10.86%	0.464080117
24	15.14	8.879369313	6.260630687	41.35%	39.1954966
25	6.21	6.830182264	0.620182264	9.99%	0.384626041
26	10.70	9.53145564	1.16854436	10.92%	1.365495921
27	5.29	5.927082101	0.637082101	12.04%	0.405873604
28	5.59	5.988006176	0.398006176	7.12%	0.158408916
29	5.61	6.666862682	1.056862682	18.84%	1.116958728
30	5.23	4.377656561	0.852343439	16.30%	0.726489338
…	…	…	…	…	…
999	6.98	3.634163948	3.345836052	47.93%	11.19461889
1000	13.25	8.596948199	4.653051801	35.12%	21.65089106
总计			2034.755371	28867.12%	7565.297059
平均			2.034755371	28.87%	7.565297059
均方根误差					2.750508509

由表 5.6 可知，对随机抽取的 1000 个检验小班进行预测，得到偏最小二乘法的平均绝对误差 MAE=2.03，均方根误差 $RMSE$=2.75，预测精度 A 平均水平为 71.13%。与多元线性回归模型相比，预测精度提升了 1.4%，说明最小二乘法在解决自变量多重相关性的同时对预测结果有了更好的提升，为进一步探索森林蓄积量估测模型打下了良好基础。

如图 5.4 所示，偏最小二乘法的预测值和实际值点线图，在 1、3、9 处预测值与实际值很贴合，与多元线性回归方法相同的特征也是在波动变化明显区域误差较大，而经过图形叠加比对，可以看出偏最小二乘法整体预测值比多元线性回归预测值高，在一定程度上有所改进，修正了其预测偏保守的现象。20 号小班之后的预测值更趋于平缓稳定，接近实际值。因此从全局预测结果看来，精度有所提高，模型更稳定，因此偏最小二乘法在龙泉市森林蓄积量预测模型中比多元线性回归方法更可靠。

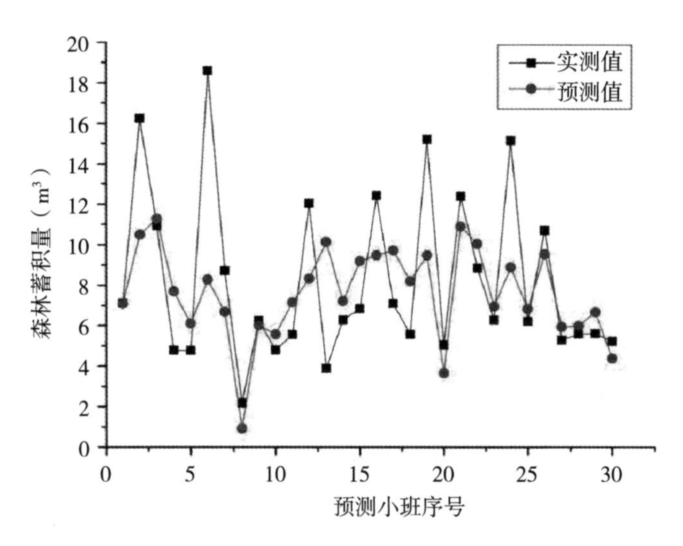

图 5.4　偏最小二乘法实测值与预测值比较

图 5.5 为偏最小二乘法拟合图，由于小班数据很多，大量拟合点聚集在 5~10m^3 之间，说明样本的自变量与因变量具有较好的相关性。但从散点图中也可以看出，少许样本点拟合效果较差，但并不影响总体的模型效果。与多元线性回归模型对比分析，偏最小二乘回归预测精度高于多元线性回归模型预测结果，验证了偏最小二乘法可以作为林业资源估测的方法。

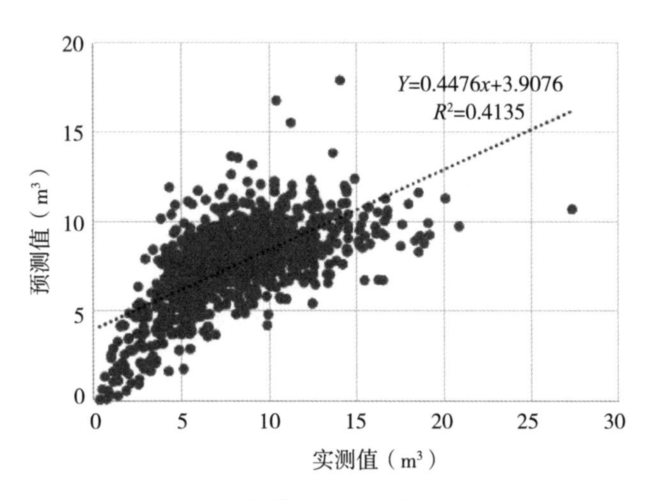

图 5.5　偏最小二乘法模型拟合图

5.2.2.3　广义回归神经网络

从 21 世纪开始，神经网络被很多专家学者引入森林资源动态监测的领域，在与线性模型（LM）、通用叠加模型（GAM）、分类与回归树（CART）、多元适应性回归模型（MAR）、K 近邻（KNN）、支持向量机回归（SVR）、随机森林（RF）通过实验分析比较后，发现人工神经网络不仅在建立普适模型、简便数据预处理方面具有优势，在灵活调整自变量参数、提高预测结果精确性等方面也展现出很强的能力（Specht D F，1991）。

在机器学习领域，人工神经网络（ANN）以其适应性、灵活性和可调节性，成为模拟森林等非线性、复杂生态系统的有效方法（Leung M T 等，2000）。由于具有强健的数据结构和高度相关的关系，ANN 模型已经变得很流行，因为仅受数据质量问题和偏差的轻微影响，它们可以学习具有强健的数据结构和紧密相关的复杂模型和数据趋势，人工神经网络在处理森林资源管理难题中具有潜在的优势（Cancelliere R 等，2003）。

到目前为止，神经网络已经在森林资源生物量、蓄积量、胸径等预测领域和相关项目上有了大量应用，还取得了很好的效果。虽然大部分研究是根据固定样地的森林资源一类调查数据进行的，但涉及大量样本和成本的森林资源二类调查数据研究在实际生产应用中的需求更高（Nose-Filho K 等，2011）。本模型尝试选择广义回归神经网络方法，利用训练数据，进行自我改进、自动提升性能，可以任意逼近非线性系统，提高模型预测精度。近些年，BP 神经网络模型在预测时用得最多，但该模型在训练时具有收敛速度慢的缺点也很容易陷入局部极小，其预测效果可能达不到预期效果。因此对于新模型的探索成为当前的重要任务。

（1）广义回归神经网络原理

广义回归神经网络（General Regression Neural Network，GRNN），1991 年由美国学者 Donald F. Specht 提出，是建立在数理统计基础上改进的径向基函数网络，其理论基础是非线性回归分析。与径向基函数网络相比，GRNN 具有的非线性映射能力和学习速度更强（Chen S 等，1991）。样本量积聚较多时，网络会将其收敛于最后的优化回归，而样本数据不多时，也能有较好的预测效果，同时还可以处理不稳定数据。这使广义回归神经网络明显优于其他神经网络，因此在多个领域得到了较为广泛的应用，一般通过径向基神经元和线性神经元建立模型（尤静妮，2017）。GRNN 主要由四层结构组成，包括输入层、模式层、求和层以及输出层。其中网络输入 $X=[x_1, x_2, \cdots, x_n]^T$，网络输出 $Y=[y_1, y_2, \cdots, y_k]^T$。广义回归神经网络结构如图 5.6 所示。

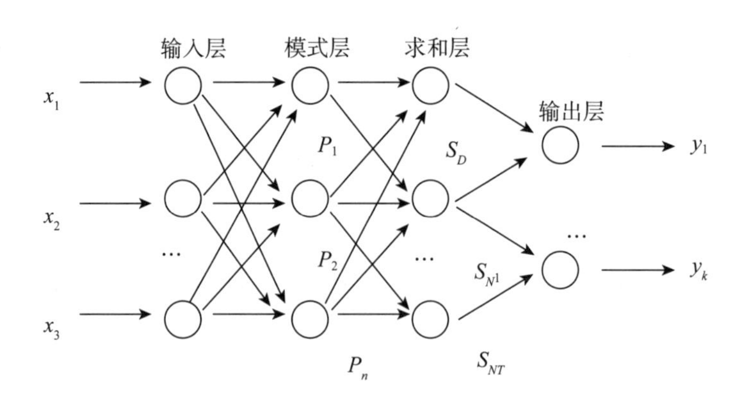

图 5.6　广义回归神经网络结构图

输入层神经元的个数 n 即输入向量维数，相当于直接将 n 个学习样本传递到下一层。模式层神经元的个数与输入层相同，传递函数为：$p_i = \exp\left[-\frac{(X-X_i)^T(X-X_i)}{2\sigma^2}\right]$，$i$=1，2，…，$n$，$\sigma$ 为光滑因子。求和层有两种类型神经元，其中一类的计算方法为 $\sum_{i=1}^{n}\exp\left[-\frac{(X-X_i)^T(X-X_i)}{2\sigma^2}\right]$，是将全部输出算数求和，传递函数为 $S_D = \sum_{i=1}^{n} P_i$，使模式层和每一个神经元连接权值是 1。第二类计算方法为 $\sum_{i=1}^{n} Y_i \exp\left[-\frac{(X-X_i)^T(X-X_i)}{2\sigma^2}\right]$，是对全部输出进行加权求和，使模式层第 i 个神经元和求和层第 j 个求和神经元的连接权值是第 i 个输出 Y_i 的第 j 个元素，传递函数为 $S_{Nj} = \sum_{i=1}^{n} y_{ij} P_i$，$j = 1, 2, \cdots, k$。输出层神经元数量是输出向量维数 k，则神经元 j 的输出结果对应估计值 $Y'(X)$ 第 j 个元素，为求和层的输出值相除得到 $y_i = \frac{S_{Nj}}{S_D}$，$j = 1, 2, \cdots, k$。

（2）广义回归神经网络模型预测

本模型同 5.2.2.1 章节多元线性回归模型预测数据相同，广义回归神经网络模型的建立和检验均在 MATLAB R2012a 环境中实现。首先在 EXCEL 中用随机函数 rand（ ）对整合好的自变量和因变量打乱顺序，然后进行标号，通过 SQL Server 将数据导入数据库。然后使用 MATLAB 工具箱中的归一化函数 tramnmx（ ）和 postmnmx（ ）将数据归一化，来降低数据间数量级的区别，规避由于输入输出数据数量级差别大导致的较大预测误差。

SQL Server 数据库导入的数据按照训练数据和预测数据两部分来分别进行广义回归神经网络的建模与预测。光滑因子是 GRNN 中的重要参数，本研究分别设定其值为以 0.1 为步长，范围为 0.1 到 2.0 之间的值，使用 K 重交叉验证法（本研究中取 K =4）训练模型，对于广义回归神经网络光滑因子 spread 参数的选择，根据最小均方误差（Mean square error，*MSE*）寻找出的光滑因子 spread 参数最优值，同时获得目标识别训练样本的最优输入输出值并记录下来。循环验证，选取最优模型，确定最终网络结构。

确定最终网络结构之后，运用（net = newgrnn（desired_input，desired_output，desired_spread）来进行建模。其中 desired_input 代表最佳输入值，desired_output 代表最佳输出值，desired_spread 代表广义回归神经网络的光滑因子 spread 参数的最优值。蓄积量预测采用 *y*=sim（net，P_test）来进行，其中 *y* 代表蓄积量，P_test 代表地形因子、遥感因子和二类小班数据整合之后的 18 个自变量因子。

（3）广义回归神经网络模型精度检验

采用与多元线性回归和偏最小二乘实验相同的 1000 个随机小班，通过在广义回归神经网络中加入自变量因子预测出蓄积量之后，计算出预测的性能参数 *MAPE*、*MAE*、

RMSE。使用 *K* 重交叉验证法（本研究中取 *K* =4）训练模型之后，确定了广义回归神经网络的光滑因子 spread 参数的最优值为 0.2。得到结果如表 5.7 所示，其中详细表示前 30 个随机数据以及整体模型结果。

表 5.7　广义回归神经网络模型对森林蓄积量的估测

预测小班序号	实测值（m^3）	预测值（m^3）	绝对误差（m^3）	相对误差 ×100%	绝对误差的平方
1	7.11	7.072	0.038	0.53%	0.001444
2	16.25	10.8486	5.4014	33.24%	29.17512196
3	10.93	10.1319	0.7981	7.30%	0.63696361
4	4.78	7.1547	2.3747	49.68%	5.63920009
5	4.77	5.6241	0.8541	17.91%	0.72948681
6	18.59	8.7092	9.8808	53.15%	97.63020864
7	8.70	6.0739	2.6261	30.19%	6.89640121
8	2.18	2.274	0.094	4.31%	0.008836
9	6.23	6.2611	0.0311	0.50%	0.00096721
10	4.79	5.6114	0.8214	17.15%	0.67469796
11	5.55	6.8076	1.2576	22.66%	1.58155776
12	12.03	7.8624	4.1676	34.64%	17.36888976
13	3.88	7.5502	3.6702	94.59%	13.47036804
14	6.27	7.097	0.827	13.19%	0.683929
15	6.84	8.1846	1.3446	19.66%	1.80794916
16	12.41	8.5467	3.8633	31.13%	14.92508689
17	7.09	7.4595	0.3695	5.21%	0.13653025
18	5.56	8.1886	2.6286	47.28%	6.90953796
19	15.20	9.6806	5.5194	36.31%	30.46377636
20	5.04	2.9996	2.0404	40.48%	4.16323216
21	12.38	9.6219	2.7581	22.28%	7.60711561
22	8.85	7.8274	1.0226	11.55%	1.04571076
23	6.27	7.7396	1.4696	23.44%	2.15972416
24	15.14	8.3112	6.8288	45.10%	46.63250944
25	6.21	7.2045	0.9945	16.01%	0.98903025
26	10.70	7.014	3.686	34.45%	13.586596
27	5.29	6.4733	1.1833	22.37%	1.40019889
28	5.59	6.2919	0.7019	12.56%	0.49266361
29	5.61	5.9544	0.3444	6.14%	0.11861136

（续）

预测小班序号	实测值（m^3）	预测值（m^3）	绝对误差（m^3）	相对误差×100%	绝对误差的平方
30	5.23	5.0933	0.1367	2.61%	0.01868689
…	…	…	…	…	…
999	6.98	3.4957	3.4843	49.92%	12.14034649
1000	13.25	7.3155	5.9345	44.79%	35.21829025
总计			2007.3568	25578.22%	7842.445125
平均			2.0073568	25.58%	7.842445125
均方根误差					2.800436595

由表 5.7 可知，对随机抽取的 1000 个检验小班进行预测，得到广义回归神经网络的平均绝对误差 *MAE*=2.01，均方根误差 *RMSE*=2.80，预测精度 *A* 平均水平为 74.42%。与多元线性回归模型相比，预测精度提升了 4.69%，比偏最小二乘模型提升了 3.29%，说明广义回归神经网络作为机器学习的一种方法，在逼近能力和学习速度上具有更强的优势，能够处理不稳定的数据，可以开启探索森林蓄积量估测模型的新篇章。

如图 5.7 所示，广义回归神经网络预测值和实际值点线图，与前两种方法相比，多元线性回归预测值稍低，偏最小二乘法预测值稍高，而广义回归神经网络预测值更趋于平缓，虽然变化明显的波峰点不如前两种方法符合程度高，但整体水平更接近实测值，模型更稳定，总体精度是三种方法中最好的。图 5.8 可以看出整体拟合度较高，点值分布也比较均匀。因此，广义回归神经网络在龙泉市森林蓄积量估测中具有很好的效果，能够为林业管理部门提供可靠信息和决策支持，是这三个预测实验中的最佳模型。

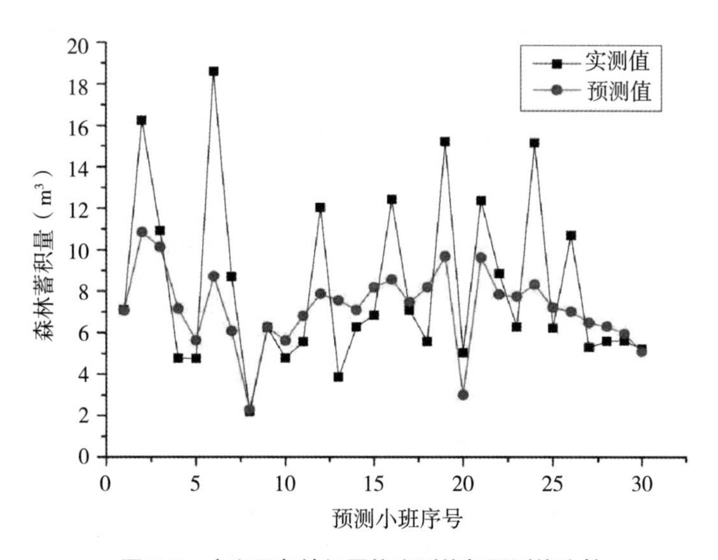

图 5.7　广义回归神经网络实测值与预测值比较

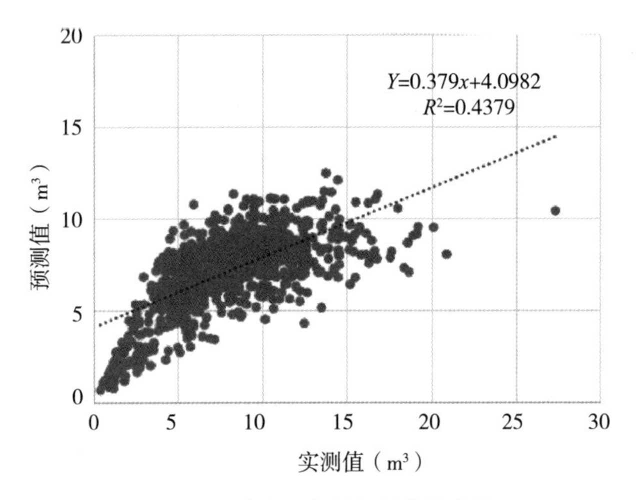

图 5.8 广义回归神经网络拟合图

5.2.2.4 支持向量机

（1）SVR 基本原理

支持向量机（SVM）在分类问题中应用广泛（丁世飞等，2018；李素等，2018；牟魁翌等，2019；金滋力等，2018），在二分类领域有杰出的成果。而支持向量回归（SVR）是 SVM 的一个重要分支，本质是将 SVM 应用到回归课题中，用于处理非线性回归问题的一种监督学习算法。SVR 应用领域广泛，如个人信用评估领域、经济预测领域等（朱星星等，2019；孙玉婷等，2018；董子静等，2019；Huang C L 等，2009；Castro-Neto M 等，2009；Vogel V D 等，2004；Jacobson I M 等，2011）。其数学推理被大量论文详述（Cortes 和 Vapnik，1995；Na'imi 等，2012；Vapnik 等，1997；Vapnik，2000）。

图 5.9 所示 SVR 与 SVM 的主要不同体现在：SVR 的样本点最终只有一类，SVM 样本点最终为两类及以上；SVR 算法的目的是找到一个最优超平面而尽可能缩小所有样本点到超平面的总体偏差，SVM 算法的目标是找到将多类样本分得"最开"的一个超平面；SVM 是要使到超平面最近的样本点的"距离"最大；SVR 则是要使到超平面最远的样本点的"距离"最小。

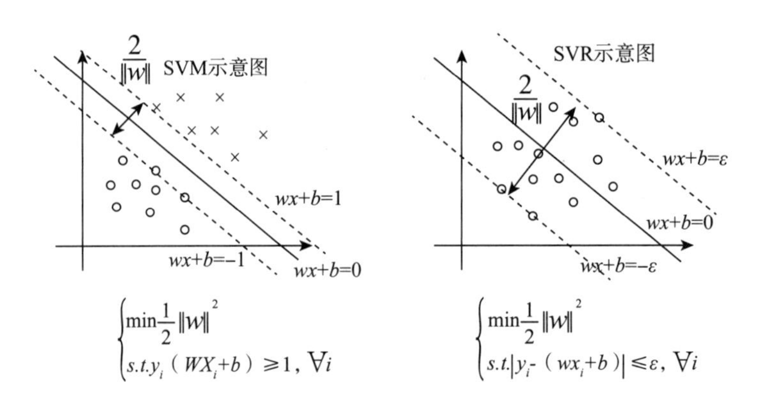

图 5.9 支持向量机回归原理示意图

（2）SVR 参数设置

实际应用中，对 SVR 模型进行参数调优是最常见且有效的一种改进方式，SVR 算法常见的参数如下：

① kernel：算法的内核类型。可选类型有：linear、poly、rbf、sigmoid、callable precomputed，默认为 rbf。如果给出了 callable，则它用于预先计算内核矩阵。

② C：惩罚因子。惩罚因子的大小与模离群点对的模型重要程度，C 的值越大，模型对误差的惩罚越大，极限情况下，C 趋近于无穷，表示模型不允许存在误差，容易过拟合。而当 C 趋近于零时，表示不在关注误差大小，出现欠拟合。

③ gamma：是 rbf、poly 和 sigmoid 的核系数且必须为正数。随着 gamma 的值的大，模型对数据的拟合能力增强，但超过一定值模型的泛化能力会随之减弱，出现过拟合。

根据实验总结和阅读文献，选取以下组合进行网格搜索：

① kernel 设置为（linear，rbf）；

② C 设置为（$1e^0$，$1e^1$，$1e^2$，$1e^3$）；

③ gamma 设置为（0.01，0.1，1，10，100）。

SVR 网格搜索参数优化结果如表 5.8 所示。

表 5.8　SVR 网格搜索参数优化结果

kernel	c	gamma	mse
linear	$1e^0$	—	2.61
linear	$1e^1$	—	2.59
linear	$1e^2$	—	2.58
linear	$1e^3$	—	2.55
rbf	$1e^0$	0.01	2.57
rbf	$1e^0$	0.1	2.55
rbf	$1e^0$	1	2.64
rbf	$1e^0$	10	2.78
rbf	$1e^0$	100	2.69
rbf	$1e^1$	0.01	2.53
rbf	$1e^1$	0.1	2.55
rbf	$1e^1$	1	2.59
rbf	$1e^1$	10	2.60
rbf	$1e^1$	100	2.53
rbf	$1e^2$	0.01	2.44
rbf	$1e^2$	0.1	2.47
rbf	$1e^2$	1	2.52

（续）

kernel	c	gamma	mse
rbf	$1e^2$	10	2.58
rbf	$1e^2$	100	2.67
rbf	$1e^3$	0.01	2.19
rbf	$1e^3$	0.1	2.32
rbf	$1e^3$	1	2.38
rbf	$1e^3$	10	2.47
rbf	$1e^3$	100	2.41

（3）SVR 预测

本模型将之前 2017 年 Landsat-8 遥感影像替换为 GF-2 号遥感影像，在提高图像精度的同时，能更精确地反映地物特征，在实用性、经济性、可靠性、科学性等原则指导下，此类数据的结合为龙泉市森林资源蓄积量估测提供了较完善的数据基础。通过数据整合优选出 16 个自变量因子，为保证建模的质量，剔除上述数据集中蓄积量为零的数据，剩下 402 个随机小班作为本研究的数据集参与后续实验。将其自变量因子代入 SVR 模型中，进行模型检验。其中详细表示前 30 个随机数据以及整体模型结果如表 5.9 所示。

表 5.9　SVR 模型对森林蓄积量的估测

预测小班序号	实测值（m^3）	预测值（m^3）	绝对误差（m^3）	相对百分比误差	绝对误差的平方
1	1.454926777	2.4123	0.957373223	65.80%	0.916563488
2	1.416283086	1.95166	0.535376914	37.80%	0.28662844
3	7.402159521	9.38489	1.982730479	26.79%	3.931220152
4	11.27335143	9.68173	1.59162143	14.12%	2.533258776
5	11.3231904	10.2947	1.0284904	9.08%	1.057792503
6	11.54297783	9.91246	1.63051783	14.13%	2.658588394
7	11.74398705	10.80076	0.94322705	8.03%	0.889677268
8	12.84238736	8.68426	4.15812736	32.38%	17.29002314
9	1.326024774	1.05249	0.273534774	20.63%	0.074821273
10	13.13515192	11.13438	2.00077192	15.23%	4.003088276
11	1.360735508	1.14433	0.216405508	15.90%	0.046831344
12	1.340039585	1.71352	0.373480415	27.87%	0.13948762
13	11.2037946	10.99989	0.2039046	1.82%	0.041577086
14	2.863363233	3.13315	0.269786767	9.42%	0.0727849

（续）

预测小班序号	实测值（m^3）	预测值（m^3）	绝对误差（m^3）	相对百分比误差	绝对误差的平方
15	12.59713032	10.51712	2.08001032	16.51%	4.326442931
16	0.674085466	0.60415	0.069935466	10.37%	0.004890969
17	11.76894078	9.43229	2.33665078	19.85%	5.459936868
18	2.396463462	2.13045	0.266013462	11.10%	0.070763162
19	9.7658239	10.44535	0.6795261	6.96%	0.461755721
20	4.88546118	3.47028	1.41518118	28.97%	2.002737772
21	11.66202549	9.90443	1.75759549	15.07%	3.089141906
22	0.929748739	0.78581	0.143938739	15.48%	0.020718361
23	9.380611659	10.82619	1.445578341	15.41%	2.08969674
24	2.487896893	1.88487	0.603026893	24.24%	0.363641434
25	9.592573831	9.21364	0.378933831	3.95%	0.143590848
26	9.685340785	9.58601	0.099330785	1.03%	0.009866605
27	1.910901963	1.51117	0.399731963	20.92%	0.159785642
28	4.438655432	4.57353	0.134874568	3.04%	0.018191149
29	4.612723669	4.44167	0.171053669	3.71%	0.029259358
30	11.57690313	10.61932	0.95758313	8.27%	0.916965451
…	…	…	…	…	…
401	1.010031072	0.87263	0.137401072	13.60%	0.018879055
402	0.991075587	0.29849	0.692585587	69.88%	0.479674795
总计	2761.919875	2599.31077	453.9870294	7465.34%	1038.175682
平均	6.87044745	6.465947189	1.129320969	18.57%	2.582526571
MAE			1.13		
MAPE			18.57%		
R			0.9451		
RMSE			1.61		
GAPE			5.89%		
平均精度			81.43%		
总体精度			94.11%		

观察表中结果，使用402个随机样本对SVR模型检测的结果为：平均绝对误差*MAE*=1.12；平均百分比误差*MAPE*=18.57%，平均精度达到了81.43%；均方根误差*RMSE*=1.61；总体性能指标表现，*GAPE*=5.89%，总体精度达到了94.11%。SVR各指标

均优于 LMBP-NN，是一个不错的结果。但与 LMBP-DNN 相比，除了 *MAPE* 略低（只低了 0.05%），其余指标表现均劣于 LMBP-DNN。

5.2.2.5 BP 神经网络

（1）BP 神经网络的基本结构

BP 算法（Back propagation Algorithm）研究小组 Rumelhart 等人在 1986 年首先独立地给出清晰描述，使该算法受到广泛关注，由于该算法具有很强的非线性映射、容错和泛化能力，成为人工神经网络中应用最广的模型，并产生了众多的变化形式。该网络模型是一种前馈神经网络，通过调节各层中的联接权值和阈值来引导神经网络学会训练样本，以期使网络预测输出不断逼近期望输出，该网络包含两个过程：信号向前传递和误差反向传播。在向前传递中，训练样本从输入层开始计算，经过隐含层处理，最终传到输出层，计算输出结果。在传递过程中上一层输出值只会对下一层产生影响。如果输出值与期望输出存在偏差，则转入反向传播。根据预测误差调整网络各层的权值和阈值，按照原正向传递途径反向传播，通过对网络不断地进行样本训练和参数修正，最终使网络全局误差趋向于极小值。其网络拓扑结构如图 5.10 所示。

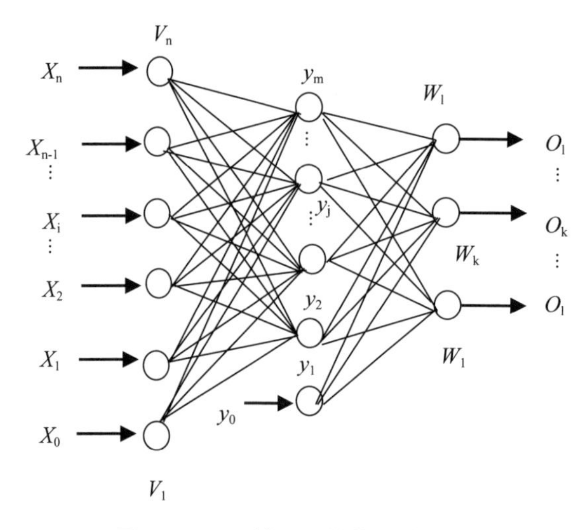

图 5.10　BP 神经网络的拓扑结构图

从图 5.10 中可见，这是一个三层的 BP 神经网络，各层节点值及权值如公式 5.4~5.8 所示。

$$x = x_1, x_2, \cdots\cdots, x_n \tag{5.4}$$

$$y = y_1, y_2, \cdots\cdots, y_m \tag{5.5}$$

$$O = O_1, O_2, \cdots\cdots, O_l \tag{5.6}$$

$$V = V_1, V_2, \cdots, V_j, \cdots, V_n \tag{5.7}$$

$$W = W_1, W_2, \cdots, W_k, \cdots, W_l \tag{5.8}$$

其中 x 为 BP 神经网络的输入值，y 为隐含层的输出值，O 为输出层输出值，V 为输入层到隐含层之间的权值向量，V_j 有 m 个分量，W 为隐含层到输出层之间的权值向量。

误差测度为期望输出与实际输出的方差，如下公式 5.9 所示。

$$E = \frac{1}{2}\sum_{k=1}^{l}\left(y_k - O_k\right)^2 \tag{5.9}$$

（2）基于 LM-BP 的森林资源蓄积量仿真结果及分析

吴达胜基于 LM-BP 网络对龙泉市 2007 年森林资源二类调查数据进行仿真预测，根据优势树种将样本集分成五大类：杉木、马尾松、硬阔类、黄山松和其他，仿真误差如表 5.10 所示。在表 5.10 中，个体平均相对误差 *LARE* 从 27.00% 到 41.69%，其平均值为 33.73%；群体相对误差 *GRE* 从 4.94% 到 7.55%，平均值为 6.14%。从仿真结果看，各类优势树种的群体相对误差均未超过 10%，意味着仿真精度达到 90% 以上，说明模型的总体仿真结果与实际情况非常接近，虽然个体平均相对误差平均值达到了 33.73%，但考虑到森林资源蓄积量预测通常都是以一个较大范围的群体（如一个行政区域或是一类优势树种）为单位的，本书所建模型在森林资源蓄积量预测中具有较高的参考价值。

表 5.10　基于改进 BP 神经网络的分优势树种仿真森林资源蓄积量误差表

优势树种类别	样本总数	训练样本数	预测样本数	*LARE*（%）	*GRE*（%）
杉木	20296	18000	2296	27.00	7.55
马尾松	5989	5000	989	27.78	7.00
硬阔类	9582	9000	582	41.69	5.05
黄山松	2418	2000	418	38.45	4.94
平均				33.73	6.14

注：表中最后 2 列参数根据公式 5.10 和公式 5.11 计算得到。

$$LARE = \frac{1}{n}\sum_{i=1}^{n}\left|\frac{t_i - y_i}{t_i}\right| \tag{5.10}$$

式中：*LARE* 为个体平均相对误差；n 为预测样本数；t_i 为第 i 个样本的实测值；y_i 为第 i 个样本的预测值。

$$GRE = \frac{1}{n}\left|\frac{\sum_{i=1}^{n}\left(t_i - y_i\right)}{\sum_{i=1}^{n}\left(t_i\right)}\right| \tag{5.11}$$

式中：*GRE* 为群体相对误差；其他参数含义与公式 5.10 相同。

韩瑞基于 2017 年的龙泉市二类调查数据进一步验证了 LM-BP 在森林资源蓄积量估测中的良好效果。

韩瑞将 5.2.2.4 章节的 SVR 模型预测相同数据集中随机选用的 402 个验证样本作为 LMBP-NN 模型的输入，检验模型的泛化能力。前 30 个随机验证样本的检验结果及全部验证集的总体表现如表 5.11 所示。

表 5.11　LMBP-NN 模型对森林蓄积量的估测

预测小班序号	实测值（m^3）	预测值（m^3）	绝对误差（m^3）	相对百分比误差	绝对误差的平方
1	1.454926777	2.37697861	0.922051833	63.37%	0.850179583
2	1.416283086	2.14860613	0.732323044	51.71%	0.536297041
3	7.402159521	9.233159964	1.831000443	24.74%	3.352562623
4	11.27335143	10.12470846	1.148642968	10.19%	1.319380669
5	11.3231904	10.34262991	0.980560488	8.66%	0.96149887
6	11.54297783	10.07005543	1.472922399	12.76%	2.169500392
7	11.74398705	10.50673394	1.237253109	10.54%	1.530795256
8	12.84238736	10.08747955	2.754907807	21.45%	7.589517024
9	1.326024774	1.113237219	0.212787555	16.05%	0.045278544
10	13.13515192	11.01933378	2.115818137	16.11%	4.476686387
11	1.360735508	1.50458843	0.143852922	10.57%	0.020693663
12	1.340039585	1.956724717	0.616685132	46.02%	0.380300552
13	11.2037946	10.43460813	0.769186465	6.87%	0.591647818
14	2.863363233	3.9924678	1.129104567	39.43%	1.274877123
15	12.59713032	10.5545546	2.042575717	16.21%	4.172115559
16	0.674085466	−0.134984207	0.809069673	120.02%	0.654593736
17	11.76894078	10.34427565	1.424665127	12.11%	2.029670723
18	2.396463462	1.531326371	0.865137091	36.10%	0.748462186
19	9.7658239	10.5596832	0.793859301	8.13%	0.63021259
20	4.88546118	2.987391883	1.898069297	38.85%	3.602667058
21	11.66202549	10.63039706	1.031628434	8.85%	1.064257225
22	0.929748739	1.177366457	0.247617718	26.63%	0.061314534
23	9.380611659	10.51445631	1.133844651	12.09%	1.285603693
24	2.487896893	1.835460483	0.65243641	26.22%	0.425673269
25	9.592573831	9.832585378	0.240011547	2.50%	0.057605542
26	9.685340785	9.354937255	0.33040353	3.41%	0.109166492
27	1.910901963	1.720752786	0.190149177	9.95%	0.036156709

（续）

预测小班序号	实测值（m^3）	预测值（m^3）	绝对误差（m^3）	相对百分比误差	绝对误差的平方
28	4.438655432	4.197633941	0.241021491	5.43%	0.058091359
29	4.612723669	4.16689926	0.445824409	9.67%	0.198759404
30	11.57690313	10.55591188	1.020991247	8.82%	1.042423127
...	...	...	...	...	...
401	1.010031072	0.634778297	0.375252775	37.15%	0.140814645
402	0.991075587	0.682236264	0.308839323	31.16%	0.095381727
总计	2761.919875	2663.778895	455.4437626	9256.98%	948.6626816
平均	6.87044745	6.626315659	1.132944683	23.03%	2.359857417
MAE			1.13		
MAPE			23.03%		
R			0.9465		
RMSE			1.54		
GAPE			3.55%		
A			76.97%		
OA			96.45%		

观察表中结果，使用402个随机样本对LMBP-NN模型检测的结果为：平均绝对误差MAE=1.13；均方根误差$RMSE$=1.53；平均百分比误差$MAPE$=23.03%，平均精度达到了76.97%；相关系数R为0.9465；总体性能指标表现，$GAPE$=3.55%低于5%，总体精度在95%以上，能够为区域林业资源调查提供一定的帮助。

5.2.2.6　深度学习模型

（1）LMBP-DNN

①LMBP-DNN原理。通常我们称只含有一个隐藏层（如上述提到的LMBP-NN和SVR）和没有隐藏层（如多元线性回归）的机器学习模型称为浅层模型，含有3个以上的隐藏层的机器学习模型称为深度学习模型。一般来说模型的复杂度越高，其学习复杂函数的能力越强，对数据的拟合能力越好。LMBP-DNN是在LMBP-NN的基础上通过增加隐藏层的个数而生成的一种深度全连接神经网络，如图5.11所示。

与LMBP-NN相比，LMBP-DNN可以通过设置每个隐藏层激活函数和神经元节点的个数，使神经网络具有更高的复杂度，提高神经网络的学习能力。

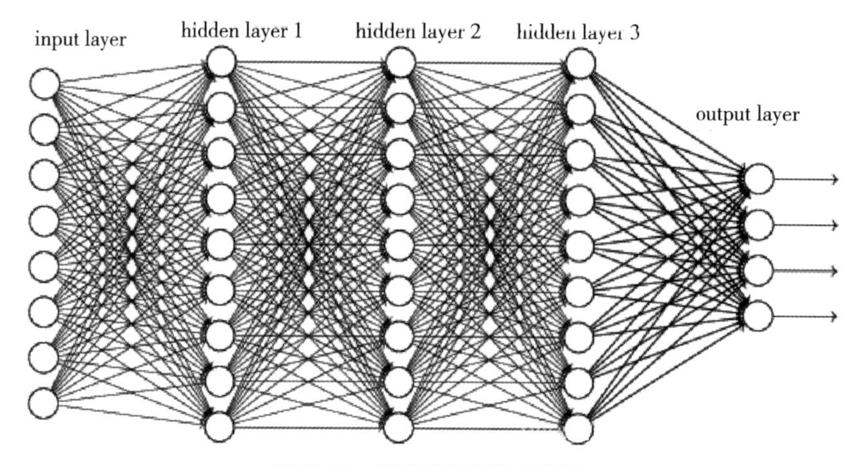

图 5.11 深度神经网络结构图

② LMBP-DNN 参数设置。以往研究表明，参数优化对于建模具有重要意义，本模型研究参考现有文献及网格搜索寻找 LMBP-DNN 的最优参数。为了减少不必要的实验，根据经验将学习率统一设置设为 0.01，输出层的激活函数统一设置为“purelin”，隐藏层中每层神经元个数均设为统一数字。在以上基础上通过网格搜索方法对比不同参数组合对建模精度的影响，确定最优参数。

LMBP-DNN 的基本参数设置为：隐含层的层数 m 设置为（3，4，5，6）；每层神经元个数 n 设置为（4，5，6，7）；除输出层外的激活函数 f 设置为（tansig，logsig）。以均方根误差为性能评价函数，通过网格搜索方法对比每一种组合的结果，得出模型的最优参数组合。本次网格搜索共 32 种组合，结果见表 5.12。由表 5.12 可知，LMBP-DNN 最小的均方根误差为 2.04，最优参数组合为：激活函数 f=tansig，隐含层的层数 m=5，每层的神经元个数 =5。由此得到一个结构为 6-5-5-5-5-5-1 的深度神经网络。用于后续神经网络预测。

LMBP-DNN 网格搜索参数优化结果如表 5.12 所示。

表 5.12 LMBP-DNN 网格搜索参数优化结果

m	*n*	*f*	*MSE*
3	4	tansig	2.31
3	5	tansig	2.26
3	6	tansig	2.44
3	7	tansig	2.56
4	4	tansig	2.29
4	5	tansig	2.22
4	6	tansig	2.30

（续）

m	n	f	MSE
4	7	tansig	2.33
5	4	tansig	2.18
5	5	tansig	2.04
5	6	tansig	2.14
5	7	tansig	2.19
6	4	tansig	2.25
6	5	tansig	2.29
6	6	tansig	2.21
6	7	tansig	2.30
3	4	logsig	2.34
3	5	logsig	2.29
3	6	logsig	2.45
3	7	logsig	2.58
4	4	logsig	2.26
4	5	logsig	2.24
4	6	logsig	2.33
4	7	logsig	2.31
5	4	logsig	2.19
5	5	logsig	2.07
5	6	logsig	2.19
5	7	logsig	2.16
6	4	logsig	2.24
6	5	logsig	2.20
6	6	logsig	2.26
6	7	logsig	2.28

③ LMBP-DNN 预测结果。采用与 5.2.2.4 章节 SVR 预测相同数据集和 LMBP-NN 实验相同的 402 个随机小班，将其自变量因子代入 LMBP-DNN 模型中，进行模型检验和精度验证。其中详细表示前 30 个随机数据以及整体模型结果如表 5.13。

表 5.13 LMBP DNN 模型对森林蓄积量的估测

预测小班序号	实测值（m^3）	预测值（m^3）	绝对误差（m^3）	相对百分比误差	绝对误差的平方
1	1.454926777	2.071462948	0.616536171	42.38%	0.38011685
2	1.416283086	1.857131885	0.440848799	31.13%	0.194347664
3	7.402159521	9.887945872	2.485786351	33.58%	6.179133781
4	11.27335143	10.62193269	0.651418745	5.78%	0.424346381
5	11.3231904	10.71664165	0.606548751	5.36%	0.367901388
6	11.54297783	10.42120166	1.121776167	9.72%	1.258381768
7	11.74398705	10.78520066	0.958786393	8.16%	0.919271347
8	12.84238736	10.53305573	2.309331627	17.98%	5.333012565
9	1.326024774	1.087153815	0.238870959	18.01%	0.057059335
10	13.13515192	10.95919174	2.175960183	16.57%	4.734802717
11	1.360735508	1.120943973	0.239791535	17.62%	0.05749998
12	1.340039585	1.39892356	0.058883975	4.39%	0.003467323
13	11.2037946	10.83092286	0.372871741	3.33%	0.139033335
14	2.863363233	2.76818474	0.095178493	3.32%	0.009058946
15	12.59713032	10.83118127	1.765949053	14.02%	3.118576058
16	0.674085466	0.578707637	0.095377829	14.15%	0.00909693
17	11.76894078	10.68669585	1.082244925	9.20%	1.171254078
18	2.396463462	1.843503049	0.552960413	23.07%	0.305765218
19	9.7658239	10.85843611	1.092612207	11.19%	1.193801435
20	4.88546118	2.651075773	2.234385407	45.74%	4.992478148
21	11.66202549	10.99676917	0.665256321	5.70%	0.442565973
22	0.929748739	0.853697587	0.076051152	8.18%	0.005783778
23	9.380611659	10.73094502	1.350333366	14.39%	1.823400198
24	2.487896893	1.895224477	0.592672416	23.82%	0.351260592
25	9.592573831	9.194796736	0.397777095	4.15%	0.158226617
26	9.685340785	9.890428827	0.205088042	2.12%	0.042061105
27	1.910901963	1.35564423	0.555257733	29.06%	0.30831115
28	4.438655432	3.250891821	1.187763611	26.76%	1.410782396
29	4.612723669	3.276369484	1.336354185	28.97%	1.785842508
30	11.57690313	10.78544714	0.791455993	6.84%	0.626402589

（续）

预测小班序号	实测值（m^3）	预测值（m^3）	绝对误差（m^3）	相对百分比误差	绝对误差的平方
…	…	…	…	…	…
401	1.010031072	1.03737226	0.027341188	2.71%	0.000747541
402	0.991075587	0.903619392	0.087456195	8.82%	0.007648586
总计	2761.919875	2603.993937	406.5902428	6506.74%	824.4936353
平均	6.87044745	6.477596858	1.011418514	16.19%	2.050979192
MAE			1.01		
MAPE			18.62%		
R			0.9566		
RMSE			1.39		
GAPE			2.75%		
平均精度			81.38%		
总体精度			97.25%		

观察表 5.13 中结果，使用 402 个随机样本对 LMBP-DNN 模型检测的结果为：平均绝对误差 *MAE*=1.01；相关系数 *R* 为 0.9566；平均百分比误差 *MAPE*=18.62%，平均精度达到 81.38%；均方根误差 *RMSE*=1.39；总体性能指标表现，GAPE=2.75%，总体精度达到了 97.25%。

（2）CNN-SVR

① CNN-SVR 基本原理。卷积神经网络（CNN）在数据为图像或类图像的研究上如语音处理、图像识别得到了巨大的成果，其优势在于卷积层对样本特征有高效的学习能力。CNN（Vilarino D L 等，1998；张烨等，2019；林刚等，2018；王鹏翔等，2018；张重远等，2019）由输入层、若干池化层和卷积层连接最后加上全连接层组成。卷积层是全连接的一种简化形式：不全连接加参数共享，同时还保留了空间位置信息。这样大大减少了参数并且使得训练变得可控。如果说卷积层、池化层和激活函数层等操作是将原始数据映射到隐层特征空间的话，全连接层则起到将学到的“分布式特征表示”映射到样本标记空间的作用。

但在数值类回归领域的应用中，CNN 的表现并展现出明显的优势，SVR 及决策树回归等依然是主流算法。这可能是因为传统 CNN 最后的全连接层对这类问题的学习能力不够。为使 CNN 更适合数值类回归，本模型采用一种卷积神经网络结合支持向量机的模型（CNN-SVR）。CNN-SVR 模型的逻辑是：在底层网络通过 CNN（Convolutional Neural Network，CNN）提取输入特征可以高效地抽象，随后将经过抽象的中间数据作为输入传递给 SVR（Support Vector Regression，SVR）模型进行森林蓄积量预测。CNN-SVR 兼具支持向量回归分类器和卷积神经网络的优点：CNN 权值共享的特性有助于精简复杂模型的计算量、避免过拟合问题，使用 CNN 模型（叶发茂等，2019；杨晋生等，2019；Jourabloo A 等，2017；Wasserman E 等，1965；Kamnitsas K 等，2016；Zhang K 等；Dekock R L 等，1988）可以更高效地抽象出输入特征的本质，减少噪音干扰对森林蓄积量估测的影响。SVR 作为顶层模型，接收 CNN 层所得的运算数据，并进行监督学习建立森林蓄积量估测模型，保证模型的预测精度。CNN-SVR 的结构如图 5.12 所示。

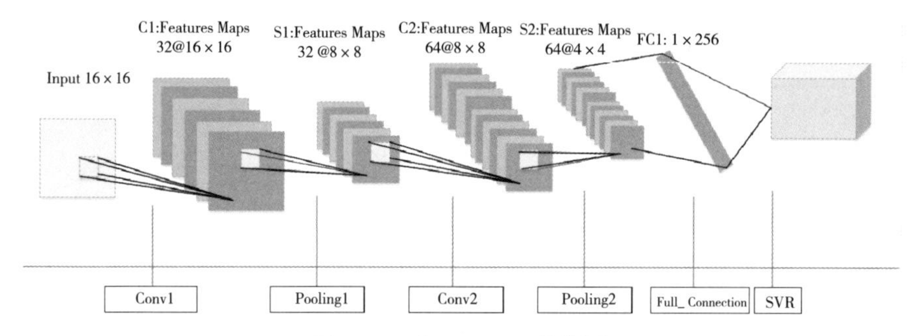

图 5.12　CNN-SVR 结构图

② CNN-SVR 参数设置。CNN-SVR 模型的网络结构：出于计算量和梯度爆炸问题的考虑，本研究中 CNN 部分隐含层包含两个卷积层，两个池化层。隐藏层之后是一个全连接层，将池化层的所有节点平铺展开成一条特征向量，将这条特征向量作为 SVR 的输入进行蓄积量估测。

卷积神经网络的第一层卷积层设置的卷积核大小是 2 × 2；输入通道数目为 1；输出通道数目为 32；偏置项个数为 32；池化层采用的是最大化采样，核大小是 2 × 2。

第二层卷积层的卷积核大小是 2 × 2；输入通道数目为 32；输出通道数目为 64；偏置项个数为 64；池化层同样是最大化采样，核大小为 2 × 2。

激活函数采用都是 Relu 函数，全连接层神经元个数是 512 个，与相邻层的所有神经元之间是全连接。

SVR 采用与上节相同的参数设置。kernel=‘rbf’，C=1e3，gamma=0.01。

③ CNN-SVR 预测结果。本实验采用的 CNN-SVR 模型的第一个卷积层为“4 × 4”形式，现有数据集的输入特征维度是不够的，本实验采用的解决方案是将已有的特征进行平铺，得到一个 16 维形式的自变量因子集，用于建模和估测。预测结果如表 5.14 所示。

观察表 5.14 中结果，使用 402 个随机样本对 CNN-SVR 模型检测的结果为：平均绝对误差 *MAE*=1.02；平均百分比误差 *MAPE*=17.04%，平均精度达到了 82.96%；均方根误差 *RMSE*=1.49；总体性能指标表现，*GAPE*=1.38%，总体精度达到了 98.62%。从精度来看，CNN-SVR 是四种模型中预测结果最好的。

表 5.14　CNN-SVR 模型对森林蓄积量的估测

预测小班序号	实测值（m^3）	预测值（m^3）	绝对误差（m^3）	相对百分比误差	绝对误差的平方
1	1.454926777	1.86153	0.406603223	27.95%	0.165326181
2	1.416283086	1.04202	0.374263086	26.43%	0.140072858
3	7.402159521	9.52477	2.122610479	28.68%	4.505475246
4	11.27335143	10.60806	0.66529143	5.90%	0.442612687
5	11.3231904	11.3202	0.0029904	0.03%	8.94249E-06
6	11.54297783	9.5417	2.00127783	17.34%	4.005112953
7	11.74398705	11.41652	0.32746705	2.79%	0.107234669
8	12.84238736	9.30005	3.54233736	27.58%	12.54815397
9	1.326024774	1.01374	0.312284774	23.55%	0.09752178
10	13.13515192	12.90877	0.22638192	1.72%	0.051248774
11	1.360735508	1.20976	0.150975508	11.10%	0.022793604
12	1.340039585	1.51391	0.173870415	12.98%	0.030230921
13	11.2037946	10.50863	0.6951646	6.20%	0.483253821
14	2.863363233	3.23778	0.374416767	13.08%	0.140187915
15	12.59713032	11.44512	1.15201032	9.15%	1.327127777
16	0.674085466	0.53855	0.135535466	20.11%	0.018369863
17	11.76894078	10.18825	1.58069078	13.43%	2.498583342
18	2.396463462	2.35269	0.043773462	1.83%	0.001916116
19	9.7658239	11.28743	1.5216061	15.58%	2.315285124
20	4.88546118	3.15331	1.73215118	35.46%	3.00034771
21	11.66202549	10.8631	0.79892549	6.85%	0.638281939
22	0.929748739	0.76489	0.164858739	17.73%	0.027178404
23	9.380611659	11.46369	2.083078341	22.21%	4.339215375
24	2.487896893	2.5631	0.075203107	3.02%	0.005655507
25	9.592573831	10.26565	0.673076169	7.02%	0.453031529
26	9.685340785	9.25207	0.433270785	4.47%	0.187723573
27	1.910901963	1.36889	0.542011963	28.36%	0.293776968
28	4.438655432	3.66023	0.778425432	17.54%	0.605946153
29	4.612723669	3.83312	0.779603669	16.90%	0.607781881
30	11.57690313	11.38544	0.19146313	1.65%	0.03665813

（续）

预测小班序号	实测值（m^3）	预测值（m^3）	绝对误差（m^3）	相对百分比误差	绝对误差的平方
…	…	…	…	…	…
401	1.010031072	1.14161	0.131578928	13.03%	0.017313014
402	0.991075587	0.97591	0.015165587	1.53%	0.000229995
总计	2761.919875	2723.69874	411.8722242	6850.15%	890.7749906
平均	6.87044745	6.77537	1.024557772	17.04%	2.215858185
MAE			1.02		
MAPE			17.04%		
R			0.9462		
RMSE			1.49		
GAPE			1.38%		
平均精度			82.96%		
总体精度			98.62%		

本节对上述模型的泛化结果进行详细的比较，在四种模型中 LMBP-DNN 和 CNN-SVR 分别是 LMBP-NN 和 SVR 基于深度学习思路的改进算法，为了得到更直观的结论，首先分别进行 LMBP-NN 和 LMBP-DNN、SVR 和 CNN-SVR 两组对比，随后将两组中表现较优的模型进行对比分析，如表 5.15 所示。

表 5.15 四种回归模型的统计指标

回归模型	*MAE*	*MAPE*	*R*
LMBP–NN	1.13	23.03%	0.9465
LMBP–DNN	1.01	18.62%	0.9566
SVR	1.13	18.57%	0.9451
CNN–SVR	1.02	17.04%	0.9462

从表 5.15 可见，LMBP-DNN 较浅层的 LMBP-NN 有有明显的优化；CNN 也对 SVR 起到了一定的优化效果。

5.2.2.7 多级优化方法

黄宇玲尝试了用 Stacking 集成学习算法进行多级优化，采用的遥感影像数据是一景在 2016 年 8 月 16 日拍摄的覆盖龙泉市部分区域的高分二号遥感影像数据。此数据与 2017 年森林资源二类调查数据在时相上更加吻合，可以获取到的遥感信息更适合用于 2017 年森林蓄积量的估测研究。

（1）Stacking 算法建模过程

本模型构建的 Stacking 集成学习算法模型以随机森林算法、梯度提升算法和极端梯度提升算法作为初级学习器，极端随机树（Extremely Randomized Trees，Extra-trees）方法作为次级学习器，采用十折交叉验证建立模型。总样本分为训练集和测试集，在训练集上使用极端梯度提升算法、随机森林算法和梯度提升算法作为基础模型进行训练，每个基础模型通过十折交叉验证即每次选取其中九折作为训练集，剩下的一折作为测试集，一直进行十次，每一次的交叉验证主要包括两个过程：基于原始训练集训练基础模型；基于原始训练集训练生成的模型对原始测试集进行预测，分别得到一组预测值，这些预测值将作为新的训练集在次级学习器上进行训练，原始测试集通过基础模型得到的预测值，对其取平均生成一组新的测试集。最终，通过 Extra-trees 次级学习器对新的训练集进行训练，对新的测试集进行预测，得到最终的预测结果。

本模型的基于 Extra-trees 的 Stacking 集成学习算法设计如下。

假设样本训练集为 $D=\{(x_1, y_1), (x_2, y_2), \cdots, (x_m, y_m)\}$，样本测试集 $T=\{(x_1, y_1), (x_2, y_2), \cdots, (x_n, y_n)\}$，初级学习器为 XGboost、Random forest、Gradient boosting 和 Catboost，次级学习器为 Extra-Trees，交叉验证折数 $K=10$。

① 样本训练集为 D，样本测试集 T，初级学习器为 XGboost、Random forest 和 Gradient boosting，次级学习器为 Extra-trees，交叉验证折数 $K=10$。

② 对初级学习器为 XGboost、Random forest 和 Gradient boosting 经过反复实验调参，分别得到 XGboost、Random forest 和 Gradient boosting 的最优参数组合。

③ 对初级学习器 XGboost、Random forest 和 Gradient boosting 进行训练，将 D 进行十折处理，即将 D 均分为十份，每一份都是不重复的，其中一份当做测试集，剩余九份当做训练集。3 个初级学习器共得到 3 组测试数据集，对 3 组测试集取平均值将其作为次级学习器 Extra-trees 的训练集，对次级学习器 Extra-trees 进行训练。从而完成对 Stacking 模型的构建。

④ 测试集 T 进入到 Stacking 模型中进行估测。T 在每个初级学习器生成的模型上进行估测，得到 3 组估测值，对其取平均作为次级学习器 Extra-trees 的测试集 T_1。最后通过次级学习器 Extra-trees 对 T_1 进行估测，得到最终的估测结果。

（2）Stacking 算法估测结果分析

从 Stacking 集成学习算法建立森林蓄积量模型的方面来看，以 4 种特征集分别作为模型的自变量因子集，单位蓄积量作为因变量，4 种蓄积量估测结果如表 5.16、图 5.13 所示。从表 5.16 可见，Boruta 算法选择后的特征组合作为自变量因子集参与蓄积量估测其平均百分比误差 *MAPE* 以及估测精度 *P* 为 16.03% 和 83.97%，在所有的特征选择方法中表现最佳，逐步回归算法选择后的特征组合作为自变量因子组合参与蓄积量建模的估测结果

的决定系数 R^2、均方根误差 *RMSE*、平均绝对误差 *MAE* 分别是 0.9042、1.42（m^3/mu[①]）、0.98（m^3/mu），其平均百分比误差 *MAPE* 以及估测精度 *P* 为 16.49% 和 83.51%；Boruta 算法选择后的特征组合作为自变量因子参与蓄积量建模的估测结果的决定系数 R^2、均方根误差 *RMSE*、平均绝对误差 *MAE* 分别是 0.9049、1.41（m^3/mu）、0.98（m^3/mu），其平均百分比误差 *MAPE* 以及估测精度 *P* 为 16.03% 和 83.97%；相关性分析算法选择后特征组合作为自变量因子参与蓄积量建模的估测结果的决定系数 R^2、均方根误差 *RMSE*、平均绝对误差 *MAE* 最好，但是其平均百分比误差 *MAPE* 以及估测精度 *P* 略次于逐步回归算法和 Boruta 算法。所有因子组合作为自变量因子集参与蓄积量建模的估测结果的决定系数 R^2、均方根误差 *RMSE*、平均绝对误差 *MAE* 分别是 0.8969、1.47（m^3/mu）、1.03（m^3/mu），其平均百分比误差 *MAPE* 以及估测精度 *P* 为 16.50% 和 83.50%，略次于逐步回归算法以及 Boruta 算法。

表 5.16　Stacking 集成学习算法蓄积量估测结果评价指标

评价指标	R^2	*RMSE*（m^3/mu）	*MAE*（m^3/mu）	*MAPE*（%）	*P*（%）
所有因子组合	0.8969	1.47	1.03	16.50	83.50
相关性特征组合	0.9118	1.36	0.96	16.82	83.18
逐步回归特征组合	0.9042	1.42	0.98	16.49	83.51
Boruta 特征组合	0.9049	1.41	0.98	16.03	83.97

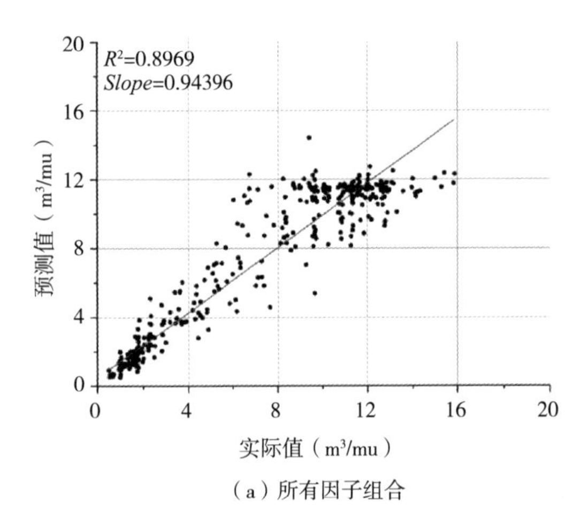

（a）所有因子组合

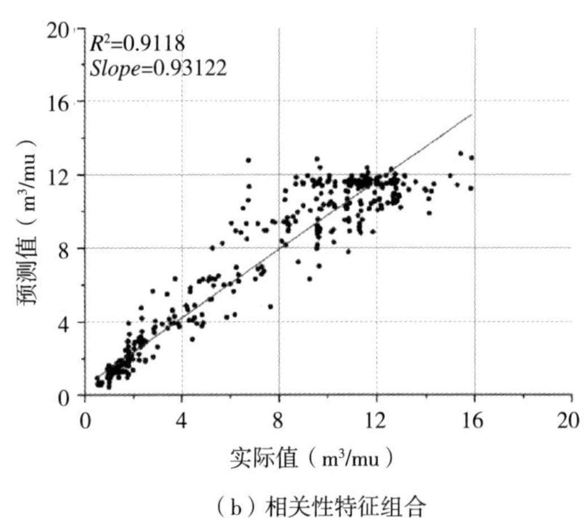

（b）相关性特征组合

① mu 表示亩，1 亩 ≈ 667m^2，下同。

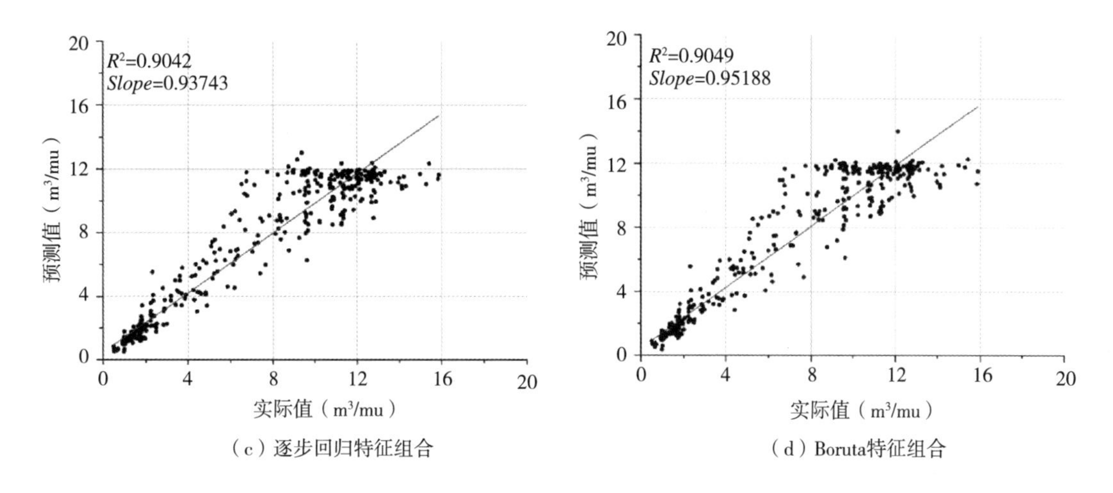

（c）逐步回归特征组合　　（d）Boruta特征组合

注：图中的点以实测值为 X 坐标，估测值为 Y 坐标，—表示拟合直线

图 5.13　Stacking 集成学习算法蓄积量估测结果

（3）集成学习算法与单一算法估测结果比较

黄宇玲分别以 4 种特征集作为模型的自变量因子集，单位蓄积量作为模型的因变量，在 3 种单一算法中，总体最优的是随机森林算法。Stacking 集成学习算法蓄积量的估测结果与随机森林算法森林蓄积量的估测的比较结果见表 5.17。从整体的结果来看，Stacking 集成学习算法蓄积量的估测结果的决定系数、均方根误差以及平均绝对误差这三个评价指标比随机森林算法的建模指标相近，有的甚至更好。Staking 集成学习算法的平均百分比误差 *MAPE* 以及估测精度 *P* 在 4 种不同的特征组合方法中均优于随机森林算法。由此可见，Stacking 集成学习算法建立森林蓄积量模型进行估测的效果总体优于各种单一算法建立的森林蓄积量模型的估测结果。

表 5.17　集成学习算法与单一算法蓄积量估测结果比较

评价指标		R^2	*RMSE*（m³/mu）	*MAE*（m³/mu）	*MAPE*（%）	*P*（%）
所有因子组合	Stacking	0.8969	1.47	1.03	16.50	83.50
	RF	0.9009	1.44	1.03	18.41	81.59
相关性特征组合	Stacking	0.9118	1.36	0.96	16.82	83.18
	RF	0.9076	1.39	0.98	17.13	82.87
逐步回归特征组合	Stacking	0.9042	1.42	0.98	16.49	83.51
	RF	0.9076	1.39	0.98	17.01	82.99
Boruta 特征组合	Stacking	0.9049	1.41	0.98	16.03	83.97
	RF	0.9074	1.39	0.98	16.98	83.02

构建了基于初级学习器为 XGboost、Random forest 和 Gradient boosting，次级学习器为 Extra-trees，交叉验证折数 K=10 的 Stacking 集成学习模型。以 4 种特征集分别作为模型的自变量因子集，单位蓄积量作为因变量，估测森林蓄积量。结果显示，Stacking 集成学习方法构建的森林蓄积量模型的估测结果均在 82% 以上，该方法具有更强的泛化能力，Stacking 集成学习方法构建的森林蓄积量模型的估测精度均优于各种单一算法构建的森林蓄积量模型的估测结果。

5.3 森林资源动态更新方法

森林资源动态更新方法是基于森林资源二类本底数据，建立经营利用各林业业务系统为突变数据源建立突变模型，生长模型更新为渐变数据源建立渐变模型，最终整合突变模型和渐变模型搭建森林资源更新整体模型，实现森林资源动态更新（杨来邦，2019）。在实际的更新过程中综合利用二类现状本底数据、年度变化图斑卫星判图、业务系统、无人机、野外数据采集仪、国家森林督查图斑等各类数据对资源小班进行更新。

5.3.1 更新方法技术路线

森林资源动态更新以区域基础本底数据即二类资源数据为依据，利用年度变化图斑卫星判图、业务系统、无人机、野外数据采集仪、国家森林督查图斑等各类数据对相关小班信息做更新。被更新的小班分为两类，渐变小班和突变小班。所谓的渐变小班是指在一个周期内未被人为经营且小班内的植被处于自然生长状态的小班；而突变小班是指在一个周期内受人为经营或遭受自然灾害的小班，如采伐、造林、火灾、病虫害等（初映雪，2017；吴鑫，2016；刘永杰，2009）。

对于渐变小班更新，其核心是小班渐变模型。模型的建立依赖于前期抽样调查的基础数据和后期固定样地的复查数据，利用前后期的调查数据，确定模型的相关参数。模型的参数涉及了树种、树龄、平均树高、株密度、截面积密度、地力指数、地理位置、海拔、坡度、坡向、气候因子等，所以不同地域不同树种和不同年份的小班具有不同的模型参数，因此每周期（一般是一周年）的模型参数都需要重新计算并需要经过反复检验，把误差控制在一定范围之内。模型对于区域内所有涉及自然生长的小班逐一进行数据拟合，计算出最新的林分因子（主要是平均树高、株密度和截面积密度）存入更新数据库（高祥，2015；谢阳生，2010；贺景平，2007）。

对于突变小班，首先需要确定哪些小班发生了突变，其主要依据是各林业日常业务系统，如采伐、征占用林地、造林、森林灾害、行政处罚等系统。从这些日常业务系统中，我们可以提取大部分发生突变的小班，以及知道发生了怎样的突变，然后还要结合卫星判图和补充调查来补充日常业务系统遗漏的突变小班，形成完整的区域周期内突变小班数据。对于突变小班进行档案台账更新（属性数据更新）、空间数据更新（涉及小班分割、合并等）和补充调处实地验证更新，并经过数据校对、逻辑检查和核实验证后存入更新数据库（张支援，2016；向胜兵，2015；马丽坤等，2009；姜广宇，2013；何文剑等，2016）。

对于更新数据库还需要按照一定的规则、逻辑和整体更新规律模型进行误差和质量判定，对于超过误差或达不到质量要求的数据，需要返回重新进行补充调查和数据核实，过程与渐变小班、突变小班更新方法一致，直到达到误差和质量要求后形成区域森林资源动态更新成果数据库。其动态更新方法技术路线如图 5.14 所示。

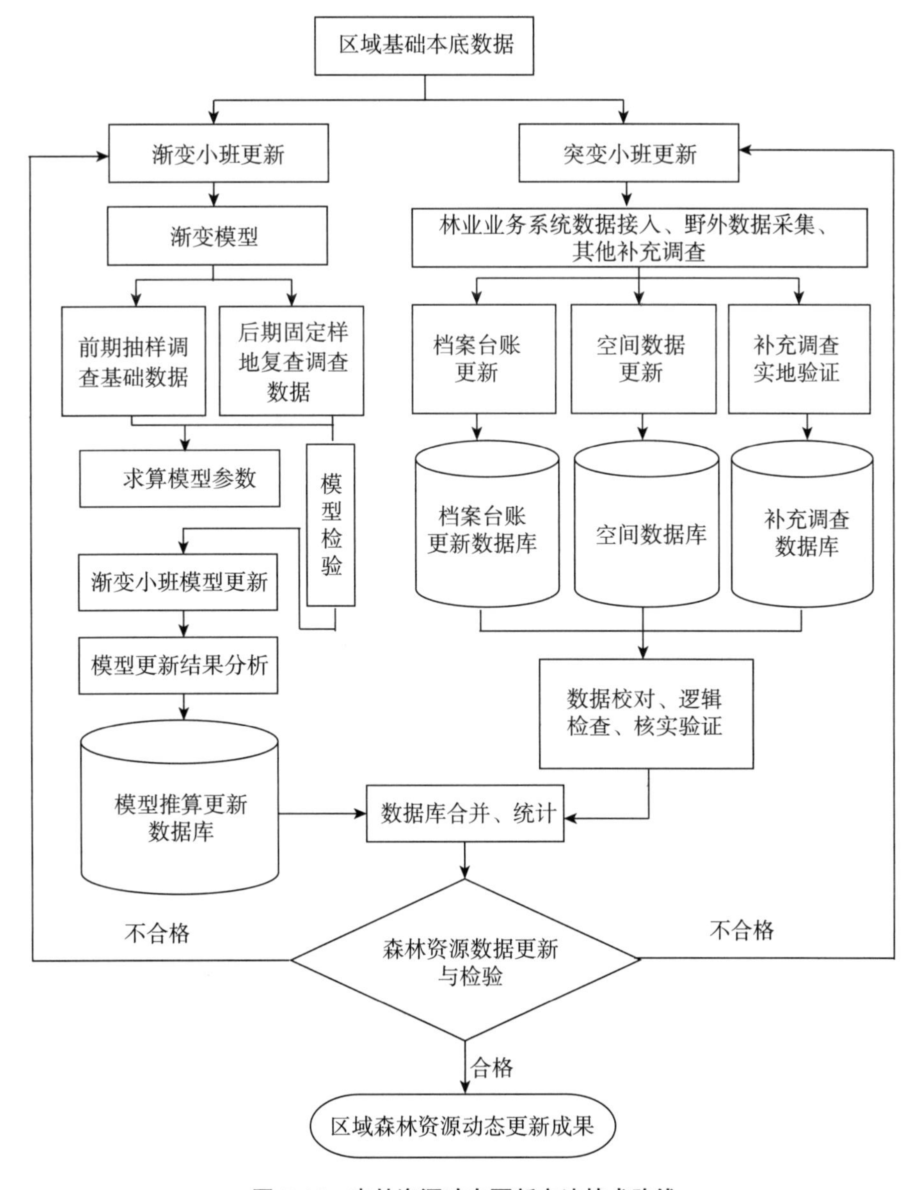

图 5.14　森林资源动态更新方法技术路线

5.3.2 小班动态更新

森林资源是林地上以乔木为主的动植物等资源的总和。首先，它是一类土地资源，具有空间性，如地理位置、空间分布、面积等；其次，生长在林地上的乔木和其他动植物构成了森林群落，而蕴藏其中的矿藏和湿地资源与森林相伴而生，所有这一切构成了支撑人类生存的森林生态系统。因此，森林资源又具有系统性（单木不成林）、多样性和不确定性，所以很难整体地、完备地和精确地表述它。实际上，通常人们谈论森林资源总是有目的地涉及其中的某个侧面。如对于经营商品林而言，人们主要关心与木材生产紧密相关的信息——树种、直径、树高、蓄积，以及与培育采伐等经营活动相关的环境因素如地形、地貌等，经过不断的积累，这些都被经验地归纳成森林因子，写入技术规程之中，成为表述森林资源状态的指标，被统称为状态变量。同时，为了经营上的方便，一个经营单位上的森林按照一定标准被划分成不同层次，形成了所谓的森林区划，见图5.15 所示。对于一个具体的空间单位如某一小班或林班，式 5.3 从形式上刻画了森林资源动态过程（熊冲，2009）。

$$S_{t+1}=F(S_t, O) \quad (5.3)$$

式中 :S_{t+1} 代表 t+1 时刻某空间单位的森林资源状态（向量）；S_t 代表 t 时刻某空间单位的森林资源状态；O 代表 t 时刻到 t+1 时刻某空间单位的森林资源变化；F 代表 t 时刻到 t+1 时刻某空间单位的森林资源变化方法。林场的森林区划见图 5.15。

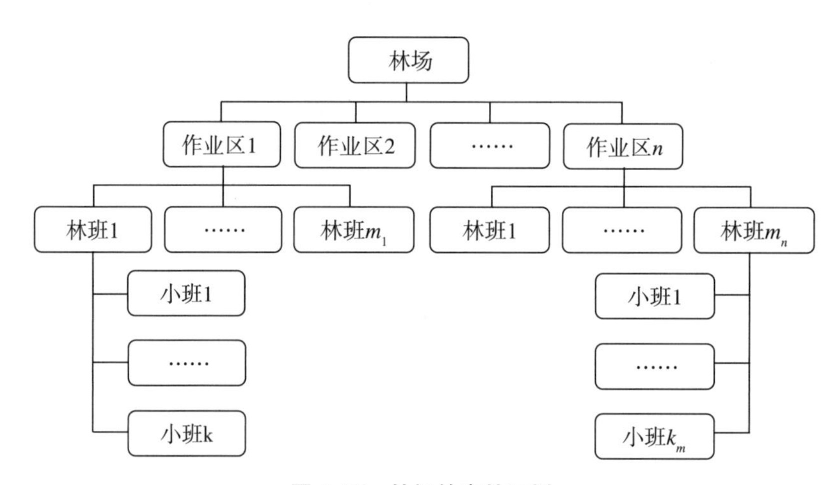

图 5.15 林场的森林区划

类似地，将式 5.3 代入图 5.15 的每个空间单位，则形成了一个经营单位（林场）的不同层次森林资源动态，从整体上反映了经营单位（林场）的森林资源动态过程，如图5.16 所示。

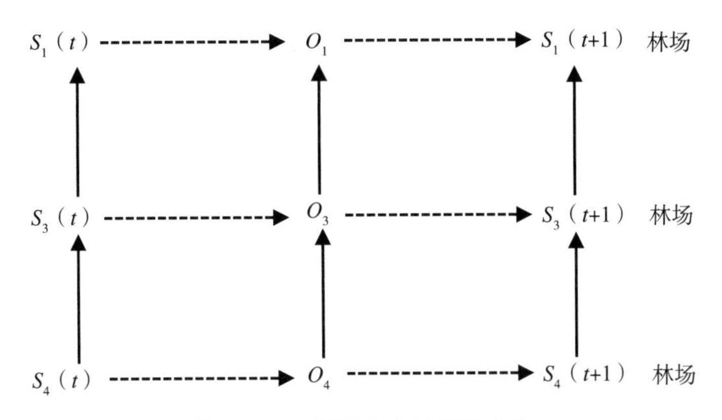

图 5.16　不同层次森林资源动态

式中，S_i（t），i=1，2，3 分别代表林场、林班、小班初期森林资源状态；S_i（t+1），i=1，2，3 分别代表林场、林班、小班期末森林资源状态；O_i，i=1，2，3 分别代表林场、林班、小班期间森林资源状态变化。对于每一层来说，都可用式 5.4 来表示其资源变化的动态过程。而图 5.16 则概括性地说明了森林资源消长变化。

$$S_i(t+1)=F_i[S_i(t),\ O_i)] \tag{5.4}$$

其中，层次号 i=1，2，3 分别代表林场、林班、小班。特别指出的是，不同层次的状态及其变化指标是不尽相同的，比如：描述森林资源状态的小班卡片、林班簿和林场资源统计表显然是不一样的。当然它们的数据结构也不同，或为向量（一维数组或记录），或为矩阵（多维数组或表）等。森林资源信息系统中数据更新就是通过对各个层次（i=1，2，3）在一定时段内（从 t 时刻到 t+1 时刻）森林资源变化 O_i 的调查或计量（如模型计算），将 t 时刻的状态数据 S_i（t）变为 t+1 的状态数据 S_i（t+1）。

5.3.3　森林资源渐变模型

数学模型技术是获取森林资源动态变化信息的重要手段，生长模型是描述林木生长与森林状态关系的数学函数，是预测森林生长与更新的有效手段。构建可靠的不同类型的生长模型，是森林资源动态更新获取渐变数据的重要技术之一。由于生长模型的研究者较多，模型种类繁多，往往越复杂的模型，应用范围越小，大范围应用受到限制。

常见的生长率数学模型包括以下 4 种（王雪军，2013；韦淑英，1991；张连金，2011；梁赛花，2013）。

模型 1：$P=b_1\times\hat{D}^{b_2}$

模型 2：$P=b_1\times\hat{D}^{b_2}+b_3$

模型 3：$P=b_1\times e^{\left(b_2\times\hat{D}\right)}$

模型 4：$P=b_1\times e^{\left(b_2\times\hat{D}\right)}+b_3\times\hat{D}$

其中，$\hat{D}$ 为预估当期平均胸径，b_1、b_2、b_3 为模型参数。

在生长率基础模型中，胸径自变量为当期的林分平均胸径，将胸径回归模型与生长率模型建立联立方程组进行联合估计。建立方程组为：

$$\begin{cases} \hat{D}=a_1+a_2D_{pre} \\ \hat{P}=f(\hat{D}) \end{cases}$$

式中：$\hat{P}$ 为当期蓄积量生长率预估值；$\hat{D}$ 为当期林分平均胸径预估值；D_{pre} 为上一年林分平均胸径；$f(\hat{D})$ 为生长率基础模型结构式。

模型检验是采用未参与建模的独立样本数据，对所建模型的预测性能进行综合评价，从而进一步验证模型的适用性。模型独立性检验有多种方法，本研究利用残差平方和 Q，剩余标准差 S，总相对误差 TRE，平均相对误差 MSE，平均绝对误差值 RMA，确定系数 R^2 和预估精度 P 作为模型检验。本研究采用如下 7 个性能指标对模型进行检验和评价。

$$Q=\sum\left(y_i-\hat{y}_i\right)^2$$

$$S=\sqrt{\sum\left(y_i-\hat{y}_i\right)^2/\left(n-T\right)}$$

$$TRE=\frac{\sum\left(y_i-\hat{y}_i\right)}{\sum\hat{y}_i}\times 100\%$$

$$MSE=\sum\frac{\frac{y_i-\hat{y}_i}{\hat{y}_i}}{n}\times 100\%$$

$$RMA=\sum\frac{\left|\frac{y_i-\hat{y}_i}{\hat{y}_i}\right|}{n}\times 100\%$$

$$R^{t}=1-\frac{\sum\left(y_i-\hat{y}_i\right)^{t}}{\sum\left(y_i-\bar{y}\right)^{t}}$$

$$p=\left[1-\frac{t_a\sqrt{\sum\left(y_i-\hat{y}_i\right)^{t}}}{\hat{\bar{y}}\sqrt{n\left(n-T\right)}}\right]\times 100\%$$

以上评价公式中：y_i 为观测值；$\hat{y}_i$ 为模型预估值；$\bar{y}_i$ 为样本均值；n 为样本数；T 为模型参数个数。其中 Q、S 越小越好，反映了自变量的贡献率和因变量的离差状况。TRE、MSE、RMA 越趋向于 0 越好，是反映拟合效果的重要指标，是反映模型的拟合优度指标，越接近 1 越好。P 是反映生长率估计值的精度指标，越接近 1 越好。

根据 4 个生长率模型结构式，可以建立 4 组不同生长率模型的方程组分别计算参数，结合胸径模型与生长率模型建立的方程组，利用 ForStat2.2 软件求解（ForStat，统计之林，是一个比较全面的林业统计及相关领域的数值计算软件），结果见表 5.18 方程组模型计算参数（王伟等，2013）。

表 5.18　方程组模型计算参数

联立方程组	拟合结果	生长率模型 1	生长率模型 2	生长率模型 3	生长率模型 4
胸径模型	a_1	0.6758	0.7798	0.7751	0.7873
	a_2	0.9782	0.9679	0.9683	0.9671
	R^2	0.9892	0.9894	0.9894	0.9894
生长率模型	b_1	2.7193	1.4319	0.5664	0.5592
	b_2	−1.4033	−0.8320	−0.1634	−0.1598
	b_3		−0.1009		−0.0002
	R^2	0.4288	0.4253	0.4174	0.4160
	P	95.02%	94.97%	94.94%	94.92%
	Q	0.9837	0.9898	1.0035	1.0059
	S	0.0511	0.0513	0.0517	0.0517
	TRE	−0.6%	0.0%	0.1%	0.2%
	MSE	−2.8%	2.9%	1.8%	3.1%
	RMA	36.5%	40.8%	39.8%	40.8%

从表 5.18 可见，在不同方程组中，胸径模型的确定系数越高，参数受生长率模型结构变化的影响越小，拟合效果较为理想。在生长率模型中，确定系数 R^2 和预估精度 *P* 以模型 1 略高。从评价指标分析，残差平方和 *Q*，剩余标准差 *S*，平均相对误差绝对值 *RMA*，模型 1 较其他模型数值也相对略小。总相对误差 *TRE* 以模型 2 最小，平均相对误差 *MSE* 以模型 3 最小。

生长模型实际应用中，仅靠胸径一个自变量不能很好地表达生长率的变动，因此需要构建混合模型，将龄组、起源、树种组这些定性因子集合在一起进行综合分析。

根据国家《森林生长量生长率编制技术规定》，并利用 ForStat2.2 软件求解，得出表 5.19 生长率混合模型评价指标（余松柏等，2004）。

表 5.19　混合模型评价指标参数

评价指标	组合 1	组合 2	组合 3	组合 4	组合 5
AIC	−1235.3693	−1246.4243	−1248.2189	−1207.9430	−1200.2828
BIC	−1188.2142	−1222.8468	−1224.6413	−1188.2818	−1180.6216
−2log***lik***	−1259.3693	−1258.4243	−1260.2189	−1217.9430	−1210.2828
Q	0.8285	0.9864	0.7431	0.7420	0.7430
S	0.0469	0.0512	0.0445	0.0444	0.0445
TRE	−1.65%	0.24%	0.84%	0.28%	1.37%
MSE	−2.29%	−1.97%	5.66%	3.86%	7.26%
RMA	35.15%	36.69%	37.67%	36.71%	38.10%
P	95.48%	94.97	95.61%	95.64%	95.59%
$\boldsymbol{R^2}$	0.5189	0.4373	0.5686	0.5692	0.5686

从表 5.19 混合模型的指标参数分析，组合 4 的残差平方和 Q、剩余标准差 S 最小，确定系数 R^2、预估精度 P 最高，总相对误差 TRE、平均相对误差 MSE、平均相对误差绝对值 RMA 居中等水平，总体上模型拟合效果较好。

根据浙江区域具体情况，分析表 5.18、表 5.19 的指标，生长率模型采用模型 1 的组合 4 作为混合模型，模型公式如下：

$$\begin{cases} \hat{D}=0.6758+0.9782\times D_{pre} \\ P_v=[2.7193+(\text{树龄}+\text{起源}+\text{树种组})\text{的随机效应参数值}]\times \hat{D}^{-1.4033} \end{cases}$$

龄组、起源、树种组的参数值见表 5.20。

表 5.20　生长率模型随机效应参数值

类型	龄组				起源		树种组			
	幼龄林	中龄林	近熟林	成过熟林	天然	人工	松类	杉类	硬阔类	软阔类
参数	0.6013	0.2843	−0.3045	−0.5811	−0.3139	0.3139	0.1461	0.3818	−0.4943	−0.0336

将表 5.20 的随机效应某一类目值代入上述公式，即得到不同胸径、龄组、起源、树种组的林分生长率预测值。预测的生长率最大值、最小值及均值情况见图 5.17 生长率预测图。

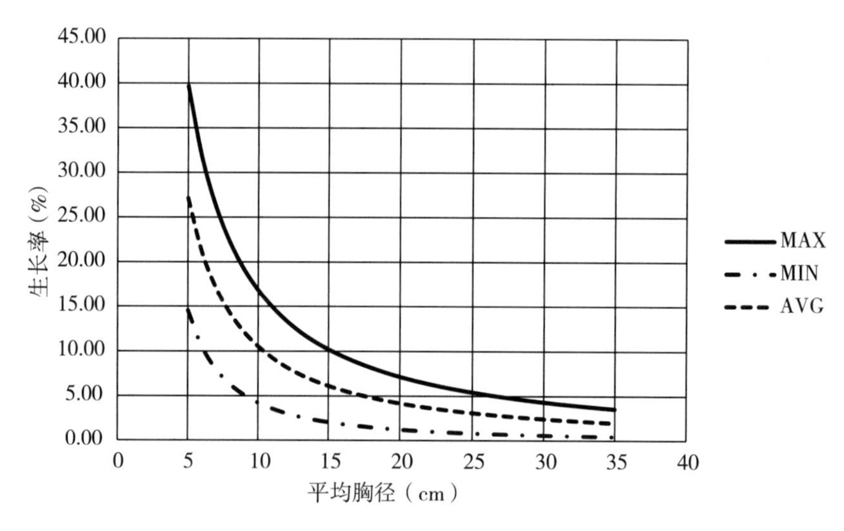

图 5.17　生长率预测图

以龙泉市 2014 年年底的小班为基础数据，对 2015 年生长量进行测算（陶吉兴等，2014），结果见表 5.21。龙泉市 2014—2015 年固定样地监测的总生长量（剔除枯损消耗后）为 $141.8\times10^4\text{m}^3$，总生长率为 7.76%。模型更新测算所得到的固定样地总生长量为 $133.7\times10^4\text{m}^3$，总生长率为 7.18%。以固定样地监测数据为真实数据，模型测算的生长量、生长率准确度分别达到 94.2% 和 92.5%，说明模型测算结果相对准确。

表 5.21　2015 年龙泉市小班生长量与生长率预测结果

统计单位	2014 年乔木林蓄积量（10^4m^3）	2015 年生长量（10^4m^3）	2015 年生长率（%）
龙泉市	1862.86	133.7	7.18

5.3.4　森林资源突变模型

假设：当年森林资源突变量可以表示为：

$$T_i = T_{i-1} + T_a - T_b \tag{5.5}$$

式中：T_i 为当年森林资源数量；T_{i-1} 为上一年森林资源基数；T_a 为森林资源增量；T_b 为森林资源消耗量。

利用公式 5.5 即可得出如下关于森林面积、林地面积、森林蓄积等突变表达式。

（1）当年森林面积

$$S_i = S_{i-1} + S_a - (S_b + S_c + S_d + S_e + S_f + S_g) \tag{5.6}$$

式中：S_i 为当年森林面积，S_{i-1} 为上年森林面积基数；S_a 为通过人工造林及迹地更新中新增的森林面积，或通过封山育林、竹林扩编而成林的面积；S_b 为上一年度乔木林分皆伐面积；S_c 为因林地征占用而损失的森林面积；S_d 为因森林火灾而损失的森林面积；S_e 为因种植结构调整而损失的森林面积；S_f 为因病虫害、风折、雪压、冻害、滑坡、兽害及其他灾害等因素而损失的森林面积；S_g 为因其他原因而损失的森林面积。

（2）当年林地面积

$$L_i = L_{i-1} + (L_a + L_b + L_c) - (L_d + L_e + L_f + L_g) \tag{5.7}$$

式中：L_i 为当年林地面积，L_{i-1} 为上年林地面积基数；L_a 为退耕还林而新增的林地面积；L_b 为种植结构调整而新增的林地面积；L_c 为林带林网、非林地上的造林面积，指连片面积 1 亩以上乔木林、竹林、灌木林或者行数≥ 2 行且行距≤ 4m 的林带和林冠冠幅水平投影宽度≥ 10m 的林带；L_d 为因征收占用林地而损失的林地面积；L_e 为因种植结构调整而损失的林地面积；L_f 为因灾毁而损失的林地面积；L_g 为因其他原因而损失的林地面积。

（3）当年森林蓄积量

$$V_i = V_{i-1} + V_a - (V_b + V_c + V_d + V_e + V_f + V_g) \tag{5.8}$$

式中：V_i 为当年森林蓄积量，V_{i-1} 为上年森林蓄积量基数；V_a 为当年森林自然生长而形成的增长量；V_b 为因采伐引起的森林蓄积量减少；V_c 为因林地征占用而损失的森林蓄积量；V_d 为因森林火灾而损失的森林蓄积量；V_e 为因种植结构调整而损失的森林蓄积量；V_f 为因病虫害、风折、雪压、冻害、滑坡、兽害及其他灾害而损失的森林蓄积量；V_g 为因其他原因而损失的森林蓄积量。

以上主要是根据森林资源突变量模型公式 5.5 得出当年森林面积、林地面积、森林蓄积量的模型公式 5.6、5.7 和 5.8；以同样的方法也可以得到森林资源其他因子的相关模型表达式。

若要实现按月更新，根据森林资源突变量模型公式 5.5，可以得出月森林资源突变量的模型表达公式（5.9）：

$$M_i = M_{i-1} + M_a - M_b \tag{5.9}$$

式中：M_i 为当月森林资源数量；M_{i-1} 为上月森林资源基数；M_a 为森林资源增量；M_b 为森林资源消耗量。

5.3.5 3S 技术在数据更新上的应用

3S 是 GIS（地理信息系统）、GPS（全球定位系统）和 RS（遥感）的总称。遥感技术提供了时空序列上的、多精度的“海量”信息源，GIS 技术为包括遥感信息在内的信息处理、分析、表达和利用提供了平台，GPS 技术提供了精确的空间定位，为遥感和 GIS 提供良好的精度控制基础，同时也是数据采集的重要方法（熊冲，2009）。

利用 GPS 快速精准定位功能为 RS 获取强大森林资源地面数据，通过 GIS 软件处理 RS 的海量数据，向用户提供快速、准确、有用的数据。通过历史数据库与更新数据库信息的对比可以很快发现森林资源的变化情况。3S 一体化实现森林资源动态监测，利用 3S 技术对森林资源进行监测易于克服传统监测体系的缺陷，可以做到：①动态监测森林资源的空间分布信息。②不仅对国家及大区域的森林资源进行宏观监测，还能对局部微观区域的森林资源变化进行监测。③在监测内容上，不仅对森林资源数量进行监测，更能加强对生态环境信息的动态监测。④在数据更新方面，利用 3S 技术的实时或准实时功能，能更好地完成监测体系的数据更新。

利用 3S 技术对森林资源监测，将能更有效地为国民经济发展和生态环境建设服务。

5.4 森林资源动态更新流程

5.4.1 整体更新模型

森林资源动态更新整体模型包括突变模型和渐变模型，是两个模型的有机结合。两个模型在 5.3 章节已有详细介绍。突变更新主要通过人机交互实现，渐变模型按照系统建立的模型库对某一区域进行自然更新，最终生成最新的二类资源数据。森林资源动态更新整体模型可以表达为：

$$W = C + \Delta K_i + \Delta T_i \tag{5.10}$$

式中：W 为当年森林资源数量；C 为上一年森林资源数量基数；ΔK_i 为当年森林资源渐变数量；ΔT_i 为当年森林资源突变数量。

由此可以得出森林资源整体更新月度模型表达式（5.11）：

$$W_{月} = C_{月} + \Delta K_{i月} + \Delta T_{i月} \tag{5.11}$$

式中：$W_{月}$为当月森林资源数量；$C_{月}$为上月森林资源数量基数；$+\Delta K_{i月}$为当月森林资源渐变数量；$\Delta T_{i月}$为当月森林资源突变数量。

5.4.2　突变数据处理流程

森林资源突变数据更新是以二类资源为本底数据，是一个人机互动的管理过程。资源突变数据更新的数据源包括：最新的二类资源数据；林木采伐、营造林、林地征占用、森林灾害、林业行政处罚五类森林经营非自然数据，以及新成林和蓄积进阶等其他因素。其数据处理流程如图 5.18 所示。

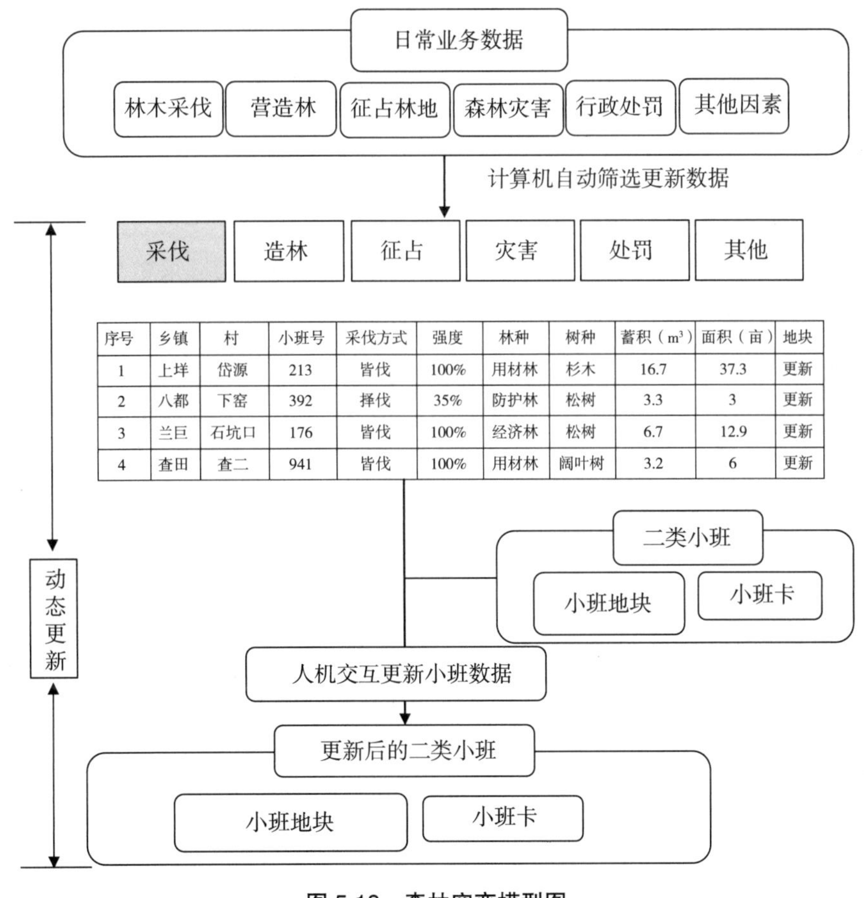

序号	乡镇	村	小班号	采伐方式	强度	林种	树种	蓄积（m³）	面积（亩）	地块
1	上坪	岱源	213	皆伐	100%	用材林	杉木	16.7	37.3	更新
2	八都	下窑	392	择伐	35%	防护林	松树	3.3	3	更新
3	兰巨	石坑口	176	皆伐	100%	经济林	松树	6.7	12.9	更新
4	查田	查二	941	皆伐	100%	用材林	阔叶树	3.2	6	更新

图 5.18　森林突变模型图

根据图 5.18 的更新流程，采伐、造林、征占、森林灾害、行政处罚五类业务系统在日常管理过程中会产生大量业务数据，这些业务数据可能会引起资源更新，计算机自动筛选出此类数据。例如：采伐包括皆伐和渐伐，皆伐面积大于一定数量就需要做资源更新，系统允许用户设置这个阈值例如 0.3 亩，系统根据用户设置大于等于 0.3 亩的皆伐就会被筛选出来作为后续资源更新的源数据；根据资源更新相关规程，渐伐强度大于某个阈值时也需要做资源更新，系统也允许用户设置这个阈值例如 30%，如此，系统根据用户设置大于等于 30% 的渐伐就会被筛选出来作为后续资源更新的源数据。其他业务系统数据也是如此处理。

但是被筛选出来的数据不一定是需要做资源更新的，或者做资源更新的方式可能是不一样的。例如：一块 2 亩的皆伐地块，可能需要把这块地块单独勾绘成为一块新的采伐迹地的小班数据，在相应的涉及这个地块的二类小班地块中减去这些面积和小班卡数据；但是若这块 2 亩的皆伐地块中有其他植被穿插生长比如竹林，这些竹林并不在采伐范畴内（比如开具的采伐证是做松树皆伐），如此，这块皆伐地块并不一定需要单独勾绘成为一块新的采伐迹地，而是修改相应的涉及这个地块的二类小班地块数据。

根据管理实际，在适当的时间段内选择某条或若干条待更新的源数据（根据上述原理系统自动筛选出来的业务数据），以最新的二类资源数据为基础更新资源数据。

5.4.3 林相图更新流程

（1）林相图生成和森林分布图生成

在各类小班数据分类的基础上，根据已更新的小班属性与图形数据，对林相图进行更新。结合更新的林相图，快速生成森林分布图，如图 5.19、图 5.20 所示。

（2）林相图更新

用户依据作业设计以及一些外业调查文档等信息，对动态监测到的变化区域填写属性信息，林相图（经过修边处理后）与变化图（填写属性）在系统中进行叠加（求交）分析，根据两图层求交结果，依据相交部分斑块属性信息由用户手工进行小班划分、小班编号、破碎小班合并等操作（熊冲，2009）。

5.4.4 系统化更新流程

系统化更新是基于森林资源二类调查本底数据，经营利用各林业业务系统为突变数据源，生长模型更新为渐变数据源的动态更新方法和系统，实现森林资源动态更新模型化、系统化服务。

① 森林资源二类调查本底数据的准备。最近一次二类调查或档案更新工作至当年数据。

② 日常业务数据的获取与筛选。基于林木采伐、营造林、征占林地、森林灾害、行政处罚的业务应用系统及前端数据的采集，获取五类森林经营非自然数据、新成林数据、蓄积进阶数据等，并通过计算机自助筛选相关更新数据。

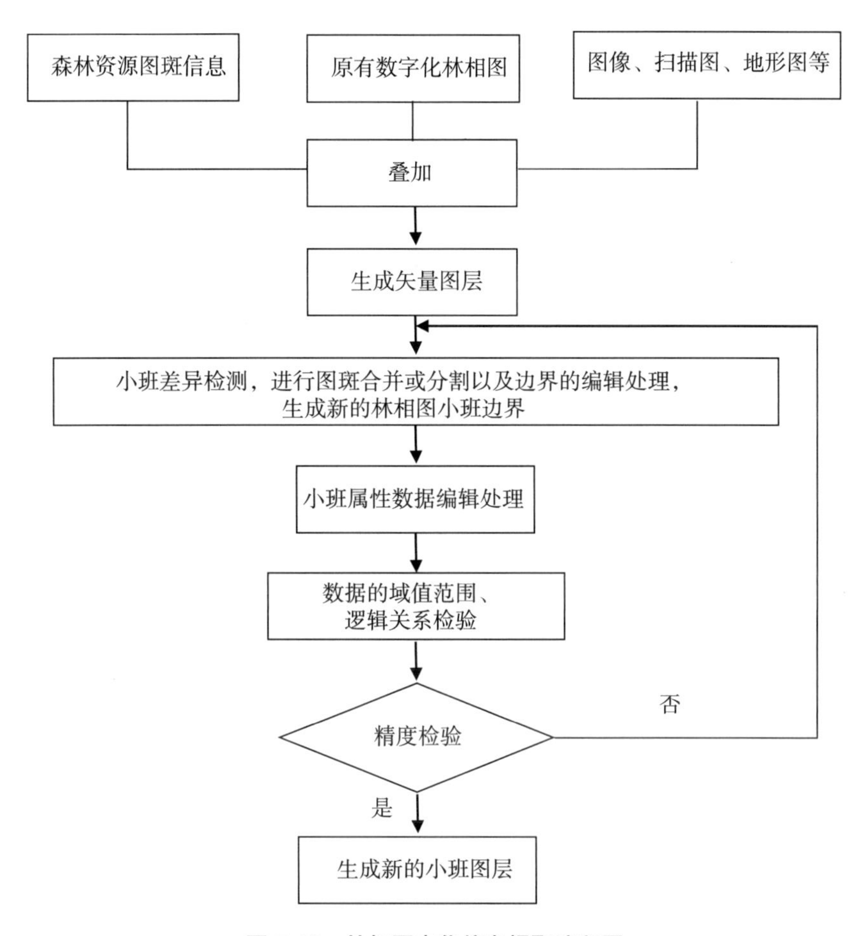

图 5.19　林相图变化信息提取流程图

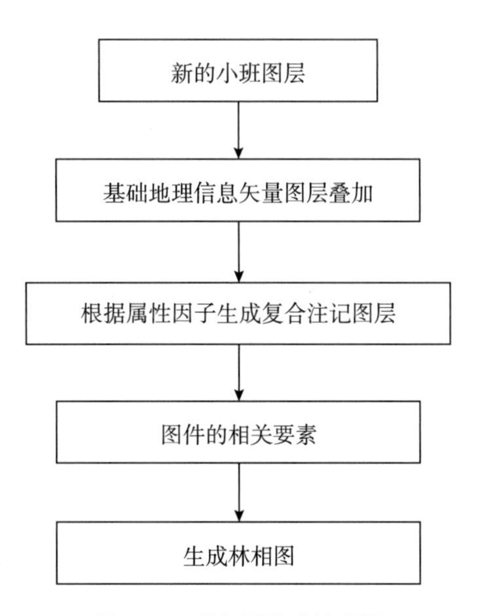

图 5.20　林相图生成流程图

③ 人机交互更新小班数据。将筛选的更新数据与二类调查数据的小班地块（小班卡）进行匹配，并通过人机交互更新小班数据，获取更新后的二类小班。

④ 动态资源数据的更新。获取生长模型的渐变数据，并更新相对应的小班地块（小班卡），完成森林资源动态更新。

⑤ 数据检验与检查验收。根据《浙江省森林资源规划设计调查技术操作细则（2014年）》的要求对数据进行检验与验收，确认数据是否达标。

⑥ 森林资源动态更新数据生成，实现动态更新、年度出数，可作为下一调查年的本底数据。

森林资源动态更新整体模型如图 5.21 所示。

5.4.5 更新的主要内容

根据浙江省 2017 年森林增长指标年度考核的要求，森林资源数据的更新主要包括面积、蓄积与其他属性更新。数据更新的对象包括图斑数据和属性数据，更新内容包括地类等面积类因子、单位蓄积等蓄积类因子、起源等其他属性因子更新。

（1）面积类因子

面积类因子，主要包括地类、树种组成等因子。地类因子包括林地范围内的更新、林地内部地类变化更新两类。林地范围内更新，包括因林业工程建设，通道绿化、农田水网建设等植树造林，非林地转为林地而增加的，此项通过营造林管理系统获取其前端数据采集端的造林数据；因征占用，办理占用、征收林地手续，建设项目实施后变为非林地而减少的林地，此项通过征占用管理系统获取其前端数据采集端的征占用数据。林地内部地类变化更新，包括非森林的地类转为乔木林、竹林地或特殊灌木林、一般灌木林新增的地块；由森林类转为非森林较少的森林地块；疏林地、未成林地、苗圃地、迹地、宜林地之间地类变化的林地地块。以上的变化将通过其他因素移动数据采集端新成林、蓄积进界获取。树种组成因子与林地关系密切，其数据更新与地类一并同时进行。模型采用获取业务系统和移动采集终端获取相关数据，并进行管理。

（2）蓄积类因子更新

突变小班的蓄积与地类变化数据一并更新，获取业务系统和前端数据采集终端外业调查与设计的数据进行更新。自然生长小班，通过建立按树种组、龄组和起源的蓄积生长率模型，对单位蓄积进行更新，并获取相关因子。

（3）其他属性因子更新

通过森林资源动态更新建立森林资源一张图，保持图斑属性数据的现势性，对林地管理类型、工程类别、树种高等管理因子进行更新，模型采用获取业务系统和移动采集终端获取相关数据，并且与林地变更前端调查工作内容相一致。

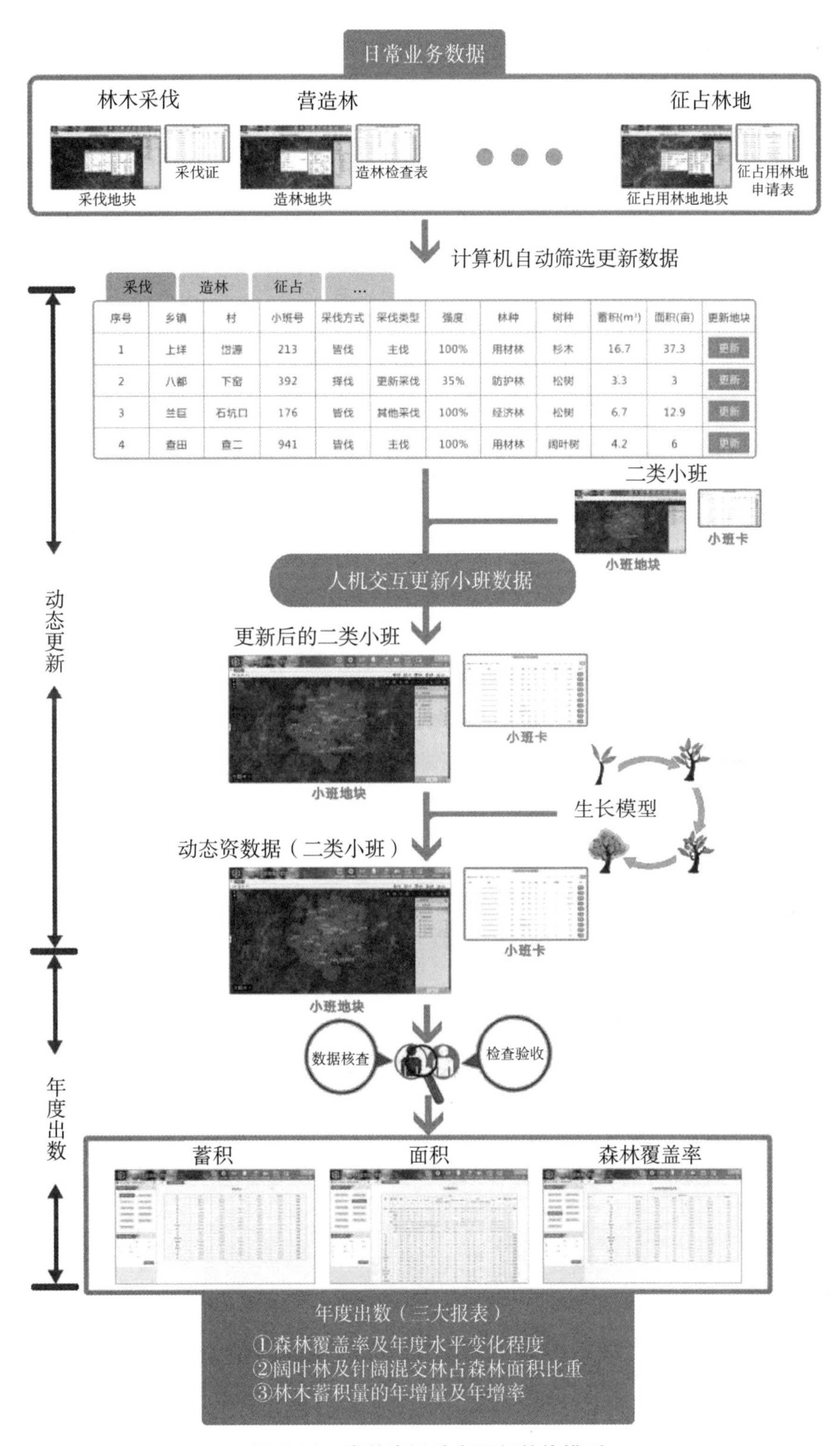

图 5.21　森林资源动态更新整体模型

5.4.6 系统化更新的优点

① 日常业务数据直接作为更新数据源，避免了传统更新方法中重新统计的麻烦，增加了数据的准确性，减少了工作量，降低了错误率。

② 把传统的集中更新分散到日常管理中，主管单位可以根据管理需要随时做资源更新，避免了集中更新带来的疲于应付的局面，增加了更新的质量。

③ 从理论上把年度出数推进到了实时出数，只要把业务数据产生的源数据做好数据更新，同时渐变模型能细化到及时计算（比如一个月计算一次生长量），任何时候都能出最新的资源数据，当然也就能出最新的更新数据。

④ 系统化服务更新能充分展现出目前管理中需要的年度考核数据：包括蓄积动态更新、面积动态更新和森林覆盖率动态更新三部分，服务于年度出数。

第六章　森林资源大数据平台研制

森林资源大数据平台是一个基于信息技术，以森林资源调查档案为基础，以森林经营利用与保护为补充，基于地理信息，将采伐管理、营造林管理、林地征占用管理、森林防灾管理、行政处罚管理突变数据，森林资源自然生长为渐变数据，通过系统集成、数据融合与建模，使森林资源数据由静变动，平台建设以浙江的森林资源监管为背景，实现全省及各级森林资源数据落地、相互兼容、及时更新、动态监管、随时出数目标。

6.1　总体思路

一是打造本底信息“一张图”。以新一轮森林资源二类调查成果为统一数据源，深化开发森林资源野外调查数据采集系统，建立以森林资源数据库、遥感影像数据库、基础地理数据库为基础的森林资源本底数据信息“一张图”。

二是构建动态监测“一套数”。在资源信息“一张图”管理平台上，整合林木采伐、林地使用、营林生产等业务管理系统，加强森林资源消长变化信息的及时采集和动态更新，掌握各类森林经营活动和非森林经营活动的变化情况，运用模型技术自动更新无干扰小班的资源数据，实现森林资源年度监测“一套数”。

三是实现资源管理“一体化”。以森林资源大数据平台为统一系统接口，统筹研发推广其他各类林业专题业务系统，为林业发展提供翔实的信息支撑和便捷的应用服务，实现森林资源信息共享联动、管理互动统一，全面推进我省森林资源管理“一体化”。

6.2　建设目标

以森林资源二类数据为核心，整合权属、公益林、古树名木、野生动植物、风景资源、自然保护地以及湿地等资源数据，形成互联融通的森林资源大数据库。按照森林资源信息共享联动、管理互动统一的总体要求，充分运用现代高新技术，规范资源数据的采集存储、交换管理、动态更新和管理服务，基于“云服务”和“互联网＋森林资源”，强化信息技术与森林资源管理融合，通过智能化的手段，形成森林资源立体感知、管理协同高效、生态价值凸显、服务内外一体的森林资源管理模式。以森林资源二类数据为基础，经营利用各业务系统为突变数据源，生长模型为渐变数据源，通过系统集成、数据融合与建模，建立一种森林资源动态监测新体系；建立一种分层控制，管理上移、服务下延的服务新模式，实现全程服务；建立移动式数字化采集、智能化处理与个性化应用的森林资源大数据平台，解决数据采集数字化、常态化，解决百姓办事“最多跑一次”，森林资源随时出数、评测落地等问题。打造森林资源“一张图”，构建动态监测“一套数”，搭建业务应用“一平台”，实现资源管理“一体化”。全面实现标准统一、数据互联、分布处理、管理一体、内外有别、生态凸显、随时出数的森林资源动态监测新体系。

6.3 平台建设标准及依据

森林资源大数据平台的建设，是一项技术方法与林业业务的高度融合，要充分理解技术与业务要求，同时考虑浙江省的实际，其建设标准与依据主要包括：

①《中华人民共和国森林法》

②《中华人民共和国森林法实施条例》

③《浙江省林业发展“十三五”规划》(2014—2020年)

④《浙江省智慧林业发展规划》(2014—2024年)

⑤《中华人民共和国国民经济和社会发展五年规划纲要》(2016—2020年)

⑥《浙江省国民经济和社会发展五年规划纲要》(2016—2020年)

⑦《森林浙江行动方案》(2011)

⑧《关于加快推进林业改革发展全面实施五年绿化平原水乡十年建成森林浙江的意见》(浙委发〔2014〕26号)

⑨《中共浙江省委办公厅、浙江省人民政府办公厅关于印发〈淳安等26县发展实绩考核办法(试行)〉的通知》(浙委办发〔2015〕53号)

⑩ 中共浙江省委组织部、浙江省农业和农村工作办公室、浙江省统计局《关于印发〈淳安等26县发展实绩考核评分细则(试行)〉的通知》(浙农办〔2015〕54号)

⑪《浙江省森林增长指标年度考核评价实施办法(试行)》《浙江省森林增长指标市、县级年度考核评价技术操作细则(试行)》(浙林计〔2014〕30号)

⑫《国家森林资源连续清查技术规定》(国家林业局，2014)

⑬《浙江省森林资源规划设计调查技术操作细则(2014年)》

⑭《浙江省森林资源档案管理实施办法》

⑮《浙江省县级森林资源动态监测技术操作细则》

⑯《全国林业信息化建设纲要(2008—2020年)》

⑰《全国林业信息化建设技术指南(2008—2020年)》

⑱《全国林业信息化工作管理办法》林办发〔2010〕187号

⑲《县级森林资源管理信息系统建设规范》(DB33/T 641—2016)

⑳《林地保护利用规划林地落界技术规程》(LY/T1954—2011)

㉑《占用征用林地审核审批管理办法》(国家林业局令第 2 号)
㉒《生态公益林建设检查验收规程》(GB/T 18337.4—2008)
㉓《造林技术规程》(GB/T 15776—2006)
㉔《森林抚育规程》(GB/T 15781—2009
㉕《森林采伐作业规程》(LY/T 1646—2005)
㉖《基础地理信息标准数据基本规定》(GB 21139—2007)
㉗《政务信息资源交换体系》(GB/T 21062.1—2007)
㉘《政务信息资源交换体系》(GB/T 21062.2—2007)
㉙《政务信息资源交换体系》(GB/T 21062.3—2007)
㉚《林业资源分类与代码》(GB/T 14721—2010)
㉛《地图学术语》(GB/T 16820—2016)
㉜《森林资源术语》(GB/T 26423—2010)
㉝《基础地理信息要素分类与代码》(GB/T 13923—2016)
㉞《中国植物分类与代码》(GB/T 14467—1993)
㉟《森林资源规划设计调查技术规程》(GB/T 26424—2010)
㊱《中国土壤分类与代码》(GB/T 17296—2009)
㊲《林地分类》(LY/T 1812—2009)
㊳《林种分类》(LY/T 2012—2012)
㊴《地理空间数据交换格式》(GB/T 17798—2016)
㊵《数字测绘产品检查验收规定和质量评定》(GB/T 18316—2001)
㊶《林业数据库设计总体规范》(LY/T 2169—2013)
㊷《信息技术软件生存周期过程》(GB/T 8566—2007)
㊸《计算机软件文档编制规范》(GB/T 8567—2006)
㊹《计算机软件需求说明编制指南》(GB/T 9385—2008)
㊺《计算机软件测试文档编制规范》(GB/T 9386—2008)
㊻《信息处理 - 程序构造及其表示法的约定》(GB/T 13502—1992)
㊼《计算机软件单元测试》(GB/T 15532—1995)
㊽《软件维护指南》(GB/T 14079—1993)
㊾《计算机软件质量保证计划规范》(GB/T 12504—1990)
㊿《计算机软件可靠性和可维护性管理》(GB/T 14394—2008)

6.4 平台安全要求

平台基于网络实现，应具有很高的安全要求。

从网络层次看，应具有：①可靠性。要求网络和平台随时可用，运行过程中不出现故障。②可控性。要求运营者对网络和平台有足够的控制和管理能力。③互操作性。要求不同的计算机系统、网络、操作系统和应用程序一起工作并共享信息。④可计算性。要求能够准确跟踪实体运行达到审计和识别的目的等。

从信息层次看，应具有：①信息的完整性。要求信息的来源、去向、内容真实无误。②保密性。要求信息不会被非法泄露、扩散。③不可否认性。要求信息的发送和接收者无法否认自己所做过的操作行为等。

从设备层次看，需要有质量保证、设备备份、物理安全等。

从平台管理层次看，需要人员可靠、规章制度完善等。

具体安全保障主要包括以下 9 个部分：

① 系统身份认证机制。平台应设有独立的身份认证机构。对平台所有功能项的应用，都需经过身份核定。其作用有以下两个方面：有效防止用户有意或无意饶过平台权限审核而非法使用某些功能；有效屏蔽数据，使用户只能管理本辖区内的数据。

② 平台功能授权策略。平台数据库中应保存不同账户类型对各项功能的授权以方便日常管理，增强平台的可使用性。用户只能在平台严格细致的授权范围下活动，有效避免越权操作行为的发生。

③ 关键数据加密传输。平台的数据采用集中管理，数据需要通过因特网传到服务器。为确保数据在传输、保存过程中的安全性，平台对关键数据采用加密传输及保存，如账户、密码等。

④ 用户账户的机器绑定。由于是公网的软件平台。为了防止用户在保管账户期间被非法人员窃取，实行用户账户与机器绑定或 U 盾的策略。即使账户信息泄漏，也无法在其他机器上登录平台。

⑤ 在线用户的实时跟踪。所有登录平台的用户，都应处于平台的监控下工作，这有助于账户的监管，跟踪用户操作。

⑥ 基础数据的操作登记。对所有关键的基础数据，平台都应进行操作登记。

⑦ 网站平台的屏蔽设计。由于平台处于公网下运行，又是专业政务系统，不希望闲杂人员无意访问平台，因此平台设计应遵循搜索引擎 Robots 协议，使得各大搜索引擎如 baidu、Google 等无法搜索到平台，最大限度保证平台的网络安全。

⑧ 错误的即时记录。平台设有专门的错误捕获及记录机构，实时捕获非预期的、平台无法处理的各类错误并写入平台的错误日志中，使得平台的开发维护人员能在第一时间掌握平台漏洞及错误，以最快速度升级平台。

⑨ 数据的备份恢复。备份是平台中需要考虑的最重要的事项，而出现平台问题时，数据库就必须进行恢复，恢复是否成功取决于两个因素，精确性和及时性。能够进行什么样的恢复依赖于有什么样的备份。平台应从三个方面维护数据库的可恢复性：使数据

库的失效次数减到最少，从而使数据库保持最大的可用性山；当数据库失效后，使恢复时间减到最少，从而使恢复的效益达到最高；当数据库失效后，确保尽量少的数据丢失或根本不丢失，从而使数据具有最大的可恢复性。

6.5　总体技术方案

6.5.1　平台关键技术

（1）数据安全技术

统一使用 CA 证书的 HTTPS 进行数据传输，防止数据被窃听；建立 APPID 和密钥管理库，使用对称加密算法、APPID 和密钥等对数据源进行加密解密，且 APPID 和密钥不在交互时传输。

（2）海量数据处理技术

通过自建空间数据引擎，实现用户数据“既视既拿”效果，并对传输的数据，根据分辨率进行点抽稀，以保证数据传输、显示时性能达到最优。通过瓦片技术、数据缓存技术、智能预统计等数据预处理技术，实现海量存储显示。

（3）瓦片地图

通过瓦片地图金字塔模型，建立如天地图离线地图，脱密地形图等瓦片地图，并使用加密算法，对瓦片模型中的 X、Y、Z 进行加密。

（4）空间数据服务

通过 GeoServer、自建空间数据服务等技术实现空间数据统一管理发布。

（5）空间分析技术

空间分析是平台的核心和灵魂。通过空间分析，可以进行叠加分析、网络分析、空间统计分析等操作。如采伐与营造林、二类、公益林、林权等图层叠加分析，实现业务数据精准提取，为领导提供决策数据支持。

（6）数据融合

本平台的子系统业务数据众多，分布于多个或多地服务器，通过数据传输技术、加密、数据预处理等技术实现数据融合。

6.5.2　数据来源及要求

（1）主要数据来源

① 森林资源一类数据。

② 林木采伐管理系统。

③ 营造林管理信息系统。

④ 征占用林地管理信息系统。

⑤ 林业行政处罚管理系统。

⑥ 森林灾害监测系统。

⑦ 林权监管平台。

⑧ 古树名木管理系统。

⑨ 野生动植物保护管理系统。

⑩ 其他山片作业数据。

（2）数据要求

① 依照国家、浙江省一、二、三类调查数据标准。

② 符合林业信息化数据标准。

6.5.3 技术结构

森林资源大数据平台设计和开发采用客户机 – 应用服务器 – 数据库服务器三层体系的 B/S 结构图，如图 6.1 所示，将浏览器作为客户机的主要工具，来访问系统服务器端资源。这里的浏览器应具有个性化自适应力和 Internet/Intranet 资源定位与管理能力，且可实现对数据库的无缝连接与访问，同时与服务器相配合，来提供完整的访问控制和安全机制。应用服务器兼有 Internet 相关功能和防火墙与代理功能，支持客户端的信息创建、发布、查询、统计和分析，并与浏览器协作以实现完整的安全管理和防护体系。

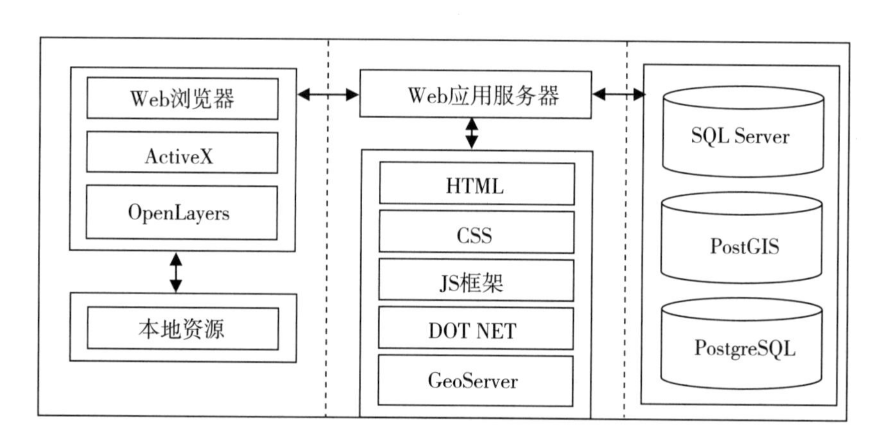

图 6.1 平台技术结构图

同时开发以离线编辑为主线的通用三类设计系统。通用设计系统是一个 GIS 客户端，系统能够实现从服务器上下载资源，并离线进行存储，实现国家严管的航片、地形图等资源叠加，能够通过 U 盘等存储工具，拷贝数据进行资源汇交，为各个部门的业务提供了一个简单易用的 GIS 工具。

6.5.4　平台架构设计

（1）平台云架构

云架构（或计算模式）是将分布于省林业局、国家林业和草原局和省电子政务云的服务器上的各项业务系统和数据库通过互联网相连，整合异构资源（如计算资源、磁盘存储和数据访问等），组成虚拟组织，以解决大规模计算问题，从而可随时随地、按需、便捷地提供共享与资源访问，如图 6.2 所示。

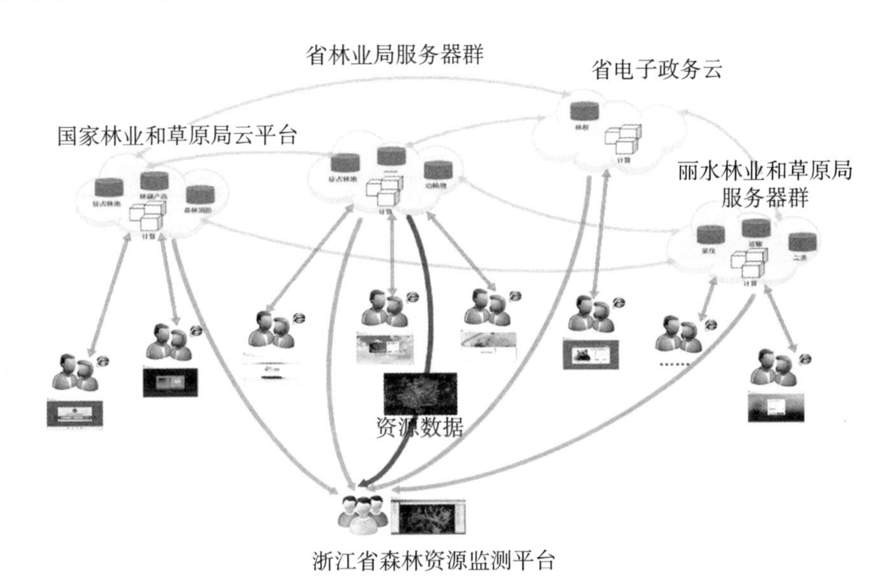

图 6.2　平台云架构图

（2）平台模型结构

云计算模型采用分层结构，各层之间相互独立互不影响，并用标准化接口互联，底层云平台层按需提供弹性资源，前期先整合森林资源二类数据、年度自然消长、采伐、营造林、征占用林地、行政处罚和森林灾害数据。其模型结构可以分为云平台层、算法层、逻辑层和视图层。云平台层提供基础的网络资源、异构数据库、数据交换方法、数据接口方法和云计算框架；算法层是本模型的核心层，它利用底层 Web Service 接口从云平台层获取数据，同时利用 Web Service 接口为上层逻辑层提供数据服务，利用若干数据分析与挖掘算法对底层提供的元数据进行分析与数据挖掘，并利用 PMML 和 CWM 来呈现预测分析模型和实现元数据交互；逻辑层提供两类服务，流程引擎服务和系统管理服务；视图层是模型面向用户的最终接口，为用户提供基于富客户端的 Web 应用，负责创建数据的呈现界面，提供人机交互接口，以及诸如系统导航、系统配置、用户管理、创建应用、算法管理和数据管理等功能。其模型结构如图 6.3 所示。

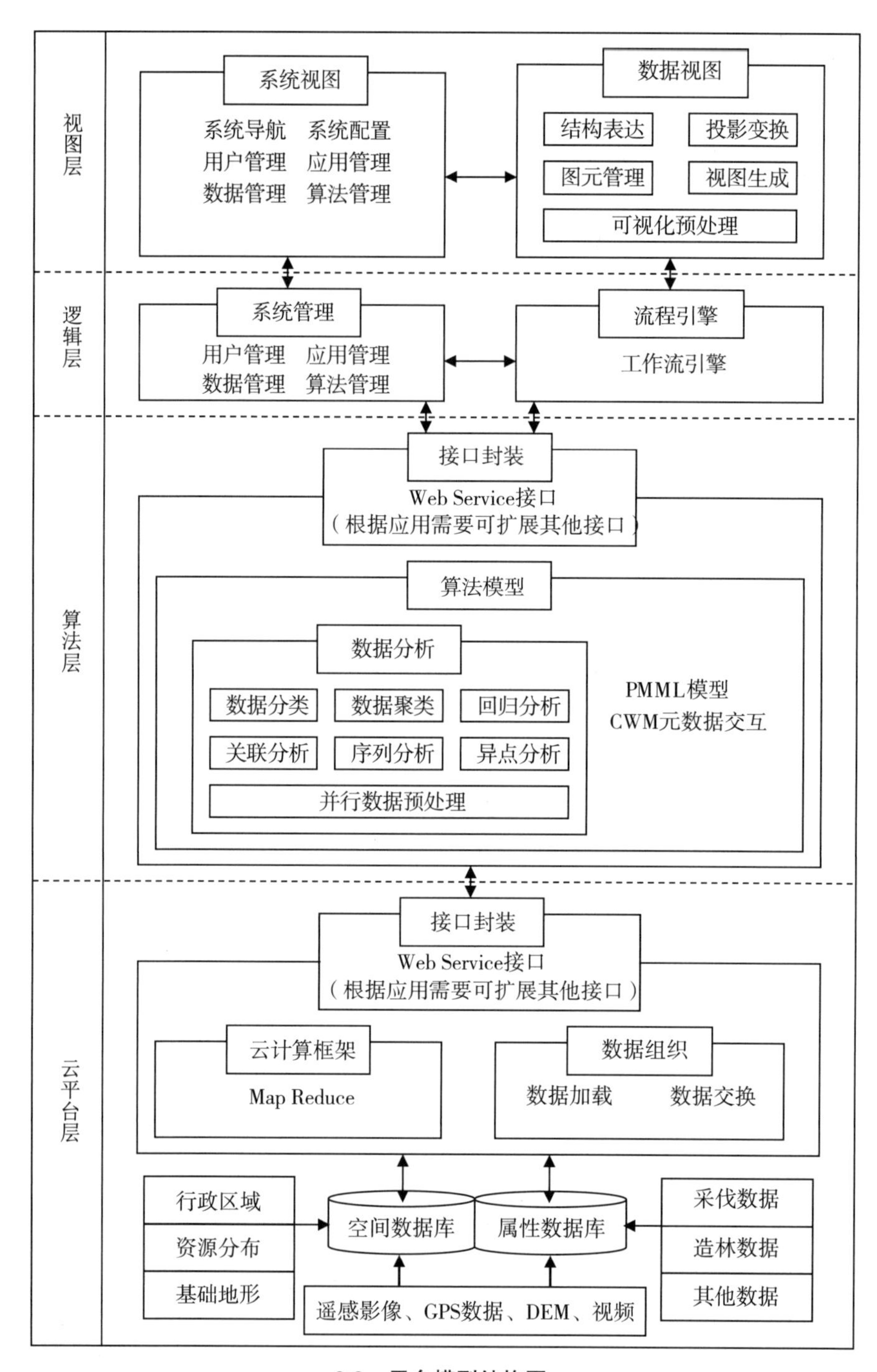

6.3　平台模型结构图

（3）平台功能及组成结构

森林资源大数据平台基于二类数据共有四部分，从前端采集开始到后端综合应用分别是移动数据采集系统、日常业务管理系统、资源更新桌面系统和森林资源大数据展示平台。移动数据采集系统利用遥感技术、无人机技术和平板电脑到野外采集空间和属性数据，此数据经脱密处理进入各日常业务管理系统后台数据库，日常业务系统主要包括与森林资源动态更新密切相关的采伐、造林、征占林地、森林灾害和行政处罚等，当然，平台可以根据各县市实际情况及业务开展的成熟度来动态添加其他的业务系统，如生态公益林系统。资源更新桌面系统主要为待更新的二类小班做空间及属性数据的更新，它的数据源包括二类资源小班数据、各业务系统产生待更新数据如采伐迹地、造林迹地、火烧迹地等。日常业务管理系统与资源更新桌面系统共同为森林资源大数据展示平台提供源数据，实现动态更新数据的展示、为年度出数提供各种报表与趋势图、跟踪并动态展现各业务子系统的现状、对森林资源实施综合监管、为政府提供各类决策支持等。平台总体框架如图 6.4 所示，组成结构如图 6.5 所示。

（4）平台特点

内容动态配置：根据森林资源监测的需要，可灵活配置业务系统和数据。

业务综合集成：平台涵盖主要业务系统和数据，基于二类资源本底数据和业务系统，经过数据交换与建模，实现森林资源由静变动，实现森林资源的动态更新。

大数据支持：平台汇聚了森林资源、森林经营利用与保护等林业主体要素数据，按照县域建立数据库实现数据的云分布。

全方位、多层次展现森林资源，林业生产、经营和管理的全貌。在数据标准、交换标准以及建模研究基础上，应用可视化技术，展现森林资源的内在规律以及经营管理的协同过程。

6.5.5　数据库设计

（1）数据类型

① 地理信息类数据。地理信息类数据主要包括公共信息数据和专业信息数据。公共信息包括基础地理信息（DLG、DEM、DOM 等）、遥感影像数据和地形图，用于反映地形、地貌的变化以及自然环境。

② 森林资源本底数据。由国家、省统一进行的，在一定时间内完成的森林资源一、二类调查数据，较好地反映了某时间点区域森林资源的状况。

③ 突变信息类数据。来源于生产、经营管理和监测方面的信息，包括林木采伐、造林、林地征占用等森林生产经营信息以及森林保护（防火、防病虫害及有害生物）等。

④ 渐变信息类数据。指森林资源自然消长信息，包括林木林分生长率、生长量，经营单位、区域生长量等。

⑤ 关联类数据。关联类数据主要包括行政代码、二类小班号、林木采伐证号等，依据已有关联数据制定标准代码。

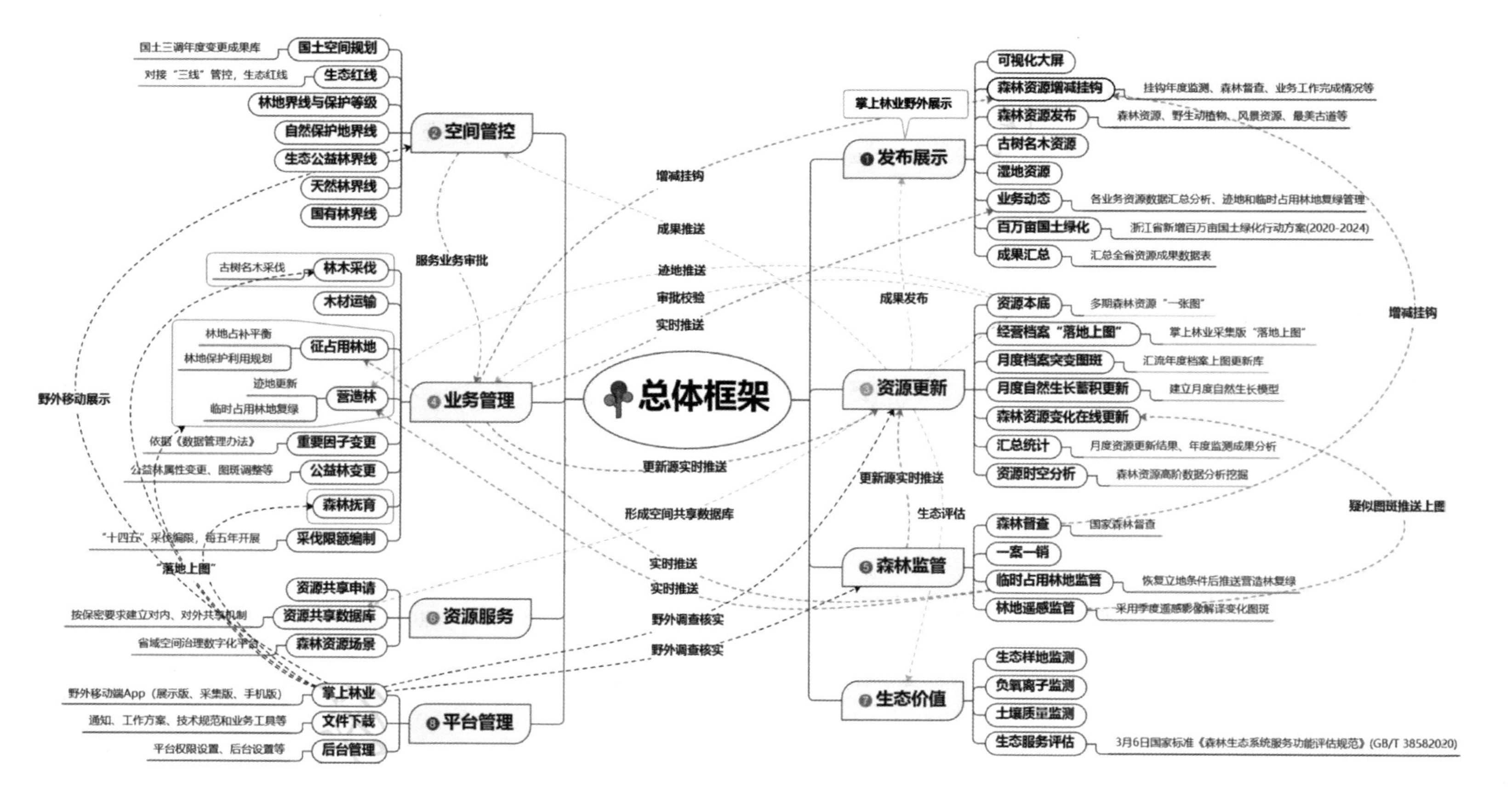
总体框架
❶发布展示
可视化大屏
森林资源增减挂钩
挂钩年度监测、森林督查、业务工作完成情况等
森林资源发布
森林资源、野生动植物、风景资源、最美古道等
古树名木资源
湿地资源
业务动态
各业务资源数据汇总分析、迹地和临时占用林地复绿管理
百万亩国土绿化
浙江省新增百万亩国土绿化行动方案(2020-2024)
成果汇总
汇总全省资源成果数据表
掌上林业野外展示
❷空间管控
国土空间规划
国土三调年度变更成果库
生态红线
对接“三线”管控，生态红线
林地界线与保护等级
自然保护地界线
生态公益林界线
天然林界线
国有林界线
❸资源更新
资源本底
多期森林资源“一张图”
经营档案“落地上图”
掌上林业采集版“落地上图”
月度档案突变图斑
汇流年度档案上图更新库
月度自然生长蓄积更新
建立月度自然生长模型
森林资源变化在线更新
汇总统计
月度资源更新结果、年度监测成果分析
资源时空分析
森林资源高阶数据分析挖掘
❹业务管理
林木采伐
古树名木采伐
木材运输
征占用林地
林地占补平衡
林地保护利用规划
营造林
迹地更新
临时占用林地复绿
重要因子变更
依据《数据管理办法》
公益林变更
公益林属性变更、图斑调整等
森林抚育
采伐限额编制
“十四五”采伐限额，每五年开展
“落地上图”
服务业务审批
❺森林监管
森林督查
国家森林督查
一案一销
临时占用林地监管
恢复立地条件后推送营造林复绿
林地遥感监管
采用季度遥感影像解译变化图斑
❻资源服务
资源共享申请
资源共享数据库
按保密要求建立对内、对外共享机制
森林资源场景
省域空间治理数字化平台
❼生态价值
生态样地监测
负氧离子监测
土壤质量监测
生态服务评估
3月6日国家标准《森林生态系统服务功能评估规范》(GB/T 38582020)
❽平台管理
掌上林业
野外移动端App（展示版、采集版、手机版）
文件下载
通知、工作方案、技术规范和业务工具等
后台管理
平台权限设置、后台设置等
增减挂钩
成果推送
迹地推送
审批校验
实时推送
成果发布
更新源实时推送
更新源实时推送
生态评估
形成空间共享数据库
实时推送
实时推送
野外调查核实
野外调查核实
野外移动展示
增减挂钩
疑似图斑推送上图

图 6.4 平台总体框架

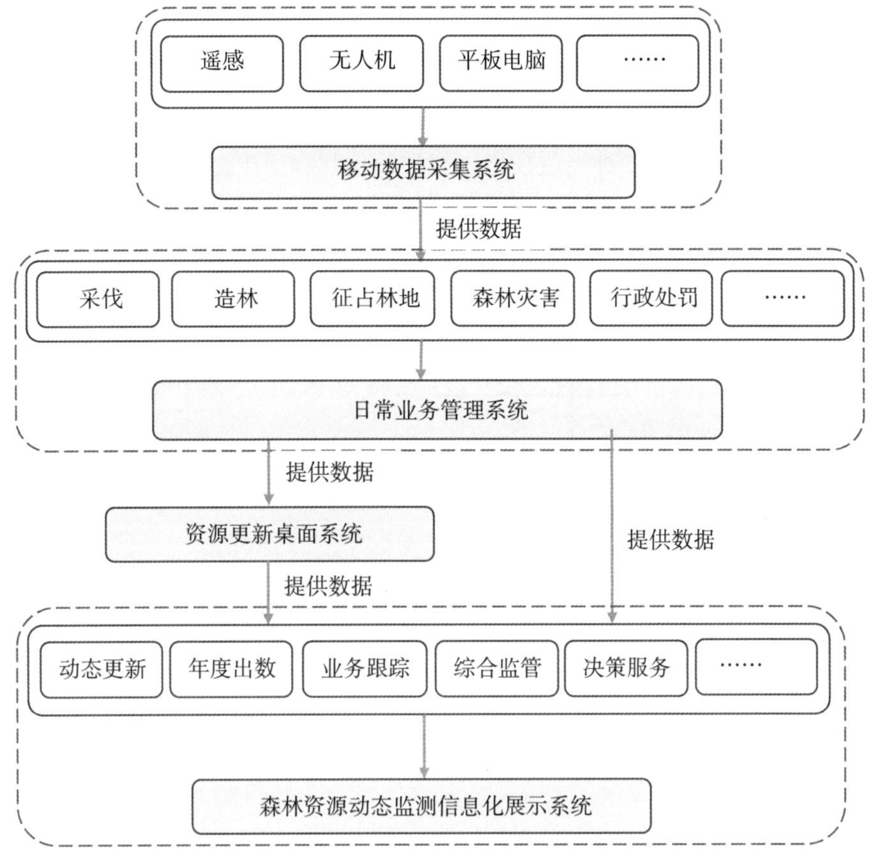

图 6.5 平台功能及组成结构

（2）数据库及构成

根据林业管理的要求，考虑与各环节管理的统一与数据交换，林业信息集成数据库主要包括以下内容：

① 基础地理数据库。该数据库存储空间定位控制数据和一些相对稳定的参考性数据，很多应用都基于该数据库。例如蓄积量的统计、采伐发生情况的统计，一般情况下都会按照行政区域进行分区域统计，分区域生成各专题图。通过矢量数据叠加正射影像图专题图形，从而让用户可更直观地了解森林资源的历史与现状。如图 6.6 所示。

主要包括：

a. 道路。高速公路、国道、小路等，形成线数据。

b. 水系。主要水系、溪流、水库，形成线数据。

c. 地名。地名数据是空间定位型的关系数据。通过地名数据的组织将固定地名、路名、河流和单位等的名称，连同其汉语拼音及属性特征如类别、政区代码、归属、网格号、交通代码、高程、图幅号、图名、图版年度、更新日期、X 坐标、Y 坐标、经度、纬度等录入计算机建成的数据库，它与地形数据之间通过技术接口码连接，可以相互访问，形成点数据。

d. 边界。行政边界，各种经营区边界，小班边界等，形成面数据。

e. 数字高程模型（DEM）。存储大比例尺 DEM 数据，为 3D 建模提供服务。

f. 遥感影像数据。保存各种经过校正、增强的现状和历史遥感图像。

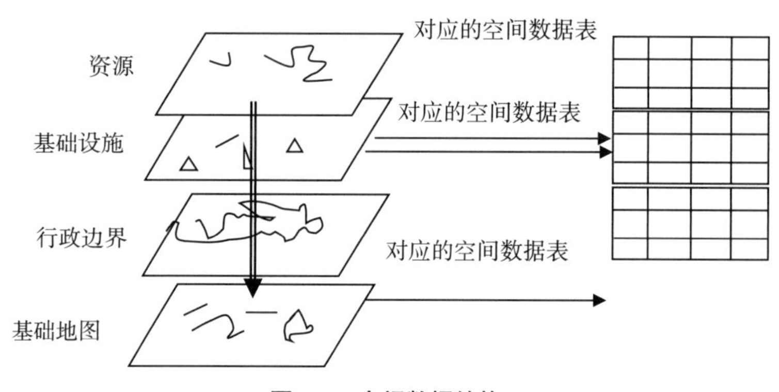

图 6.6　空间数据结构

② 森林资源本底数据库。该数据库基于森林资源一、二类调查数据，并且随着基于小班的森林资源不断变化，本底数据库按时态分布和建立。该数据库不仅包含图形数据，也包含与图形数据有关的属性数据，它们通过关键字连接，共存于森林资源本底数据库中。

③ 森林突变数据库。以具体地块为单元，按时间序列记录地块上所产生的各种经营活动、受灾情况的时态数据库，如育苗造林、林木采伐、火灾等。不仅可以跟踪追溯，更有助于园区的科学经营，提高生产力。

④ 森林渐变数据。以地块、村、乡镇、县等为单元，按时间序列记录单元上所产生的各种自然消长信息。

⑤ 系统维护数据库。平台用户及权限信息，整个平台根据管理与操作需要分为若干级。

⑥ 临时数据库。该数据库接收具有写入权限的用户进行数据的存储。临时数据库是数据的暂停场所，是为了保证系统数据的正确性而建立的面向信息采集点用户的数据库。

⑦ 元数据库。平台的元数据是对各种数据的描述，主要是数据的来源、性质、精度、形成时间、坐标系统、数据的生产者、数据质量等内容，元数据可以帮助用户确定所需数据的位置以及该数据的有关特征，在信息发布、信息查询时相当重要。需将各个数据库的元数据单独抽取出来，建立专门的元数据库。

⑧ 分类编码库。按数据库中的各种类别，进行分类编码的优化。

⑨ 符号库。符号库是为制图服务的，可以利用符号库提供各种符号来制作专题图，主要参考已有森林资源管理系统符号库，根据林业园区管理之需做增补。

6.5.6　平台接口设计

根据省政府“数字化转型”及“最多跑一次”改革工作要求，做好与省级政务服务网、省级公共数据中心的对接工作，留足接口，实现数据共享。

（1）数据交换方式

平台采用基于 JSON 格式的开放的 Web Services 进行数据交互，可实现不同系统、编程语言和组件模型中的不同类型系统向相关平台发送和接收数据。平台采用开放式接口，具体表现如下。

① 开放性：提供第三方开发支持。

② 灵活性：业务多变，适应范围广。

③ 兼容性：方便接入第三方厂家产品。

④ 扩展性：提供级联、堆叠功能。

⑤ 操作性：简单易用的操作界面。

⑥ 维护性：智能运维的强大功能。

⑦ 先进性：先进的技术和系统工程方法。

⑧ 安全性：数据安全、网络安全、传输安全、管理安全。

（2）数据交换安全设计

接口设计时应考虑其安全性，本平台接口设计考虑以下措施。

① 统一使用 CA 证书的 HTTPS 进行数据传输，防止数据被窃听。

② 基于 Token 的身份验证方法，且 Token 应有过期重新认证机制，过期时间设置为 2h。

③ 建立 APPID 和密钥管理库，使用 APPID 和密钥等对数据源进行加密解密，且 APPID 和密钥不在交互时传输。

④ 对接入系统的 IP 进行管理，设立 IP 白名单。

⑤ 应建立完善的文档管理机制，避免人为因素导致的接口地址、APPID 和密钥管理库等关键信息外泄。

6.6　主要系统设计与实现

6.6.1　移动数据采集系统

移动数据采集系统为森林资源大数据平台提供基础数据服务，满足各个部门日常工作管理需求。本模块的各类系统实际上是各业务系统的前端延伸，为完成如采伐、造林、征占用林地等的外业设计而开发的系统。它主要负责两类工作：一为业务系统提供外业设计，包括空间与属性数据设计；二为林地变更模块提供桌面端的地图与属性编辑功能，此功能模块提供Android版的操作界面，它与Web端的林地变更模块相对接，直接呈现待变更地块的源数据及最新二类小班数据，允许用户直接复制诸如采伐地块到二类小班图层中生成新的采伐迹地地块，修改采伐迹地、原小班地块的空间与属性数据，最后更新二类小班数据。业务流程图如图6.7所示。

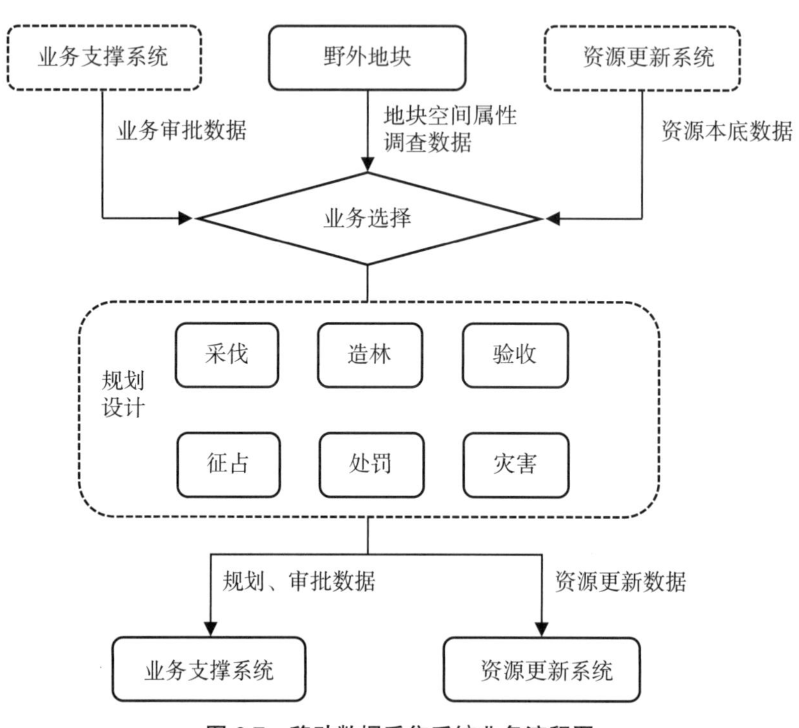

图6.7 移动数据采集系统业务流程图

通过移动数据采集系统进行日常数据采集工作，与森林资源大数据平台互动，实现各种数据同步，实现实时的森林资源数据采集与更新。结合各个部门的业务需求，根据当前先进的技术手段，移动数据采集系统基于Android系统，采用大屏平板开发，实现数据采集、同步等业务操作。

移动数据采集系统，主要考虑以下方面问题。

① 平板地形图、航拍图等保密数据不能在线浏览，如何解决。

② 如何更好地支持森林资源动态大数据高速浏览及编辑。

③ 如何准确地进行数据交互，满足资源更新需求。

针对以上问题，在移动数据采集系统设计了以下过程。

① 基于APP，开发中间件，将保密数据存储在平板，需要采集数据时，使用U盘等设备，将中间件缓存的数据预先将需要的数据拷贝入平板。

② 开发外业采集APP，将采集的数据存储在平板。

③ 使用USB设备，将平板内数据拷贝到中间件，中间件通过脱密技术对数据进行脱

密处理，并通过加密技术上传数据到服务器。

为了更好服务于林业各个部门，可以根据实际情况，简化以上过程，如不使用保密数据，可以使用国家测绘局提供的天地图等公开的数据进行林业规划，在线离线对数据进行操作、同步，以便更好地为林业各个部门服务。

移动数据采集系统主要设计了地图基本操作、规划设计等主要模块。

6.6.1.1　基本操作

移动数据采集系统的基本操作主要功能是 GPS 操作、当前位置、查询定位、框选、比例尺、选择、旋转、底图操作等。

① GPS 操作：原生 GPS 功能，能够开启 APP 时读取 GPS 信息，系统关闭 GPS 时，应显示打开 GPS，用户点击后弹出 GPS 设置菜单、，系统开启 GPS 时，应显示关闭 GPS。如图 6.8 所示。

图 6.8　GPS 操作界面

② 当前位置：当用户点击当前位置时，调用 GPS 模块进行定位，如果没有开启 GPS 时，应该提示打开 GPS，在定位等待过程中，按钮应该有个动态显示。

③ 定位导航：用户点击后，显示 3 个选项卡的方式，包括乡镇、村列表，经纬度输入选项卡和公共查询选项卡。点击乡镇名可以直接定位到乡镇、点击村名可以定位到村；使用经纬度，可以输入小数的经纬度也可以输入度分秒（要做适当转换）的形式进行定位；公共查询可以根据各个子系统的需要定制查询选项。如图 6.9 所示。

图 6.9　位置与导航界面

④ 拉框缩放：在地图上绘制一个矩形，可以定位到矩形。

⑤ 比例尺：点击后，可以打开一个小窗口显示当前比例尺、可以输入、下拉选择比例尺进行对地图视图进行比例尺操作。

⑥ 选择：使用此功能，可以选择图形要素，可以使用取消选择来进行反向操作，此功能作用用于要素合并、分割、删除等操作。

⑦ 旋转：可以旋转底图，满足用户在外业操作时确定自己位置同时，可以快速对比地形地貌。

⑧ 底图操作：此功能为了更好满足作业单位节约平板空间及快速浏览地图的需求，可根据图幅、乡镇、村等进行选择。如图 6.10 所示。

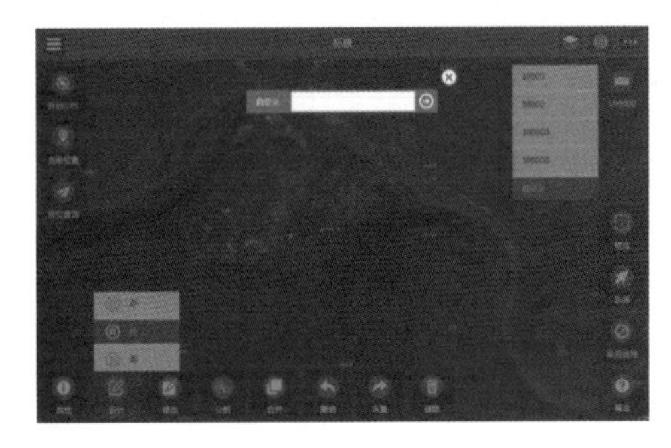
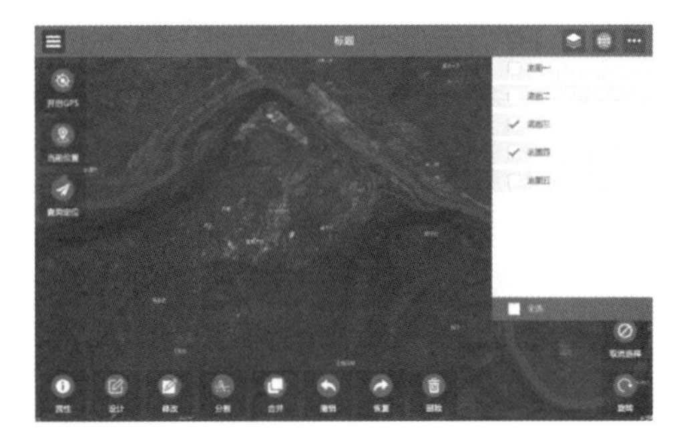

图 6.10　比例尺与地图操作界面

6.6.1.2　规划设计

规划设计功能设计提供点、线和面新增、修改、分割、合并、校验、数据同步等操作。对各个子系统的每个图层，提供点线面三种类型图层，并可以随意编辑三种类型要素图层。如图 6.11 所示。

图 6.11　规划设计界面

（1）数据上传下载

可选择并上传新增或修改的图斑和属性数据，生成地块截图、移除地块。同时，可对乡镇等基础数据、20m 等高线数据、蓄积进界数据、森林督查数据、业务系统数据等进行下载。如图 6.12 所示。

图 6.12　数据上传下载

（2）底图与属性管理

系统可对行政界、示高线、二类成果、本期监测成果、前期监测成果、变化图斑成果、红线数据、在线影像数据、离线影像等底图数据进行加载与选择。根据底图勾选情况，查询相应成果数据，并对属性进行浏览、查询等操作。如图 6.13 所示。

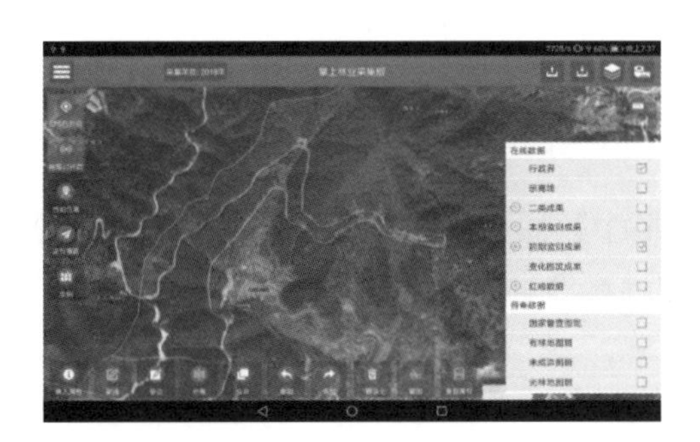

图 6.13　底图与属性管理

（3）规划设计

设计菜单为“设计”按钮，在图上勾画一个自己需要的图形，可以规划点、线、面三种要素图层。如图 6.14 所示，勾选显示即可在地图上显示该部分的数据，勾选编辑即可设计该部分数据，不勾选编辑选项则不能进行设计操作。点击颜色框可以自定义该图层数据的颜色等，勾选标注可以将制定的信息标注到地图上。

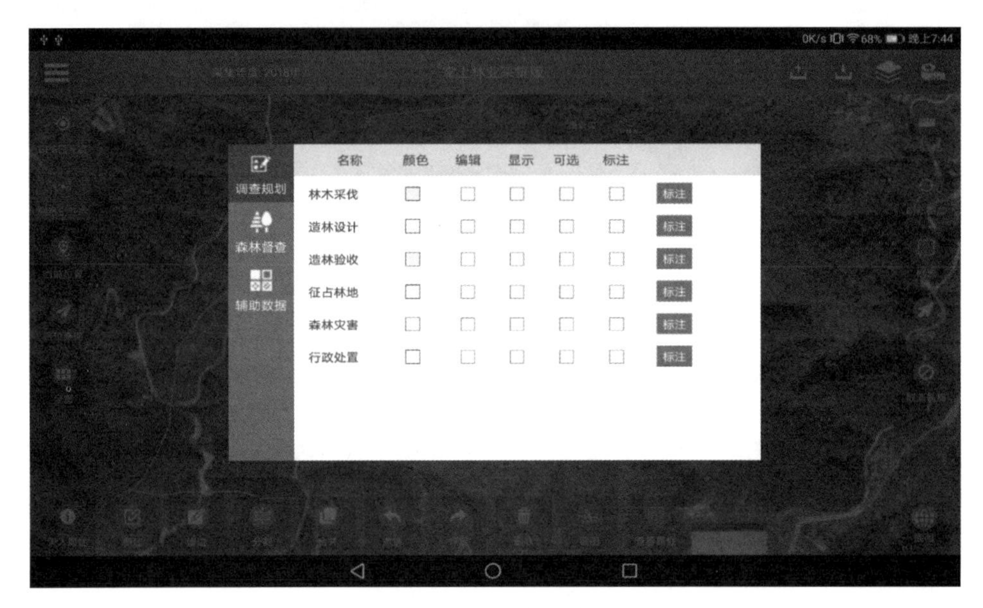

图 6.14　作业设计

（4）修改

设计菜单为“修改”按钮，提供图形的修改功能。提供节点增加、修改、移动、删除功能。

（5）属性

属性功能主要提供对点线面要素进行属性数据新增编辑，此功能能够快速为森林资源大数据平台提供主要的属性数据，如采伐系统，有建档数据、外业调查、每木调查等数据。

（6）分割

设计菜单为“分割”按钮，对线、面进行的操作，以绘制的切割线对图形进行切割。

（7）合并

先在图上选中要进行合并的图形，选中图形个数要大于等于 2 个，再单击“合并”按钮，然后选中合并后保留的属性，单击合并属性后即可完成合并。

（8）删除

设计菜单为“删除”按钮，提供图形的删除操作。

（9）**撤销、恢复**

对于设计模式下每一个节点的增减的步骤都可以撤销恢复；对于修改模式下每一个节点的移动的步骤都可以撤销恢复；对于分割、合并模式下对整个分割或合并操作进行撤销恢复。

（10）**校验**

设计菜单为“属性”按钮，检查要素的属性信息是否完整。

（11）**同步**

设计菜单为“同步”按钮，数据可以上传当前的要素更新服务器上的数据，下载服务器的数据来更新当前的要素信息。

6.6.1.3　业务内容

移动数据采集系统的业务范畴包括采伐、造林、征占用林地、森林灾害和行政处罚五部分，同时兼顾种子种苗、林地权属、生态公益林等业务，每项业务都可以实现空间与属性数据的采集、编辑、修改、删除和更新工作。如图 6.15 所示。

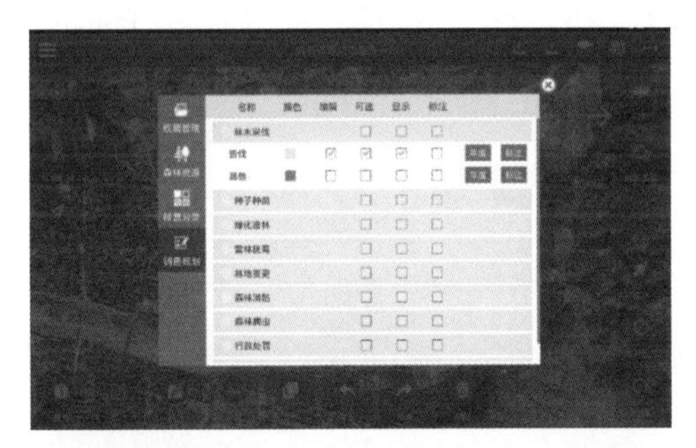

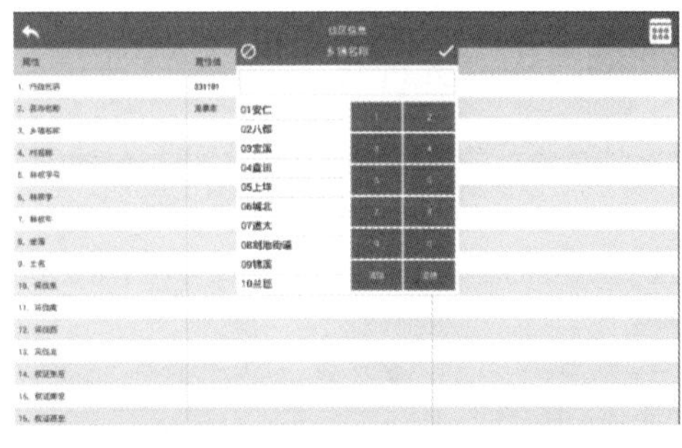

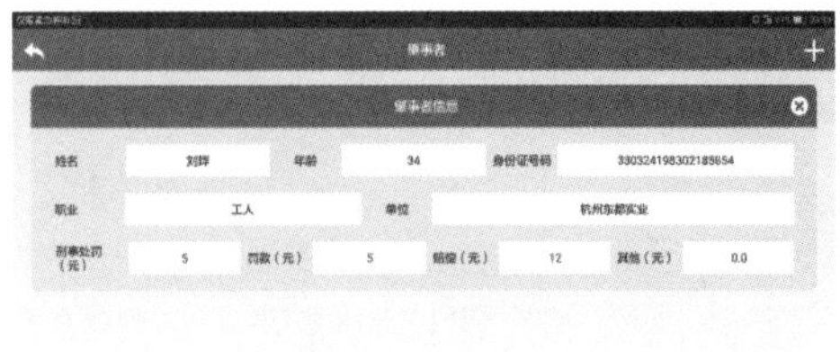

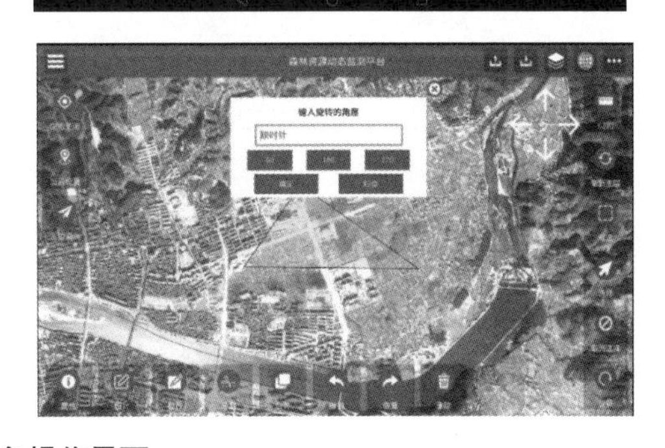

图 6.15　业务操作界面

（1）征占林地

① 业务与图层选择：在图层列表里面选中“征占林地”为可编辑图层。打开图层菜单，可看到列出了设计所需的图层数据，根据自己设计的需要来打开这些图层，如图6.16所示。

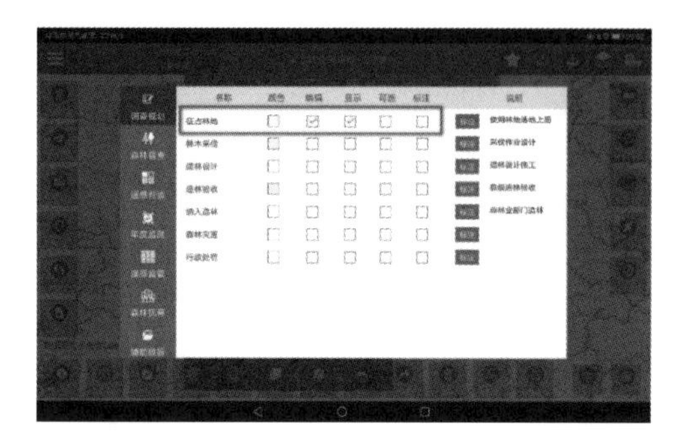

图 6.16　业务与图层选择

② 空间分析与编辑：可对征占林地业务进行空间分析，包括叠加分析、空间拆分、面积分析、周长分析等。如图6.17所示。

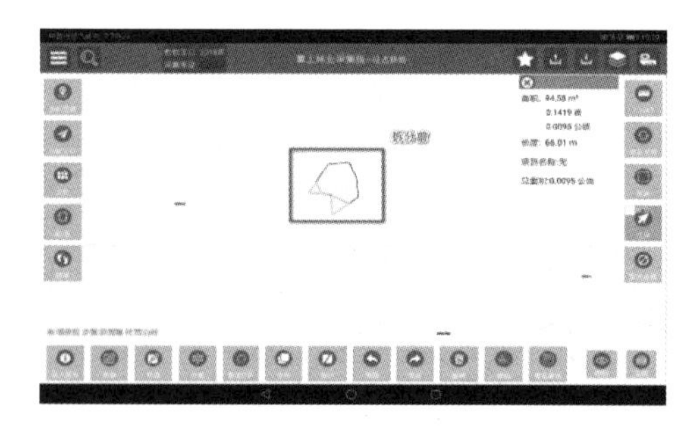

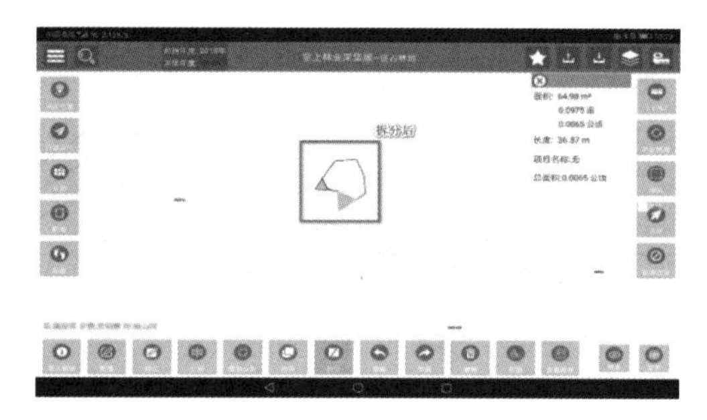

图 6.17　空间分析与编辑

③ 属性数据管理：系统处于在线状态时，可对属性数据进行在线编辑，同时可实现数据的逻辑校验与更新。如图6.18所示。

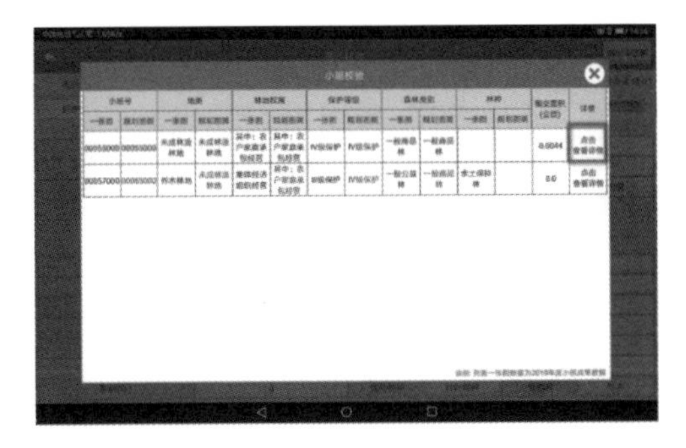

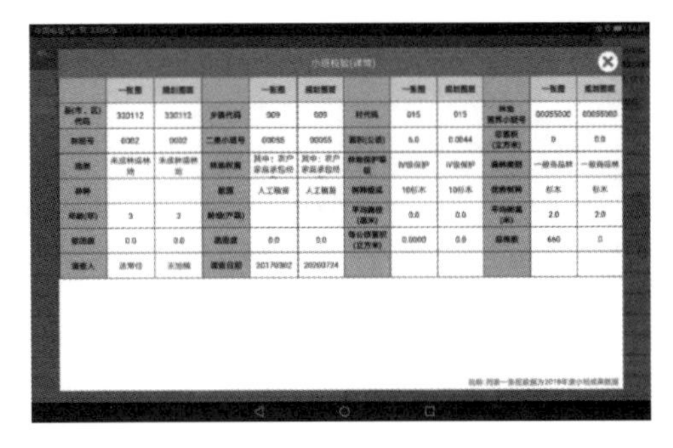

图 6.18　属性数据管理

④ 数据上传：系统可实现空间和属性数据的在线及离线编辑。当处于离线状态时，系统在已下载的底图和属性数据的协助下，可实现空间地块的新增、拆分、合并、删除以及空间分析等，同时可对相应属性数据进行增、删、改、查等操作，并且实现了基本的空间与属性数据的逻辑校验。当完成离线数据编辑后，系统提供了数据上传操作，数据上传后将更新后台数据并同步到各关联系统中。如图 6.19 所示。

图 6.19　数据上传

（2）林木采伐

① 数据编辑：系统提供了采伐模块在线和离线数据编辑功能，包括伐区信息、样地调查信息、设计委托信息、每木信息、外业调查信息和简易的作业设计功能。如图 6.20 所示。

图 6.20 数据编辑

② 数据上传：与征占模块相同，本模块也提供了空间与属性数据的编辑、校验、上传、更新与同步功能，选择相应的数据就可以上传到后台服务器。如图 6.21 所示。

图 6.21　数据上传

（3）**营造林**

① 造林设计：本模块提供了造林设计的空间与属性管理，包括造林信息、树种明细、造林明细的查询、新增、修改、删除等操作。造林类型涵盖了平原造林、封山育林、迹地更新等。如图 6.22 所示。

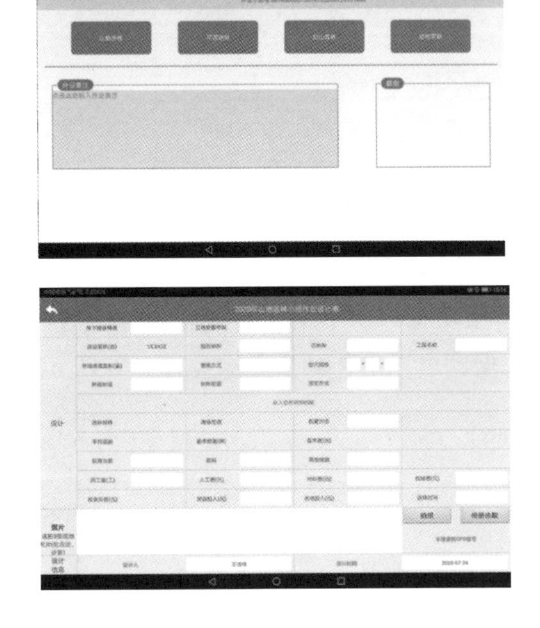
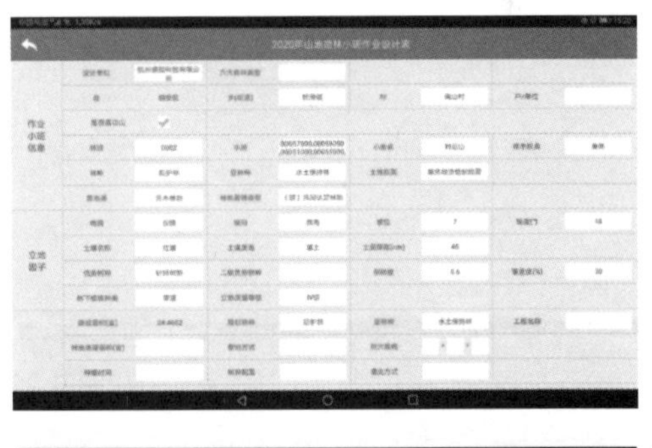

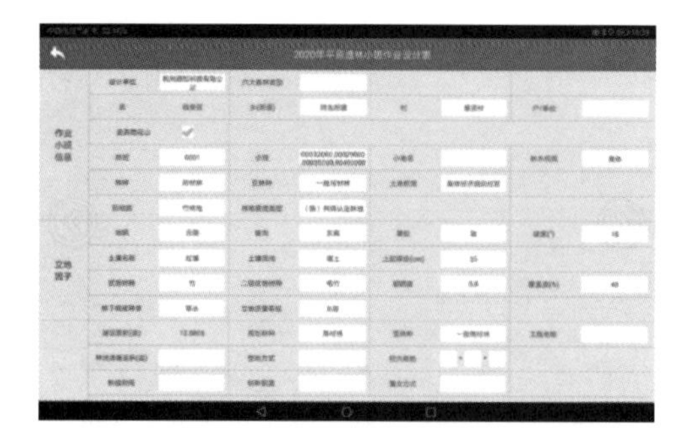

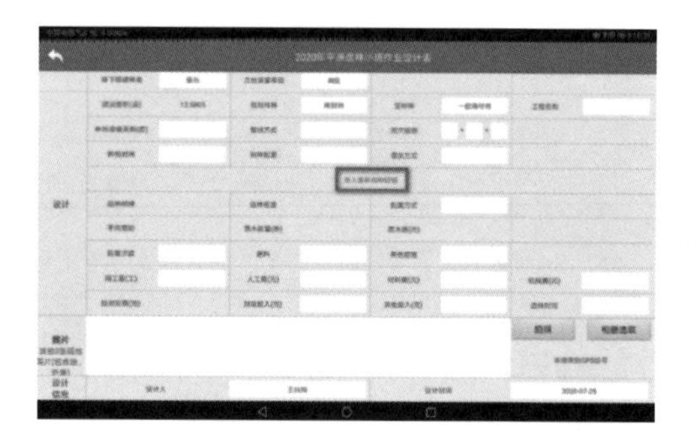

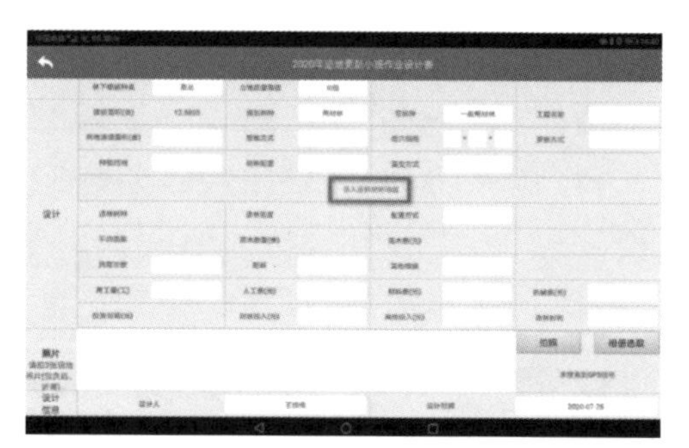

图 6.22　造林设计

② 造林验收（设计及验收）：模块提供了造林的验收功能，理论上可以提供不限次数的验收作业。验收时可以对照造林设计的数据，对每一项指标进行核查验收，对于不合格的项目，系统会以红色字体显示。如图 6.23 所示。

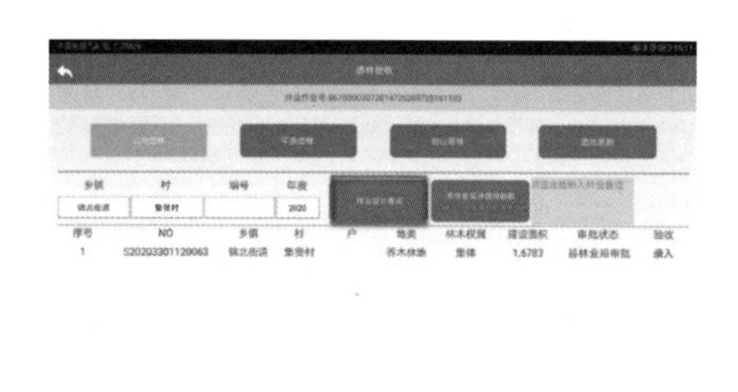

图 6.23　造林验收

③ 数据上传：与征占、采伐模块相同，本模块也提供了空间与属性数据的编辑、校验、上传、更新与同步功能，选择相应的数据就可以上传到后台服务器。如图 6.24 所示。

图 6.24　数据上传

6.6.2　林业业务支撑系统

林业业务支撑系统包括采伐、造林、征占、森林灾害（火灾和病虫害）、行政处罚（盗伐及乱砍滥伐）五类与森林资源动态更新关系最为密切的系统，系统可以根据管理的需要动态调整，比如后续可以加入生态公益林数据、木材运输数据等等。此类数据来源于林木采伐、征占林地、营造林、森林火灾、行政处罚等独立业务系统，反映的是数据的实时动态变化。为森林资源大数据平台提供数据共享，融合现有信息孤岛，实现森林资源管理相关业务的联动管理、综合展现的管理方式，内容包括统计区块、查询区块和展示区块，包含数据实时统计分析、数据汇总、数据查询、现状展示，业务区域、饼图柱状图折线图数据展示分析、统计表的图表结合的方式直观呈现给用户。此类系统本身已经在正常开展业务，本平台的主要工作是对接相关数据，形成森林资源大数据的重要组成部分，为资源更新提供数据依据。业务流程如图 6.25 所示。

① 林木资源监管：可以查看、统计林地资源分布情况，了解每个小班地块的详细数据，可以按林种生成林木资源分布专题图（包括针叶林、阔叶林、混交林、竹林等）。如图 6.26 所示。

② 林地资源监管：可以查看、统计林地资源分布情况，了解每个小班地块的详细数据，可以按林地类型生成林地资源分布专题图（包括有林地、疏林地、灌木林地等）。如图 6.27 所示。

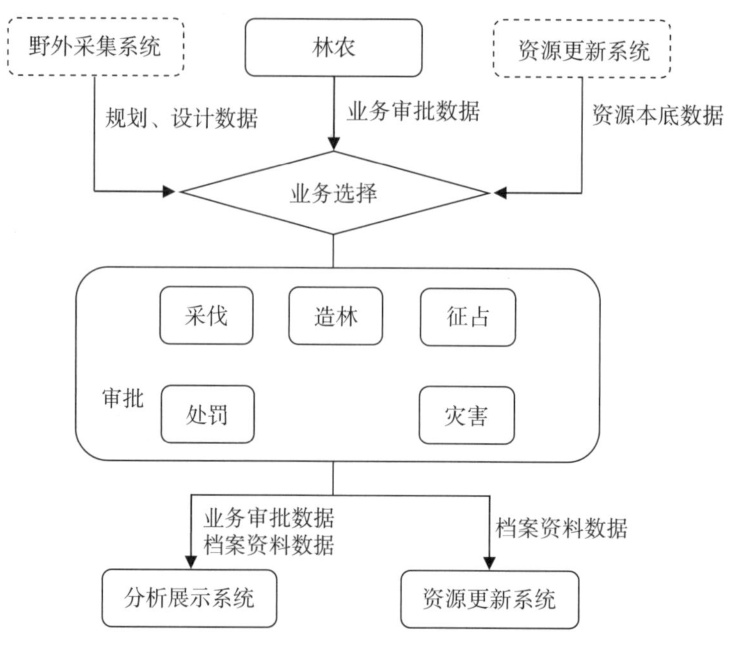

图 6.25　业务支撑系统业务流程图

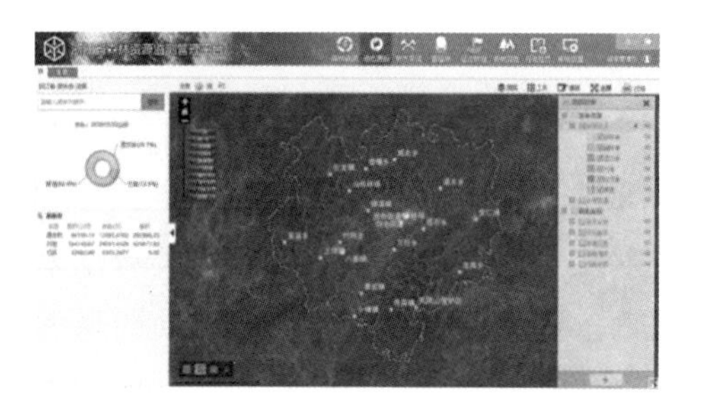

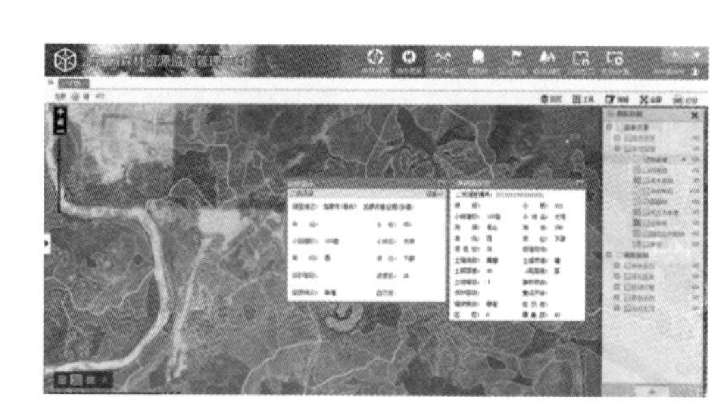

图 6.26　林木资源监管

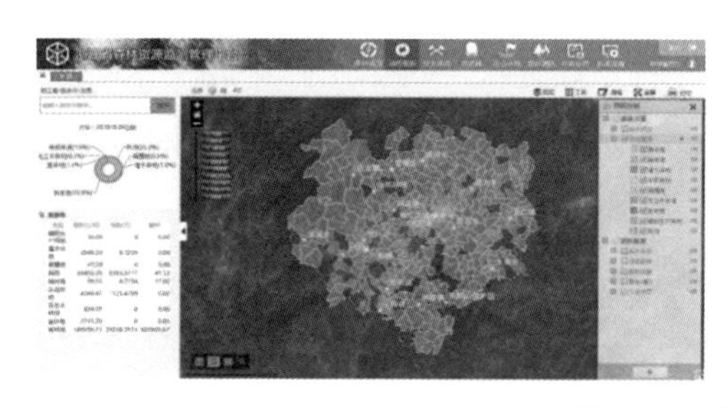

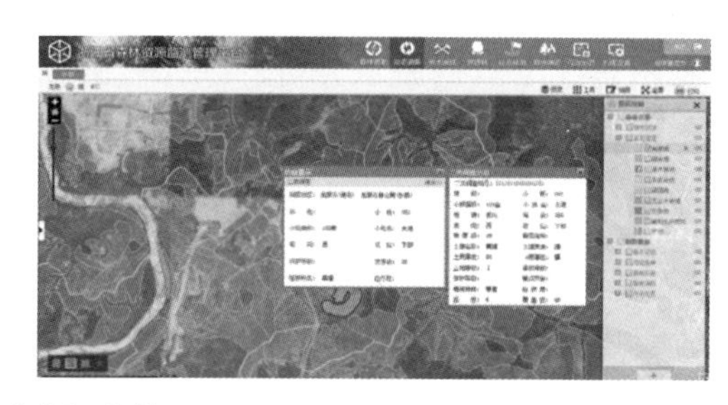

图 6.27　林地资源监管

③ 协同监管：基于不同生产经营环节的关联关系，经建模与运算，能表达各项生产经营等业务形成的效果；表达各项生产经营等业务之间的合理性及矛盾；即时表达各项林业业务之间的数据关联及其变化；即时表达各项林业业务在管理上的互动及一致性；

实时动态反映各项业务数据流、信息流的变化流动。

6.6.2.1　林木采伐系统

平台主要实现对林木采伐业务的监管：可以完成外业调查、作业设计和采伐审批全过程的监管，并可以查看、分析统计历年的采伐数量、采伐分布，了解每宗采伐数据，可以按照采伐类型、采伐时间生成林木采伐分布专题图（皆伐、其他采伐、某年采伐分布图等）。如图 6.28 所示。

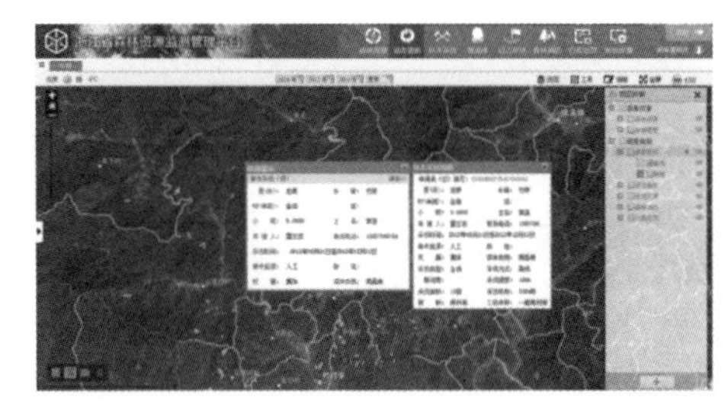

图 6.28　林木采伐管理

6.6.2.2　营造林系统

平台主要提供山地造林、封山育林、防火林造林、专项造林、其他造林的验收跟踪、统计、查询等功能，可根据年份、面积、株数等指标以文字、图表、地图的形式提供造林分布统计、系统基本情况概述、饼图比例统计、柱状对比统计、折线趋势统计及统计表等。如图 6.29 所示。

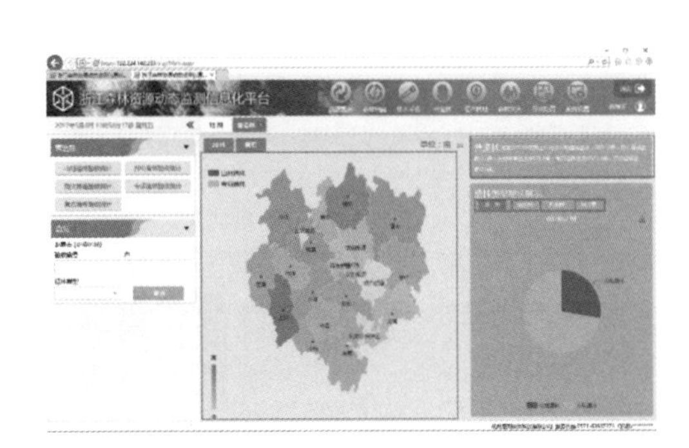

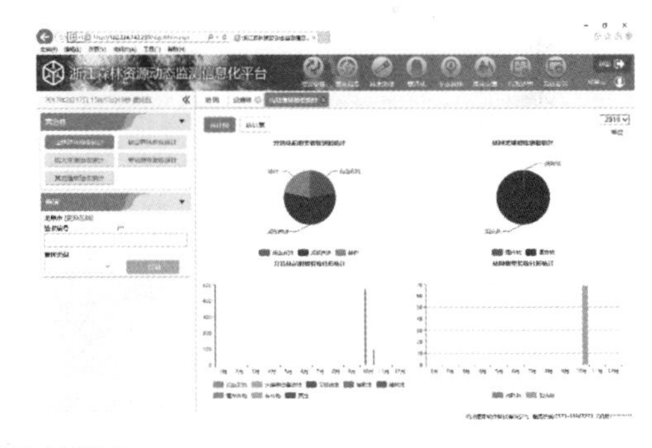

图 6.29　营造林管理

6.6.2.3　征占用林地系统

平台实现征占用林地项目统计、汇总、查询和分布图的生成、基本情况概述生成等任务。可以以图、文、表的形式生成统计图、趋势图和比例图。如图 6.30 所示。

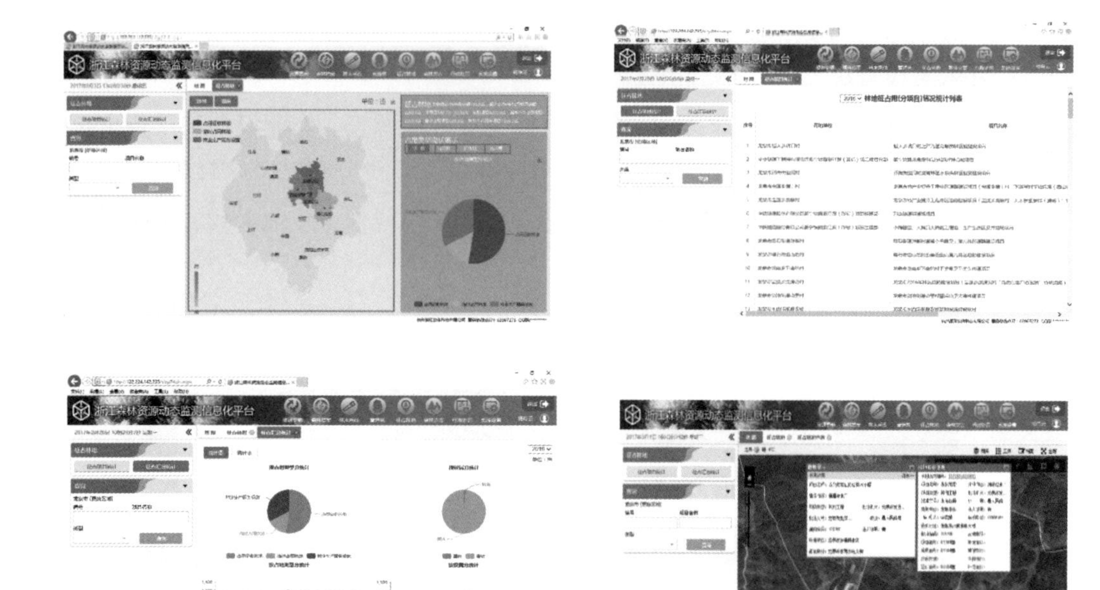

图 6.30 征占用林地管理

6.6.2.4 森林灾害系统

可根据年份、过火面积、受害面积、损失蓄积分为地图分布统计、系统基本情况概述、饼图比例统计、柱状对比统计、折线趋势统计及统计表。如图 6.31 所示。

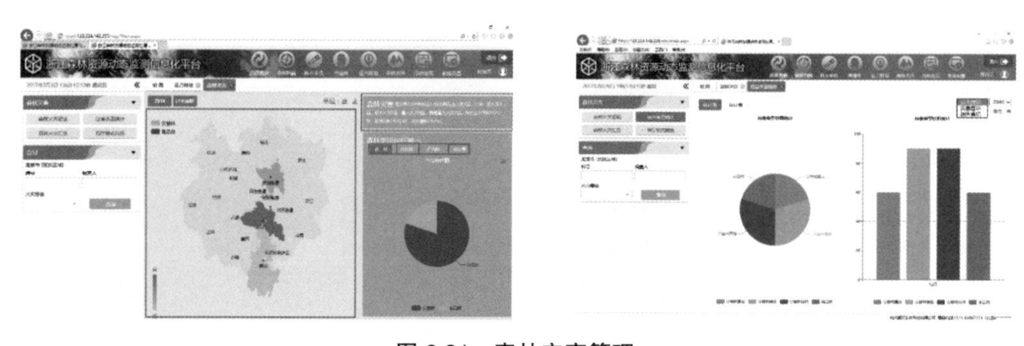

图 6.31 森林灾害管理

6.6.2.5 行政处罚系统

平台实现行政处罚数据的查询、跟踪、统计和专题图生成。可根据年份、面积、蓄积等生成地域分布图、基本情况概述、饼图比例统计、柱状对比统计、折线趋势统计及统计表等。如图 6.32 所示。

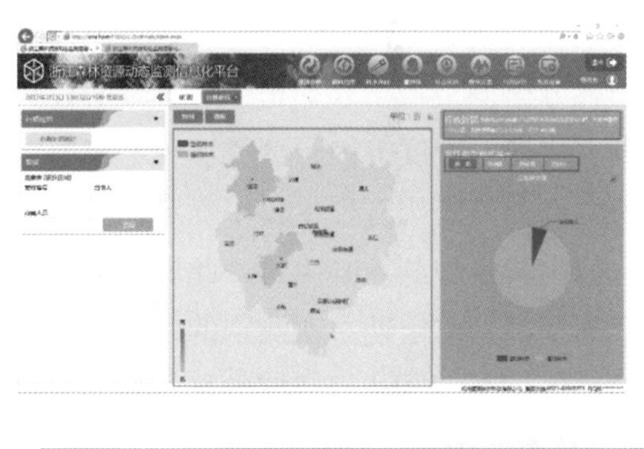

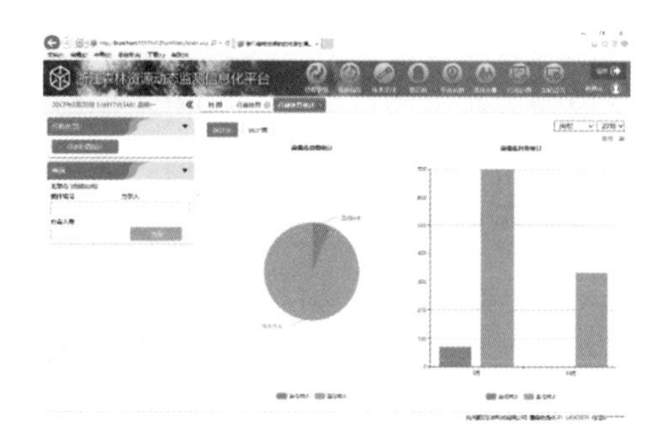

图 6.32　行政处罚管理

6.6.3　森林资源动态更新系统

森林资源动态更新系统的核心任务就是将过时的森林资源数据提升到现时水平，或从中提取新信息的工作。它是森林资源管理的重要组成部分，是森林经营、科学决策的基础。森林资源信息由测量、测树、遥感、经营活动等采集和积累，以档案、文件或数据库等形式管理与保存。在配有地理信息系统的计算机系统中，林况信息和森林空间分布信息均以数据形式存在。广义的森林资源数据更新包括空间信息更新和属性信息更新。森林是再生资源，随生长、枯损和人为活动、自然灾害等的影响，不断发生变化。已获得的数据，日久过时，基层生产单位需不断地更新数据，各管理层次对于国家、省（区）、地、县的资源档案，需由基层数据更新后向上汇总。大面积森林调查、资源统计时，需用数据更新技术统一数据时态。森林资源计算机管理信息系统中，数据更新更是重要的技术环节和必备的功能。森林资源动态更新的数据来源主要包括：①基层生产单位的经营活动，主要提供资源突变数据，包括采伐、造林、征占、森林灾害、行政处罚等。②

森林资源自然更新，主要提供资源的渐变数据，资源渐变数据主要由数学模型计算所得，数学模型方法分为林分模型和单木模型。其中林分模型是将生长和枯损对林分的影响进行综合分析，提供综合的变动值。需要按树种、立地、密度等因子分类。单木模型常与株数分布数据配合使用。模型包括枯损和生长两部分。先按直径生长率确定林木的期间枯死概率，然后对于估计将为保留木的林木，按生长模型测算其生长，此即各林木合计的林分资源各项数据更新值。林分和林木数字模型都是在定期多次测定的样地、样木数据的基础上拟合的，它要保证各调查因子间的协调关系。③基于遥感的督查数据，此部分数据主要作为前两部分数据的有效补充和数据核查使用。其业务流程如图 6.33 所示。

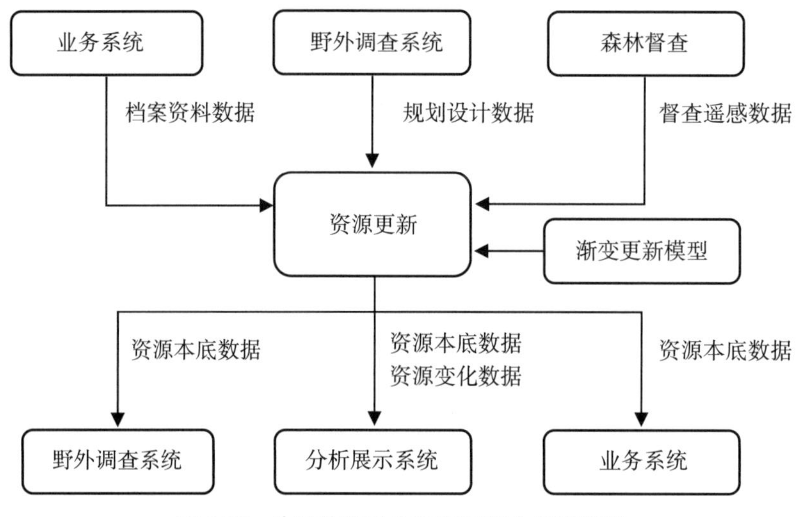

图 6.33　森林资源动态更新系统业务流程图

森林资源动态更新系统包括 Web 端系统和移动端系统。Web 端功能包括国家遥感督查图斑、遥感变化林地图斑、遥感变化未成造图斑、遥感变化无林地图斑的自查、抽查、核查、图层编辑、数据生成导出、数据处理、数据库结构分析等；移动端包括基于安卓的上述图斑的自查、抽查、核查、图层编辑等功能。如图 6.34 所示。

县自查：由上级部门下发的原始数据生成，作为县级自查库。县级根据自查库进行地块核实工作并上报上级部门。

市自查：市级从下辖县级自查库中抽取部分图斑作为市级自查库，市级根据自查库进行地块核实工作。

省抽查：省级从市级、县级自查库中抽取部分图斑作为省级核查库，省级根据核查库进行地块核实工作。如图 6.35 所示。

森林督查图斑下载包括：森林督查图斑与现地核实表生成。

森林督查图斑包括国家遥感督查图斑、遥感变化林地图斑、遥感变化未成造图斑、遥感变化无林地图斑。可分别生成原始数据、县自查、市自查、省核查地理空间数据。

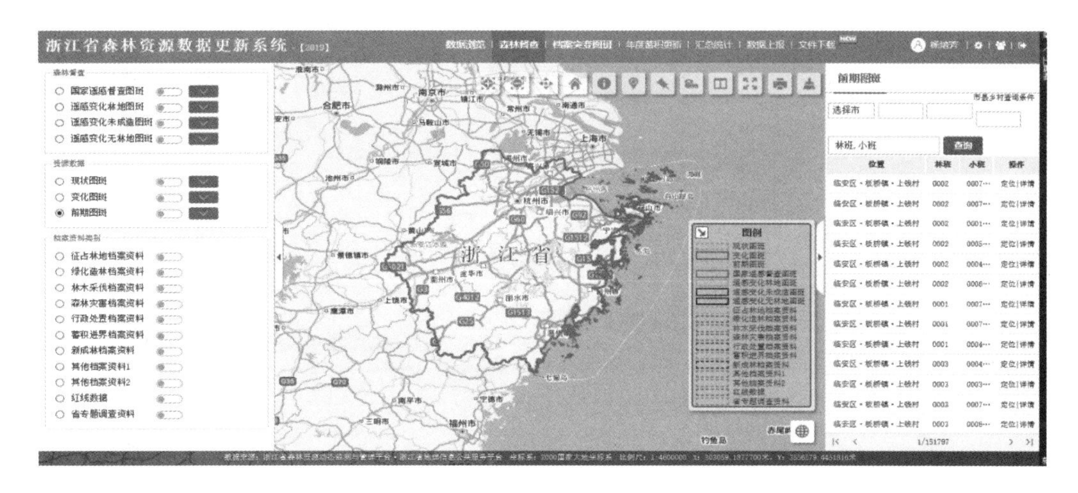

图 6.34　资源更新主界面

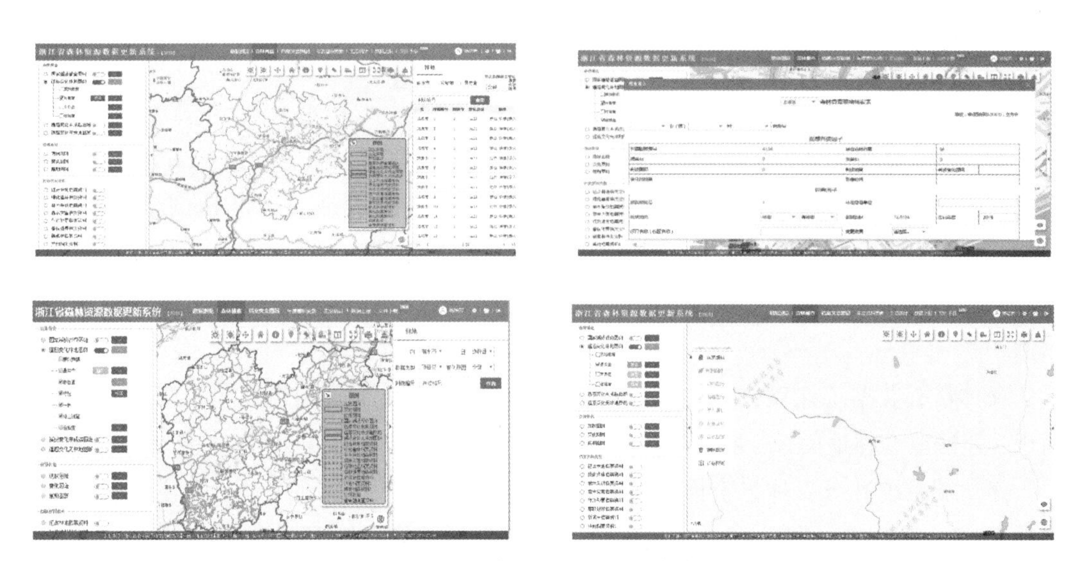

图 6.35　省、市、县三级自查

县级森林督查图斑上报：县级以其他方式生成的国家督查、林地、未成造、无林地自查成果入库。

全省森林督查图斑生成包括：全省县督查自查库生成、全省国家督查库生成，用于导出全省森林督查图斑，提交国家局。

森林督查统计模块包括：森林督查图斑上线情况、森林督查情况汇总表、森林督查按图层统计、森林督查数据统计表。

森林督查图斑上线情况：按县市统计森林督查图斑上线、市自查、省核查情况。如图 6.36 所示。

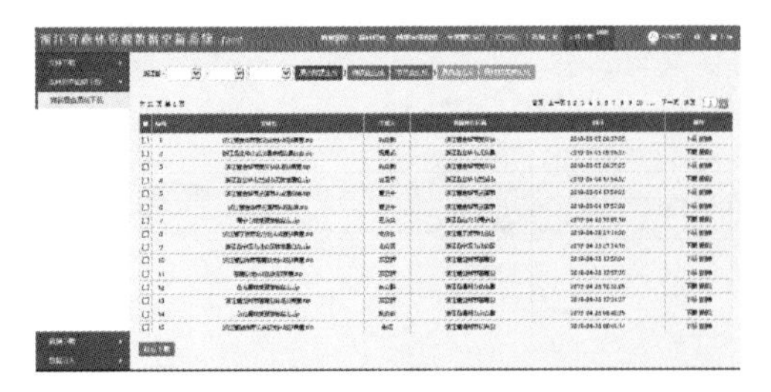

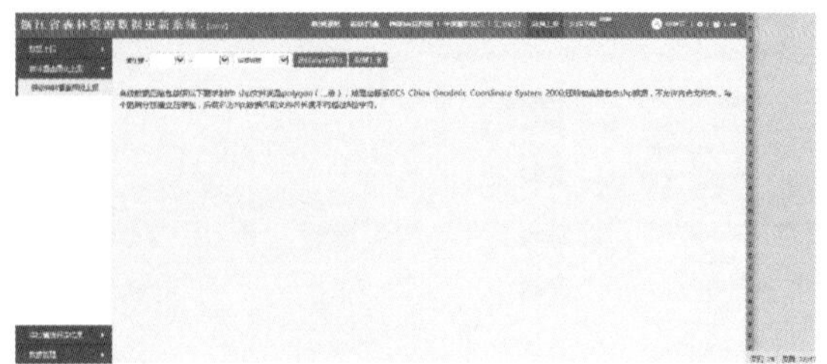

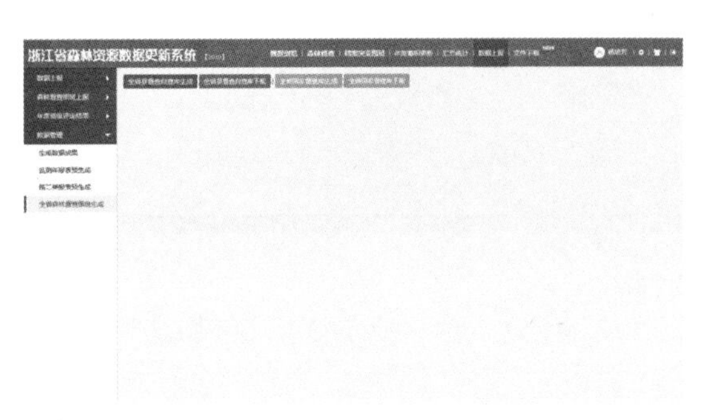

图 6.36　省、市、县三级督查

森林督查情况汇总表：按县市统计原始图斑个数面积，县自查完成和未完成的个数、面积、比例情况，市自查完成个数、面积比例，省核查完成个数、面积比例。

森林督查按图层统计：按县市、图层名称统计原始图斑个数面积，县自查完成和未完成的个数、面积、比例情况，市自查完成个数、面积比例，省核查完成个数、面积比例。

森林督查数据统计表：按县市督查图斑类型统计森林督查图斑面积、改变林地用途面积、违法改变林地面积、林木采伐面积蓄积、违规采伐面积蓄积等。如图 6.37 所示。

移动端系统升级森林督查模块包括：国家督查图斑、有林地图斑、未成造图斑、无林地图斑，可自定义图斑颜色、透明度，配置标注颜色、字段、字体大小。如图 6.38 所示。

督查图斑下载：根据平台数据年度下载国家督查图斑、有林地图斑、未成造图斑、无林地图斑到离线数据库。

地块勾绘：选择国家督查图斑、有林地图斑、未成造图斑、无林地图斑其中一个图层进行修边、切割。如图 6.39 所示。

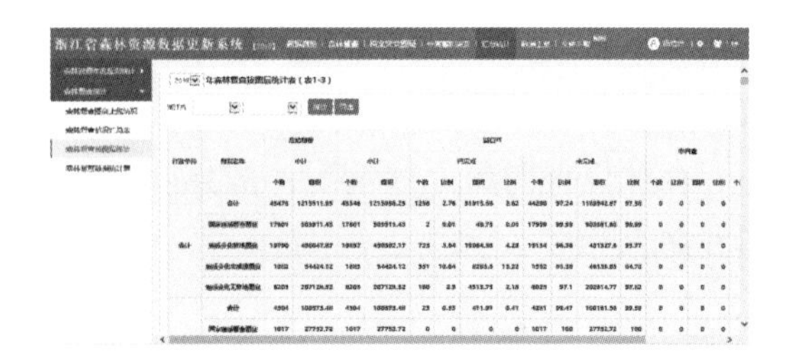

统计单位	森林督查图斑面积	改变林地用途 审批面积	实际改变林地用途面积	其中：违法违规改变林地用途面积 面积	其中：涉及自然保护地面积	林木采伐 发证面积	发证蓄积	凭证采伐 面积	蓄积	超证采伐 面积	蓄积	无证采伐 面积	蓄积
合计(88)	711574.48	0	0	0	0	0	0	0	0	0	0	0	0
杭州市	72820.76	0	0	0	0	0	0	0	0	0	0	0	0
江干区	780.28	0	0	0	0	0	0	0	0	0	0	0	0
拱墅区	419.44	0	0	0	0	0	0	0	0	0	0	0	0
西湖区	1055.19	0	0	0	0	0	0	0	0	0	0	0	0
大江东	37.32	0	0	0	0	0	0	0	0	0	0	0	0
滨江区	146.22	0	0	0	0	0	0	0	0	0	0	0	0
萧山区	2615.29	0	0	0	0	0	0	0	0	0	0	0	0
余杭区	10120.99	0	0	0	0	0	0	0	0	0	0	0	0
临安区	12640.48	0	0	0	0	0	0	0	0	0	0	0	0

图 6.37　森林督查统计汇总

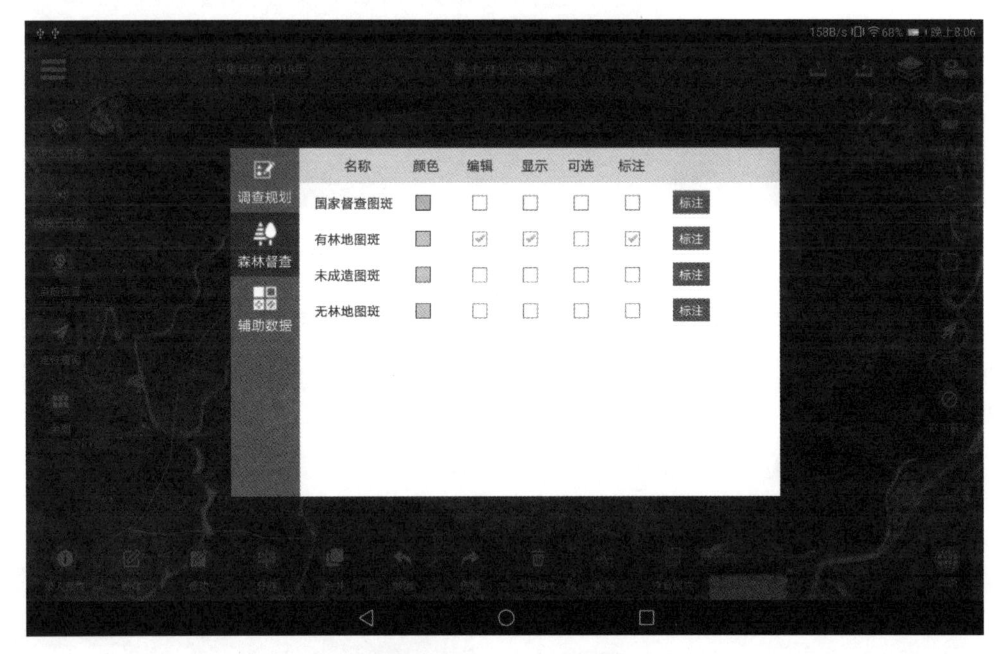

图 6.38　森林督查移动端

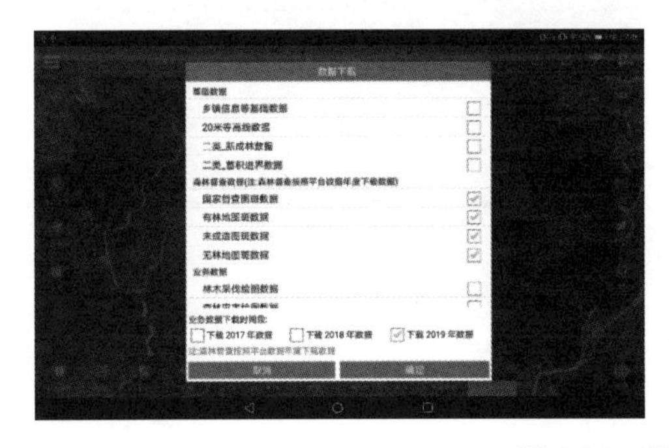

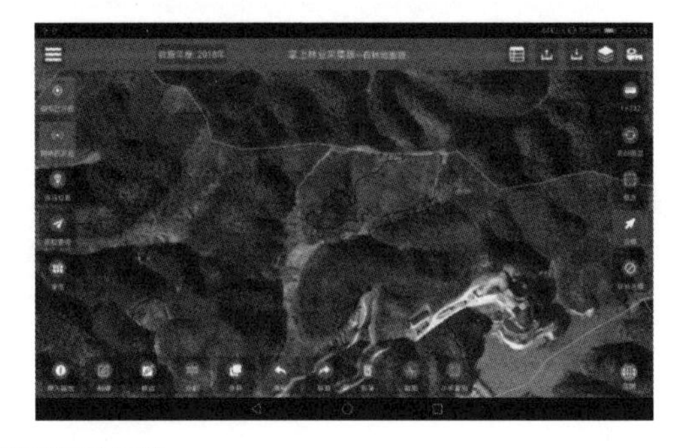

图 6.39　图斑下载及勾绘

督查地块快速检索：可根据乡镇、村搜索当前编辑督查图层的地块进行定位。如图6.40所示。

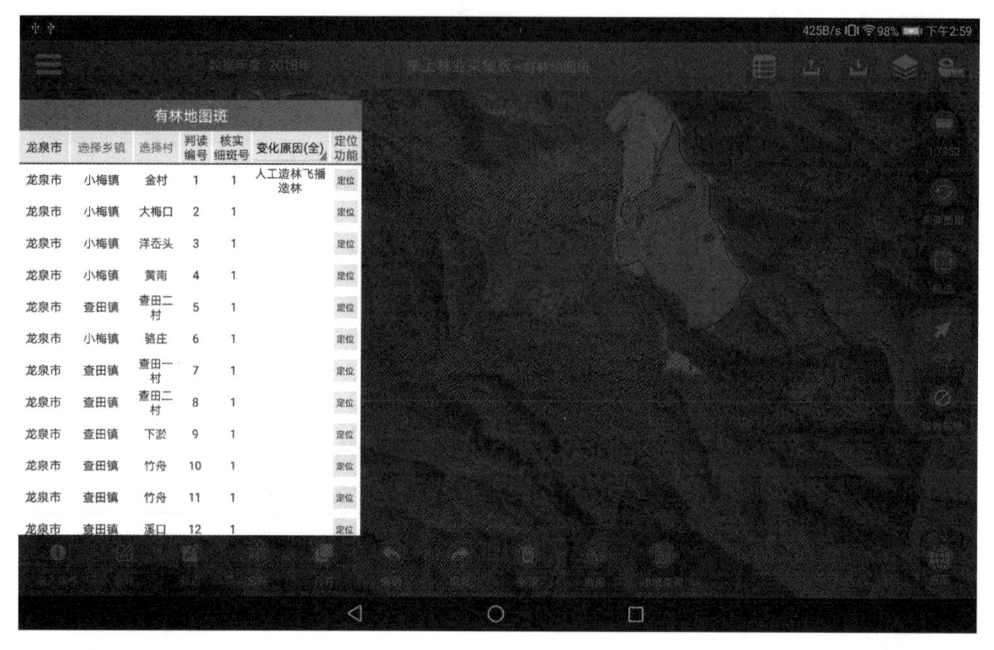

龙泉市	选择乡镇	选择村	判读编号	核实细班号	变化原因(全)	定位功能
龙泉市	小梅镇	金村	1	1	人工造林飞播造林	定位
龙泉市	小梅镇	大梅口	2	1		定位
龙泉市	小梅镇	洋岙头	3	1		定位
龙泉市	小梅镇	黄南	4	1		定位
龙泉市	查田镇	查田二村	5	1		定位
龙泉市	小梅镇	骆庄	6	1		定位
龙泉市	查田镇	查田一村	7	1		定位
龙泉市	查田镇	查田二村	8	1		定位
龙泉市	查田镇	下淤	9	1		定位
龙泉市	查田镇	竹舟	10	1		定位
龙泉市	查田镇	竹舟	11	1		定位
龙泉市	查田镇	溪口	12	1		定位

图 6.40　数据检索与定位

督查地块属性填写：调查因子、改变林地用途、违法违规改变林地用途、林木采伐等因子，如图斑切割成多块图斑核实细班号上传服务器会自动生成。遥感判读因子不可修改。

数据在线加载：在线加载国家督查图斑、有林地图斑、未成造图斑、无林地图斑。如图6.41所示。

图 6.41　属性编辑与加载

6.6.4 数据分析与展示系统

（1）数据挖掘分析

数据挖掘分析用于揭示新的关系、趋势和模式等。基于森林资源大数据库，通过分析与挖掘可以发现很多潜在的知识，揭示各系统的协同关系、数据流向及业务流程优化情况。

具体分析时需要考虑四个问题：依赖性分析（dependency analysis）、类的标识（class identification）、类的描述（class descript ion）和偏差检测（deviation detection）。可以说数据挖掘的任务之一就是对数据库的属性变量建立依赖性模型，即描述属性变量间重要的依赖关系。函数依赖性的研究有很多应用，它们常用于数据库的规范化及设计、查询优化、数据约简、规则提取。数据挖掘的任务就是发现隐藏在数据中的模式。模式可分为两大类：描述型（descriptive）模式和预测型（predictive）模式。描述型模式是对当前林业各业务数据中存在的事实做规范描述，刻画当前数据的一般特性；预测型模式则是以时间为关键参数，对于时间序列型数据，根据其历史和当前的数据去预测未来的数据，从而勾绘今后的发展趋势。根据上述模式，在应用中需要建立模型来分析森林资源数据，需要对源数据进行处理：

① 对森林资源数据进行分类：在森林资源数据挖掘过程中，首先需要对数据进行分类，按照属性、部门、生产阶段甚至时间进行分类，以此为基础对数据进行研究与分析。

② 建立森林资源数据聚类模型：利用聚类模型挖掘森林资源数据的联系与差异，分析他们的组成结构。

③ 建立回归模型：利用回归模型揭示林业生产经营中连续性活动的变化规律，比如营造林进度跟踪与预测、采伐活动变化规律预测、林产品出运及产业结构发展方向预测等。

④ 建立关联模型：用于揭示数据的跨部门关系，比如林农在同一次采伐活动中所涉及的不同部门之间的相关性分析，采伐过程中提供的一系列材料及数据关联性分析，以及这些材料及数据的合理性、重要性分析。

⑤ 建立序列模型：可以分析林业生产按时间序列的变化发展情况，例如历年采伐分布情况、采伐各指标变化情况，采伐活动与当地经济发展关系，历年林产品出运变化情况与产业结构发展关系等，揭示时间序列的变化规律。

⑥ 建立偏差模型：通过数据的奇异点分析发觉隐藏在数据中的非常操作，比如林产品运输过程中被处罚的记录，可以通过处罚的强度、频度、处罚执行人的异同来分析是否存在异常操作及权钱交易等，监控林业生产状态。

（2）数据的可视化展示

根据前面对森林资源数据的挖掘，发现其内在的规律，而这些规律是以数据的形式体现的，对于一般用户来说其数据太过专业，可读性差。因此需要利用可视化技术把计算所得的数据以图形的形式加以展示。可视化就是把数值计算获得的大量数据按照其规律进行组合，用图像的方式来展现数据所表现的内容及相互关系。要实现科学计算的数据可视化，第一步是将获取的抽象数据用图元（点、线、面、图像等）表示，它们构成了可视化模型。其次是实现可视化的绘制，即对图元进行参数化（几何造型、视点、视觉体、投影类型的参数控制等）、属性化（颜色、纹理、透明性等）。

科学数据可视化的参考模型可归纳为从数据到可视化形式再到人的感知系统的互动、回溯调节，体现了人们对数据“理解”的连续性：原始数据的规范化便于图形渲染，对规范化的数据通过选择合适的可视化方式使数据变为抽象信息，而抽象信息通过系列交互式手段及与经验的结合变为系列知识，而这个过程也就是典型的、区别于基于统计方法的数据挖掘过程，也称信息可视化数据挖掘。设计、完成一种新的信息可视化一般包括：识别信息结构（如是层次、多维，还是网络等）、定义渲染流程（包括数据转换、投影变换、显示属性定义等）、选择合适的图形导航策略（如放大与缩小、概貌与细节、焦点与上下文等）及最后设计合理的各类交互模式（如拾取、关联、过滤等）。其可视化模型如图 6.42 所示。

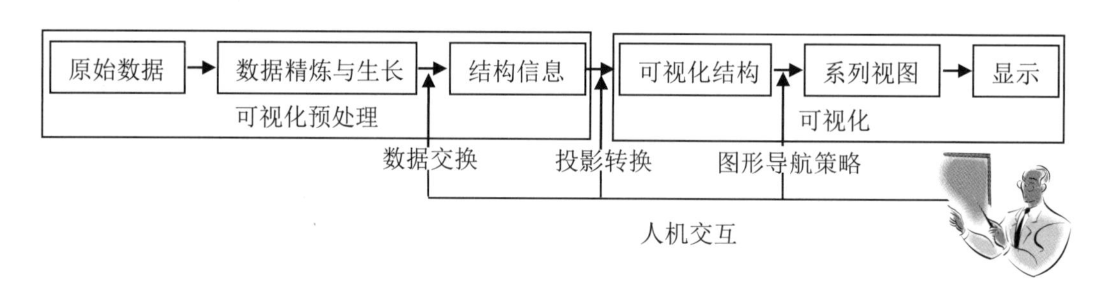

图 6.42　科学数据可视化模型

图 6.42 中的原始数据是指对森林资源数据进行挖掘后获得的数据间的分类信息、数据相关性差异及组成结构信息、林业生产活动的变化规律信息、林业生产经营的预测及发展方向信息、部门相关性分析、数据合理性分析、数据重要性分析、异常情况分析、林业生产经营与经济发展关系、林业生产经营与产业结构发展关系等经过初步加工与分析得出的结论性数据。在可视化过程中，这些数据还是太过粗糙，需要进行精炼与结构化表达，生成具有一定结构适合图形描述的信息数据。这一过程称为数据的可视化预处理。接着利用可视化方法使用预处理阶段生成的结构信息生成相关图元，并且使其具有一定的图形结构。最后利用这些可视化的图元生成一系列的视图，这些视图以图片的形式保存于云端服务器中，用户可以利用各种终端设备（如 PC 电脑、笔记本电脑、智能手机等）随时随地通过互联网访问服务器获取图像。在此过程中，用户可以与云端服务器做人机交互，提出相关需求，在一定规则和条件下，云端服务器会根据用户需求对数据进行转换、投影变换等操作，生成用户需要的图像。然后采用基于异步运行模型

（EADF）的事件触发式并发数据流模型（ECDF），此模型除继承 EADF 结构简单、天然的并行潜力和图形化表示易被理解等优点外，还可根据人机交互，利用相关数据流快速、并发地生成图形数据，进一步提高运算并发性，更加适合人机交互模式的数据可视化。

6.6.4.1　Web 端分析与展示系统

Web 端的分析展示系统主要包括资源概览、年度出数、样地资源、样地数据、公益林、湿地资源、古树名木、野生动植物、自然保护地、风景资源、数据分析、业务管理系统等。如图 6.43 所示。

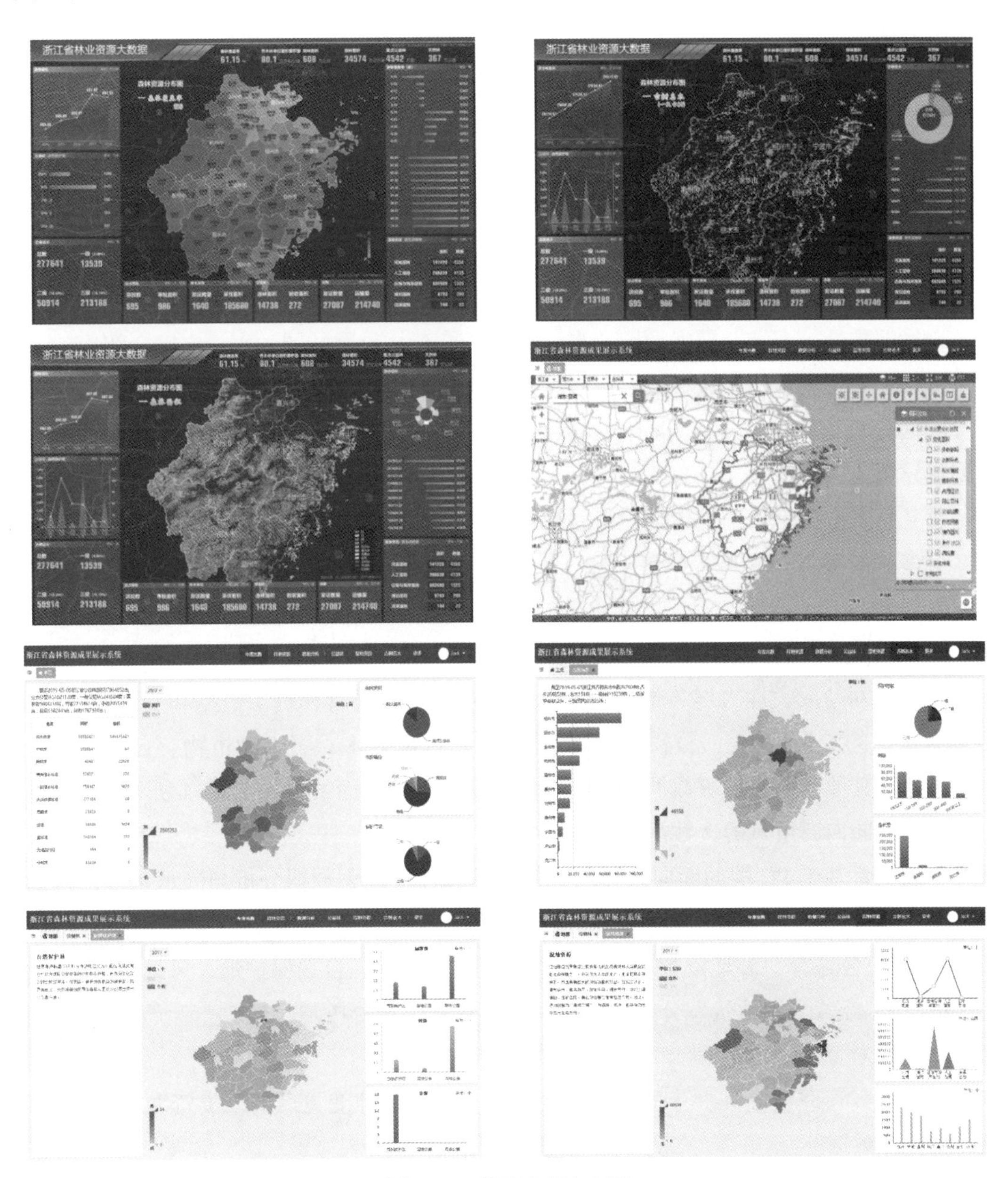

图 6.43　数据分析与展示

概览：森林资源数字概览、多源数据调用展示、森林资源展示。

年度出数：专题加入“图”（公益林专题图、地类分布图、树种分布区、林地管理类型、林地保护利用等级、起源、国有林场等专题图）、统计汇总等。

样地资源：矢量数据和表等。

公益林：地图统计按颜色从淡到深统计各县市公益林面积，文字描述统计，森林类别按一般公益林与重点公益林比例统计，事权等级按国家级、省级、市级、县级、其他统计，保护等级按一级、二级、三级统计，地类按乔木林地、竹林地、疏林地、灌木林地等地类统计。

湿地资源：湿地资源专题图、表、文字、资源数据等。

样地数据：矢量图、表、文字、资源数据等。

古树名木：地图统计按颜色从淡到深统计各县市古树名木数量，文字描述、各下级区域古树株数汇总对比统计，保护等级按一级、二级、三级统计，树龄按 150 年以下、150~199 年、200~299 年、300~499 年、500 年及以上 5 个阶段统计，生长势按正常株、衰弱株、濒危株、死亡株统计。

自然保护地：湿地公园专题图，自然保护区、森林公园的图、表、文字介绍等。

风景资源：矢量图、统计图、表、图片、视频等。

数据分析：针对资源数据可本期数据自定义分析、多期数据分析、分屏对比分析、数据差异对比、统计汇总计算等。

业务系统数据展示：汇聚各业务系统数据，实时查看业务系统矢量数据。

更多：最美森林古道、最美山峰、最美乡村、森林城镇等，包括图片、视频、文字介绍等。

（1）面向公众的大数据分析与服务

以门户网站或大厅大屏幕形式，用于向公众展示各类森林资源数据和变化数据，主要包括宏观的二类数据、公益林、经济林资源、古树名木、野生动植物、自然保护地、风景资源、其他特色资源等数据的服务展示与发布。主界面效果如图 6.44 所示。

（2）面向内部用户的大数据分析与服务

本模块是基于 PC 端的面向内部用户使用的森林资源大数据分析与展示系统，包括：森林资源档案分析与管理、森林资源即时状态分析与管理、专项调查数据分析与管理（森林发布、公益林、湿地资源、古树名木、野生动植物、自然保护地、风景资源、其他特色资源）、经营利用地状态分析与管理以及多数据融合分析与管理。

① 资源档案分析与管理

森林档案管理模块负责管理二类本底数据、历年林地变更后的二类资源数据以及最新二类资源数据。

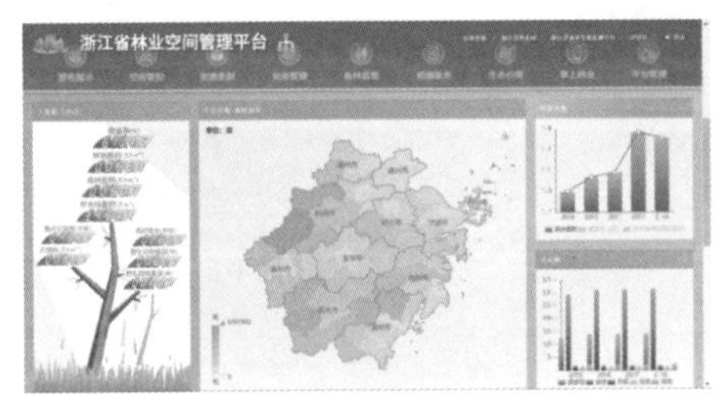

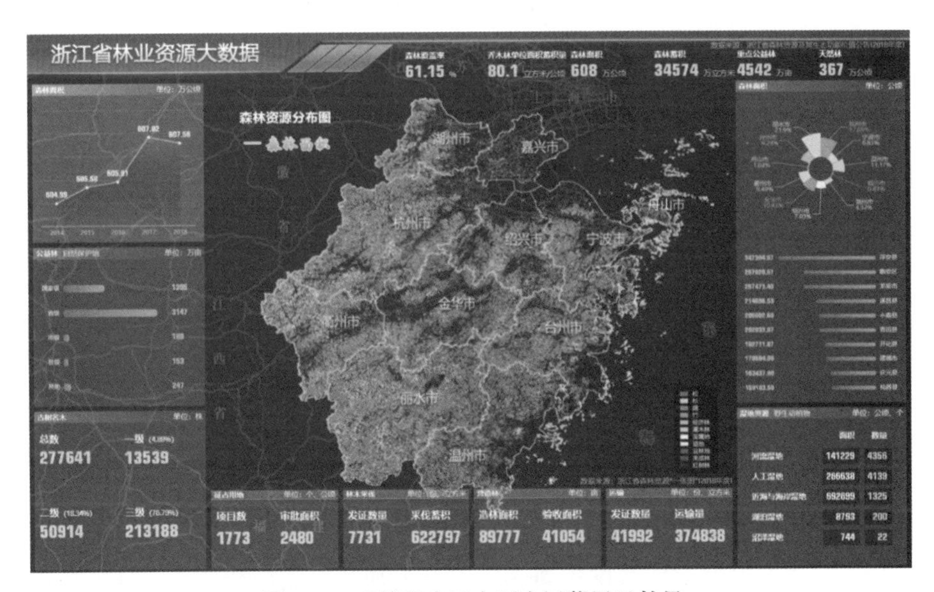

图 6.44　系统门户及大厅大屏幕展示效果

二类本底数据为最新一次二类调查的数据，它是二类资源数据的基础和源头。历年林地变更后的森林资源"一张图"资源数据时态档案数据，它是根据年度资源更新验收确认后生成的森林资源"一张图"边界与小班信息，此类数据每年生成一份，此数据作为下一年度森林资源“一张图”的源数据。最新森林资源“一张图”数据为动态“一张图”小班数据，此数据会随着日常林地变更操作而发生变化，是一份最新的“一张图”资源空间属性数据。

a. 森林发布概况第一屏：森林公报、林业资源大数字、各类资源统计图等，可按省市县乡镇多级联动统计。其效果如图 6.45 所示。

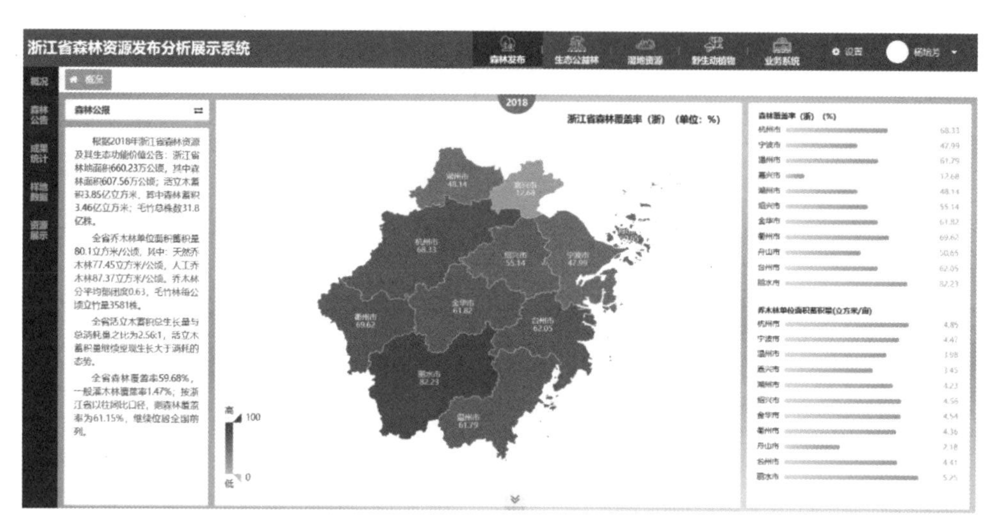

图 6.45　森林发布概况第一屏界面

b. 森林发布概况第二屏：覆盖率、乔木林单位面积蓄积量、林地、森林类别、起源、林地保护等级、林木乔木蓄积、地类面积、林木使用权面积等各类资源统计图等，可点击区域明细和历年统计。其效果如图 6.46 所示。

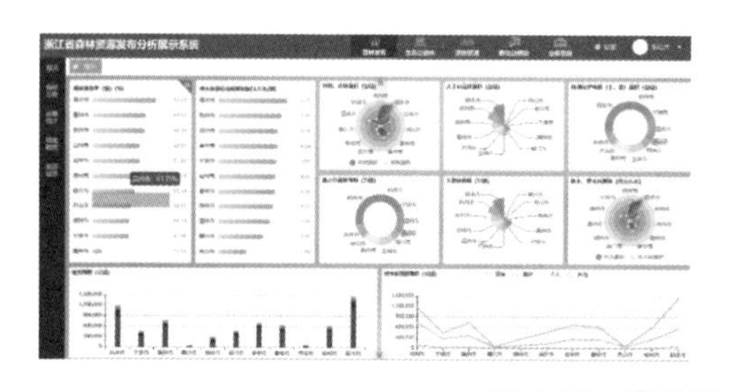
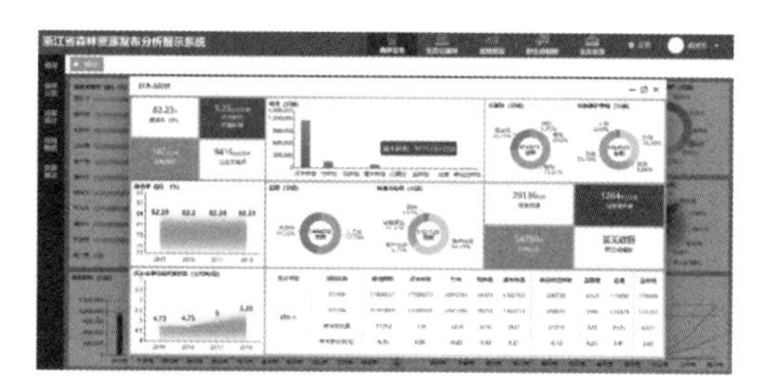

图 6.46　森林发布概况第二屏界面

c. 森林发布概况第三屏：各区域覆盖率、乔木林单位面积蓄积量、林地面积、森林面积、林木蓄积汇总及变化率的排名统计，可点击区域查看明细排名。其效果如图 6.47 所示。

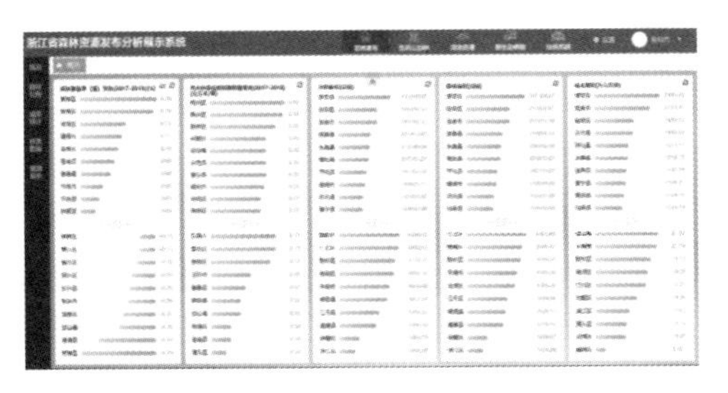

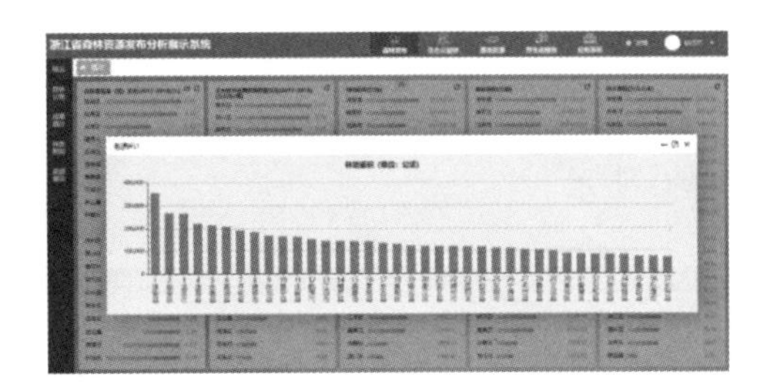

图 6.47　森林发布概况第三屏界面

② 经营利用等变化的数据分析与管理

森林经营利用等变化包括采伐、造林、征占等与森林资源动态更新关系最为密切的数据，此类数据可以根据管理的需要动态调整。数据来源于林木采伐、征占林地、营造林、森林火灾、行政处罚等独立业务系统，反映相关的动态变化。能清晰表达树采在哪、树造在哪、林地征占在哪、灾发生在哪、如图 6.48 所示。

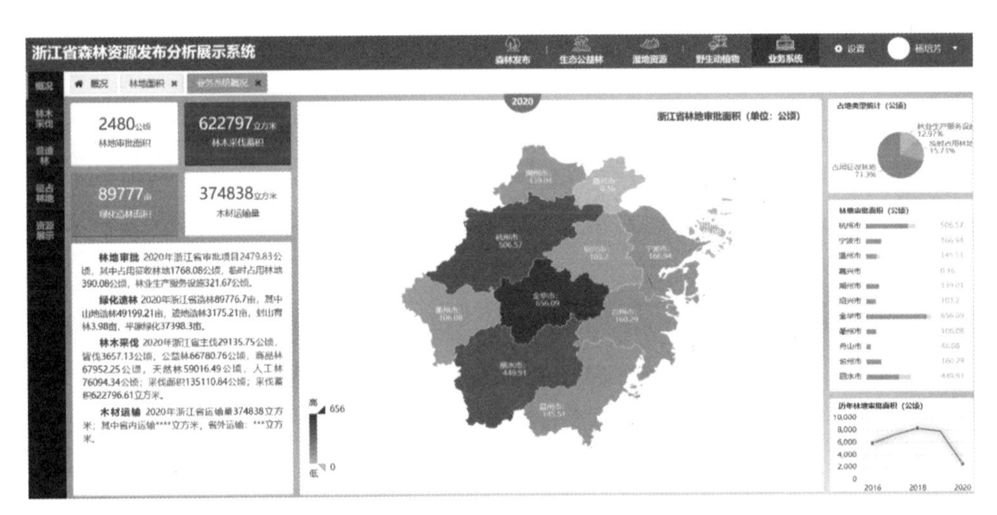

图 6.48　经营利用等变化的数据分析与管理

a. 林木采伐：林木采伐模块其内部设有若干个功能区块，包括林木采伐统计区块、采伐查询区块、采伐类型现状展示区块等。可以清晰展示采伐发证、采伐类型、采伐方式、采伐地块坐落和分布等。如图 6.49 所示。

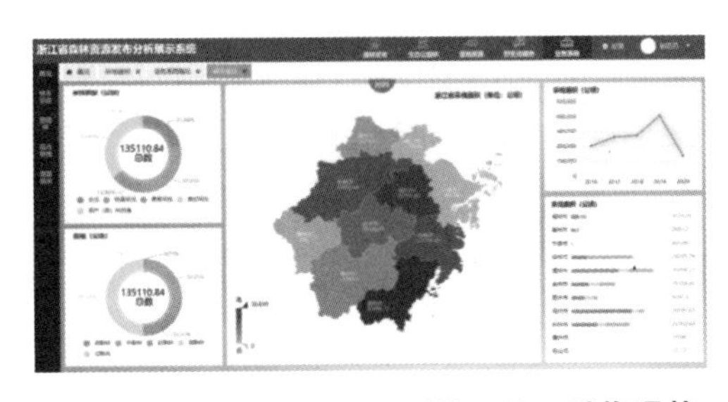

图 6.49　采伐现状、地块分布信息效果显示

b. 造林：营造林分析与展示模块设有若干个功能区块，包括造林统计区块、造林设计、造林验收、历年造林趋势、造林地等现状展示。其造林现状效果、地块分布效果如图 6.50 所示。

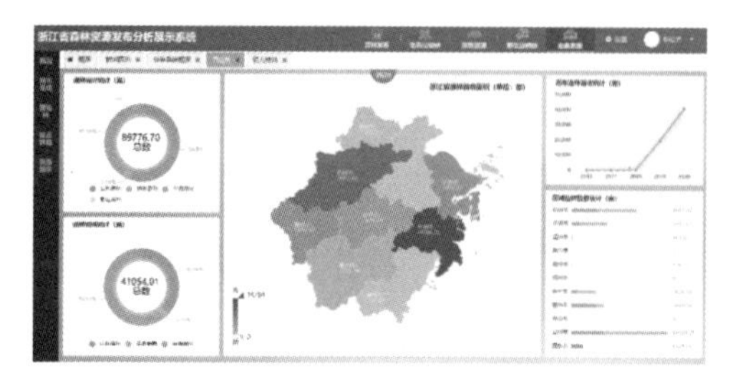

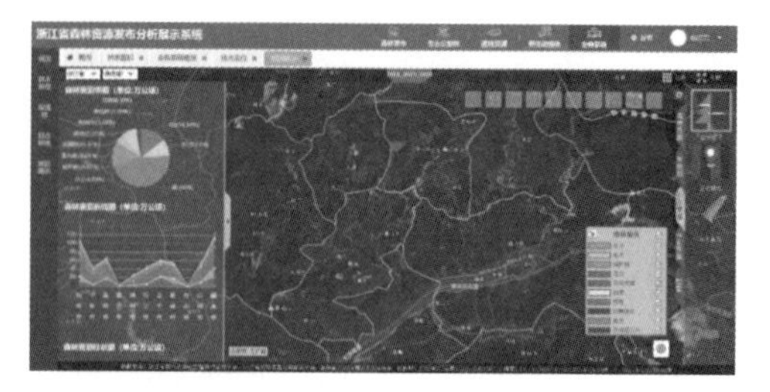

图 6.50　造林现状、地块分布效果显示

c. 征占林地：征占林地分析与展示设有若干个功能区块，包括征占林地统计区块、占地类型、审批级别、历年占用趋势、征占林地分布等现状展示区块。其征占林地现状、地块分布展示效果如图 6.51 所示。

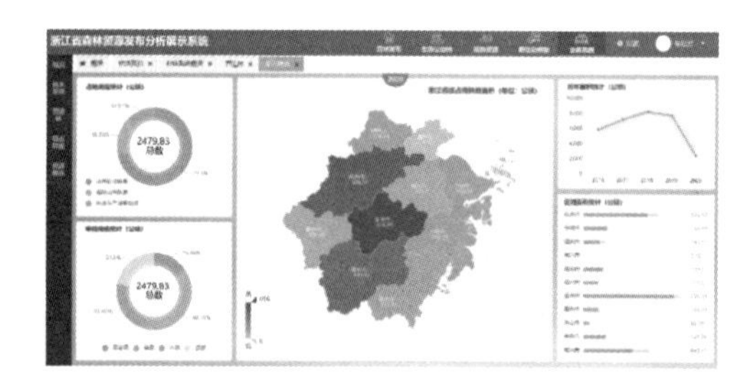

图 6.51　林地征占用现状、地块展示效果

6.6.4.2　移动端分析与展示系统

移动端数据分析与展示系统又可分为基于平板的数据分析与展示系统、基于手机的数据分析与展示系统。其中基于平板的数据分析与展示系统又称作掌上林业展示版，基于手机的数据分析与展示系统称作掌上林业手机版。

（1）掌上林业展示版

系统基于全省各级森林资源更新中的各类成果数据，包括各类资源档案数据、资源变更成果数据，经数据融合、建模和分析并以可视化方式展现全省各级森林资源以及监测成果数据，使得森林资源信息一览无余，并形成对成果数据的综合展示，为各级森林资源管理和辅助决策提供支撑。如图 6.52 所示。

定位导航：乡镇、村列表，经纬度输入选项卡和公里网格定位。使用经纬度可以输入小数的经纬度也可以输入度分秒进行定位。

年度监测：每块小班图斑中可查阅与展示小班信息。

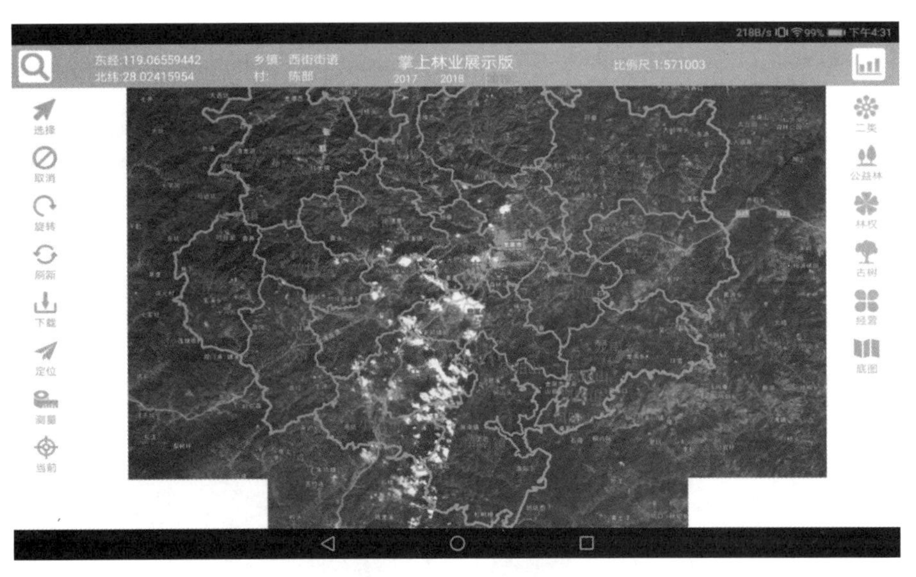

图 6.52　掌上林业主界面

图层展示：对于不同业务对应不同图层，如公益林图层可查阅与展示公益林小班信息，林权数图层查阅与展示林权证地块信息，古树名木图层可查阅与展示古树名木位置与每木信息等。如图 6.53 所示。

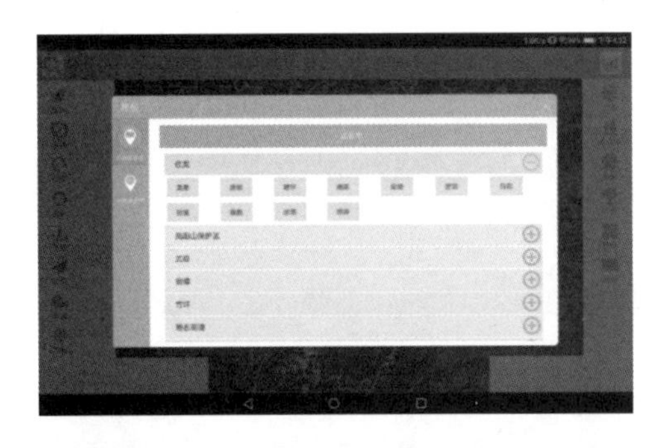

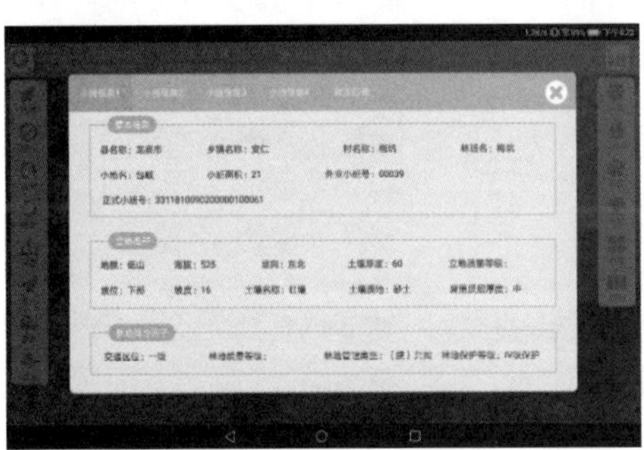

公益林小班登记卡

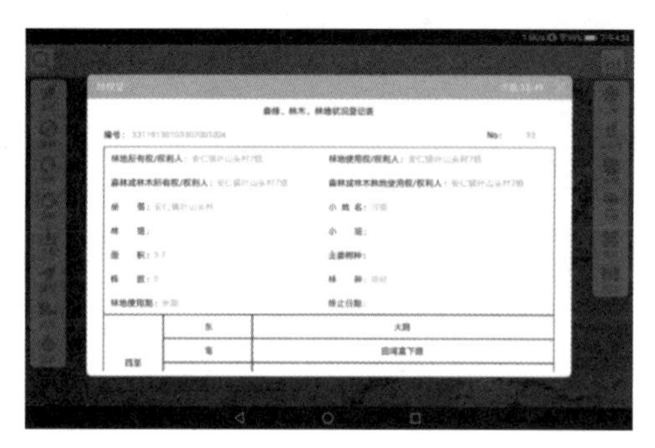
森林、林木、林地状况登记表

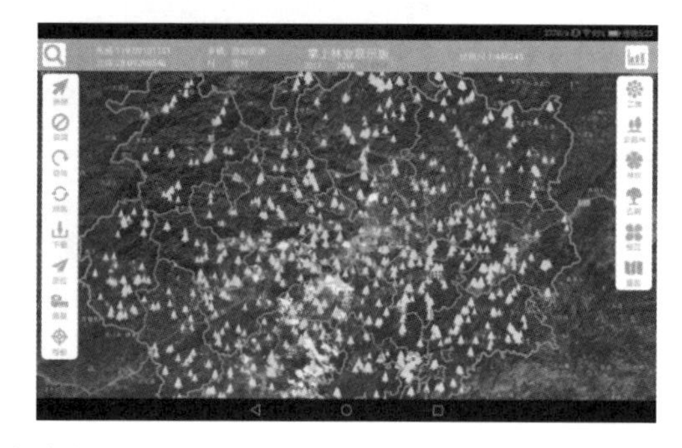

图 6.53　掌上林业各类数据展示功能

（2）掌上林业手机版

对社会大众的移动展示平台搜索各类森林资源，违法举报等功能。如图 6.54 所示。

地图图层主要包括：地图、路网、界线。森林资源图层主要包括：古树名木、森林古道、自然保护区、森林公园、湿地公园、野生动物、野生植物、国有林场、风景资源、其他档案。

图 6.54　掌上林业手机版功能展示

根据图层选择可搜索附近古树名木、森林古道、自然保护区、森林公园、湿地公园、野生动物、野生植物、国有林场、风景资源、其他档案。

① 面向社会公众，具有展示各类森林资源、举报违法行为等功能。微信公众号关注“林业监测”，进入公众号之后，点击下方“一张图”就可进入掌上林业手机版模块，在此模块中可以查阅各类森林资源数据，同时可以对相关违法行为进行举报等，如图 6.55 所示。

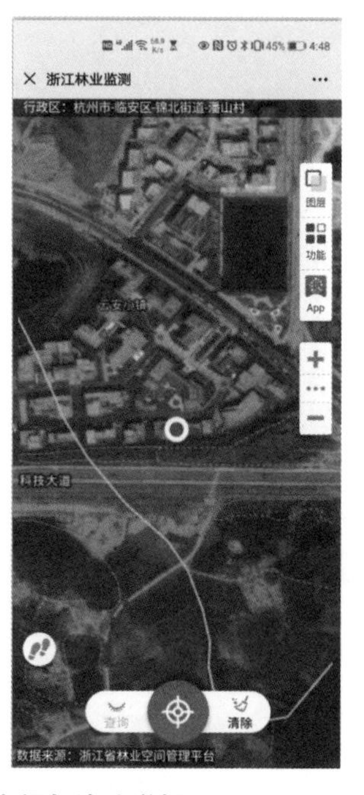

图 6.55　森林资源查阅与违法举报

② 历史浏览与定位：掌上林业提供了历年的森林资源底图，用户可以查阅与比较某一地块的历史变迁，同时提供各种查询与定位功能。如图 6.56 所示。

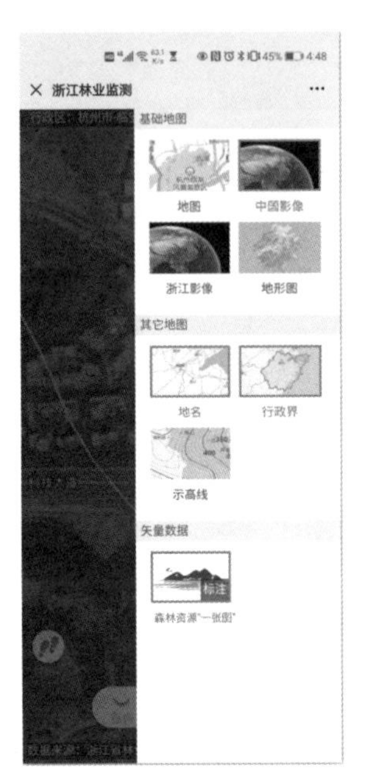

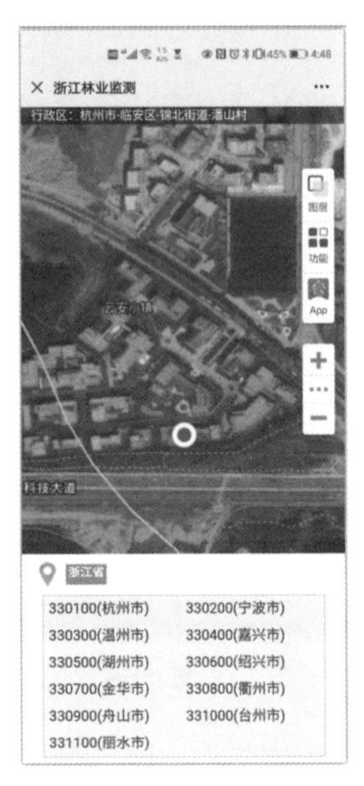

图 6.56　历史浏览与定位

③ 面积测量与轨迹跟踪：为了便于用户的测量，掌上林业提供了常用测量工具，如面积测量和特色测量工具（如轨迹跟踪）等功能。用户可以到现场行走一圈，就可以得到相关地块的面积及资源信息。如图 6.57 所示。

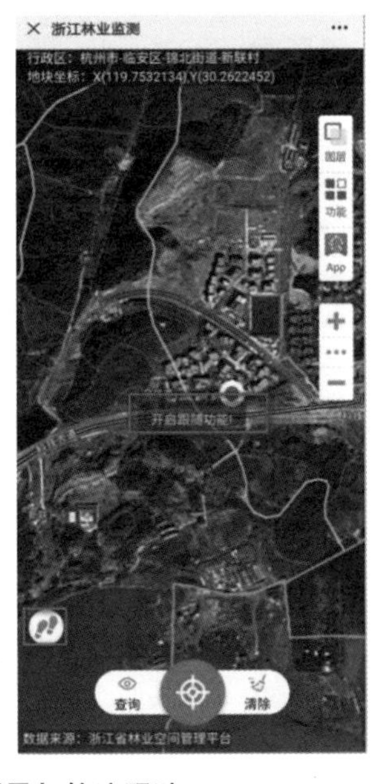

图 6.57　面积测量与轨迹跟踪

④ 审批跟踪与业务查询：用户可以很方便地对申请的业务进行审批跟踪，如跟踪采伐审批进度等，也可对以往业务进行查询等。当然，在查阅之前系统需要核实用户的身份信息。如图 6.58 所示。

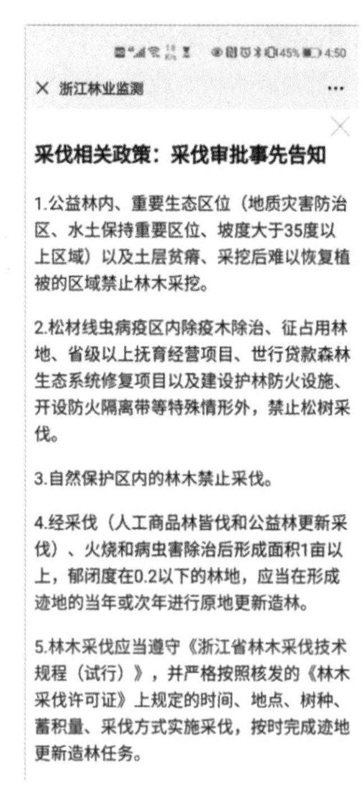

图 6.58　审批跟踪与业务查询

6.6.5　数据融合分析与协同管理

森林资源数据融合有多种来源与表现形式。在相关性、多元表示等原理的支撑下，数据融合的形式与表征是重要的研究内容。数据在进行融合的过程中首先要转化为机器可读的数据，从数据的角度进行大规模的融合，其表现形式包括传感数据与社会数据的融合、历史数据与实时数据的融合、线上数据与线下数据的融合、内部数据与外部数据的融合。

数据融合的实现包括数据级（或信号级、像素级）融合、特征级融合和决策级融合等 3 个层次，这 3 个层次的融合分别是对原始数据、从中提取的特征信息和经过进一步评估或推理得到的局部决策信息进行融合。数据级和特征级融合属于低层次融合，而高层次的决策级融合涉及态势认识与评估、影响评估、融合过程优化等。3 个层次上的数据融合分类如表 6.1 所示。

表 6.1 不同的信息层次上的数据融合分类

类 型	数据级融合	特征级融合	决策级融合
所属层次	最低层次	中间层次	高层次
主要优点	原始信息丰富，并能提供另外 2 个融合层次所不能提供的详细信息，精度最高	实现了对原始数据的压缩，减少了大量干扰数据，易实现实时处理，并具有较高的精确度	所需要的通信量小，传输带宽低，容错能力比较强，可以应用于异质传感器
主要缺点	所要处理的传感器数据量巨大，处理代价高，耗时长，实时性差；原始数据易受噪声污染，需融合系统具有较好的容错能力	在融合前必须先对特征进行相关处理，把特征向量分类成有意义的组合	判决精度低，误判决率升高，同时数据处理的代价比较高
主要方法	HIS 变换、PCA 变换、小波变换及加权平均等	聚类分析法、贝叶斯估计法、信息熵法、加权平均法、D–S 证据推理法、表决法及神经网络法等	贝叶斯估计法、专家系统、神经网络法、模糊集理论、可靠性理论以及逻辑模板法等
主要应用	多源图像复合、图像分析和理解	多传感器目标跟踪领域，融合系统主要实现参数相关和状态向量估计	其结果可为指挥控制与决策提供依据

数据融合主要涉及数据唯一识别、数据记录滤重、字段映射与互补、重名区分、别名识别、异构数据加权等多个方面，每个方面都涉及具体的技术细节与处理方法。例如，数据归一就包括全称与缩写、同义词的转换、缩略语与全称的转化、机构的改名与合并、公司的重组与兼并等。这就需要深入研究方法之间的逻辑关系，对方法的上下位类、同族、替代、改进等关系进行归纳总结，形成方法体系；对各种技术工具进行比对与试用，分析技术工具之间的共性与优缺点，探讨技术工具的集成与应用，从而形成一套多源数据融合的技术方法体系。

在数据融合之后，进行深入分析挖掘。数据融合挖掘，需要建立各种数据挖掘模型，包括用户聚类分析、消费模式挖掘、行业标杆对比、预警分析、客户路径分析等，以用户和业务为核心，对用户的相关维度进行数据挖掘，构建用户和业务的属性与特征库，服务于各种业务需求。多源数据融合的算法包括简单方法、基于概率论的方法、基于模糊推理的方法以及人工智能算法等。简单算法如等值融合法、加权平均法等。基于概率论的数据融合方法，如贝叶斯方法、D–S 证据理论等，其中贝叶斯方法又包括贝叶斯估计、贝叶斯滤波和贝叶斯推理网络等。D–S 证据理论是对概率论的推广，既可处理数据的不确定性，也能应对数据的多义性。基于模糊逻辑的数据融合方法在处理数据的模糊性、不完全性和不同粒度等方面具有一定的适应性和优势。混合方法包括模糊 D-S 证据理论、模糊粗糙集理论等，主要用来处理具有混合特性的数据。人工智能计算方法，用以处理不完善的数据，在处理数据的过程中不断学习与归纳，把不完善的数据融合为统一的完善数据。其理论框架如图 6.59 所示。

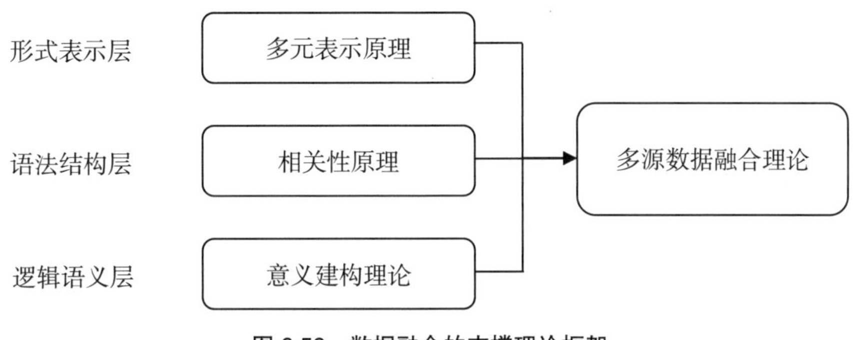

图 6.59　数据融合的支撑理论框架

森林资源协同管理是以林地、林木以及林区范围内生长的动、植物及其环境条件为对象，以森林资源保护、培育、更新、利用为目标的多业务、多层次的协同管理。

（1）多业务协同管理

森林资源管理是对森林资源的现状以及消长变化、发展趋势等情况的监测管理，同时以森林资源一类清查、二类调查、林地保护利用作为本底支撑数据，指导各类作业设计（造林、征占、采伐等）管理以及森林防火、有害生物防治、林业重点工程等业务的开展，因此对森林资源多业务协同管理，实现将森林培育利用、占用征用林地，以及非法破坏森林资源等情况具体落实到山头地块，使森林资源监管针对性更强、依据更充分、动作更迅速、效果更显著，充分发挥监测对管理的预示性、警示性和指引性作用。

（2）多系统协同管理

分析整合集成现有森林资源管理方法，以现行森林资源管理体系为基础，将森林资源档案管理、森林经营规划设计、造林规划设计、林权管理、公益林管理等业务应用系统有机地集成起来，形成协调统一的森林资源协同管理技术框架。总体思路概括为两点：a. 以管理为中心、以业务为导向、以数据为基础。以森林资源的核心业务为主线，以相关政策法规为准则，以业务对象为中心来组织数据和实现其相应的计算机化管理模式，实现以“业务为导向、以数据为基础”，最终解决实际的管理问题。b. 以信息流为主、工作流为辅，实现业务协同。以信息的流转与共享为基础，以即时消息通讯为技术支撑，以实际的业务处理需求为依托，实现林业业务的并行、协同处理。

森林资源协同管理的技术路线如图 6.60 所示，目标是实现对森林资源的更新、维护、管理，及时掌握森林资源的变化动态，全面摸清森林资源的数量、质量、结构以及分布情况，并在此信息的基础上，实现各种作业设计（如造林设计、采伐设计、征占作业设计）、森林防火、病虫害等森林应急专项处理以及其他与森林资源相关业务及信息的协同管理。

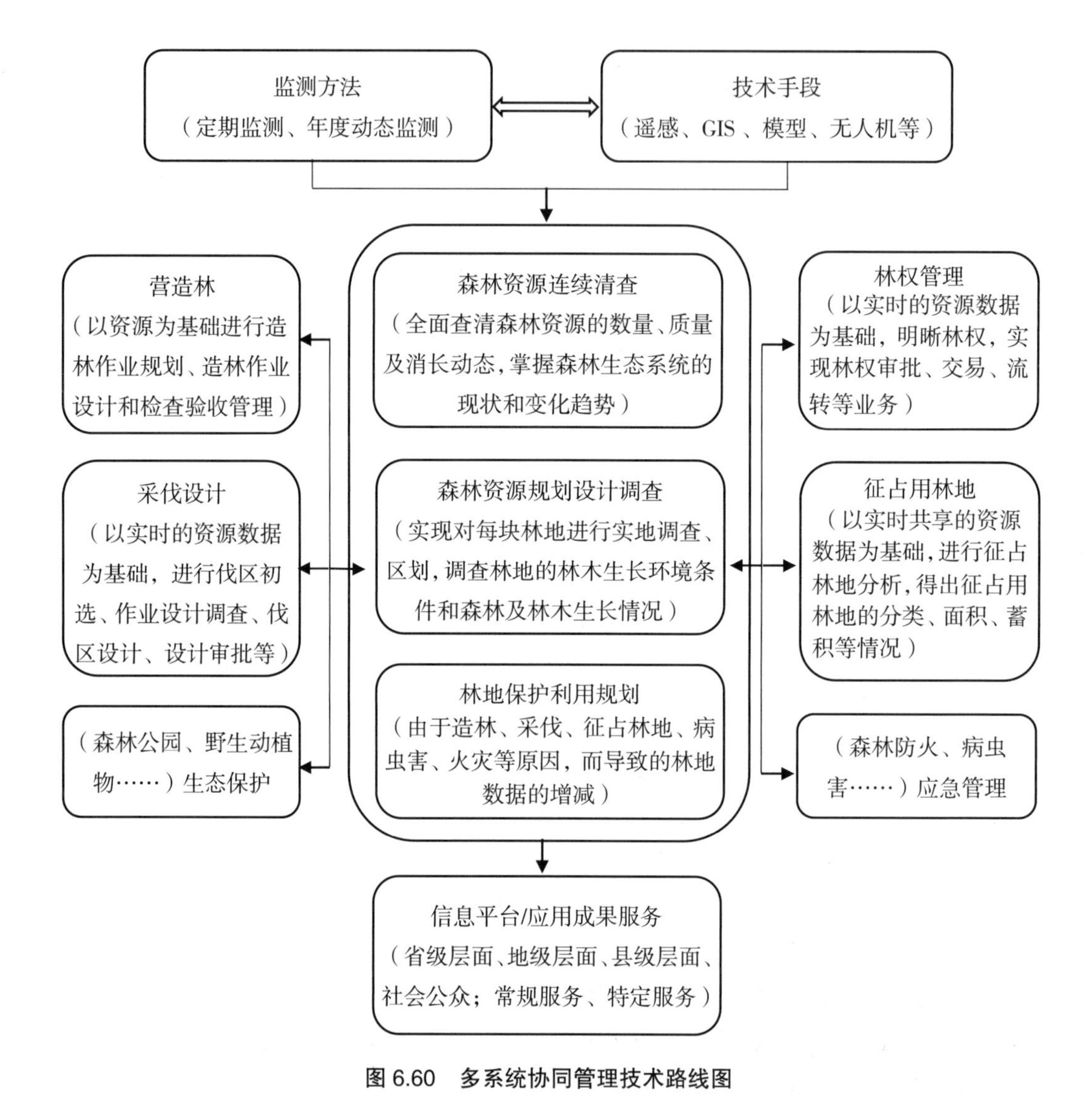

图 6.60　多系统协同管理技术路线图

数据融合分析与协同管理主要包括多源数据的融合与管理应用以及林地、林木、采伐、营造林、征占林地等数据的融合分析与建模，以便用于具体工作决策，如图 6.61 所示。展示内容包括多重资源分布、进度跟踪、林地一张图、单项资源“一张图”等。

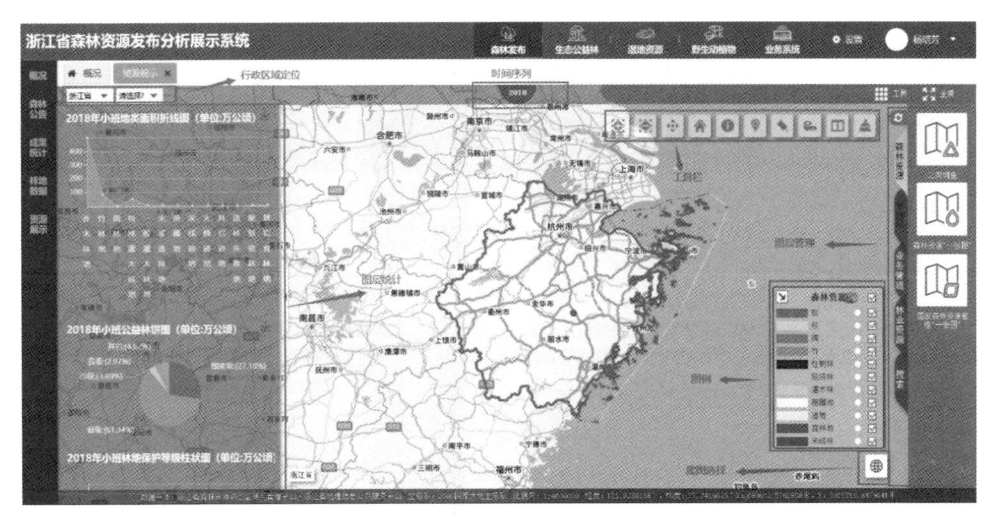

图 6.61　多数据融合分析效果界面

森林资源“一张图”分布。它是在二类资源档案数据基础上的，融合经营与利用等突变数据以及综合治理模型估算的自然消长数据形成的即时森林资源状况，可以查看、统计森林资源分布，了解每个小班地块的详细数据以及阶段性变化动态。如图 6.62 所示。

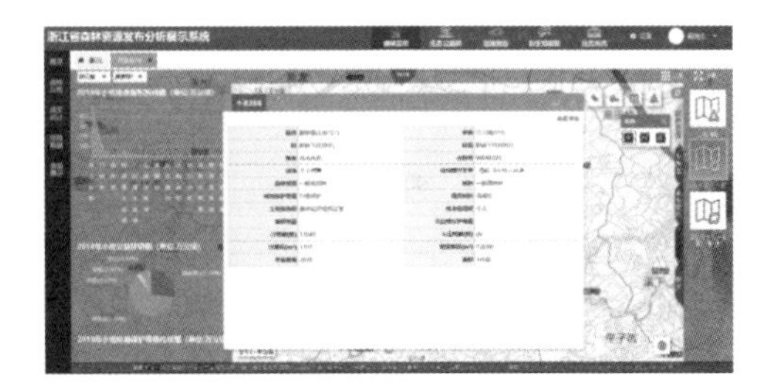

图 6.62　森林资源“一张图”分布

森林资源专题图。可以根据管理需要生成分类别的单项图件，从而揭示某方面规律，如生态公益林、森林类别、林种、林地保护等级、起源、林木权属、优势树种、土地管理类型等以及单项的松、杉、竹、山核桃等。部分展示如图 6.63 所示。

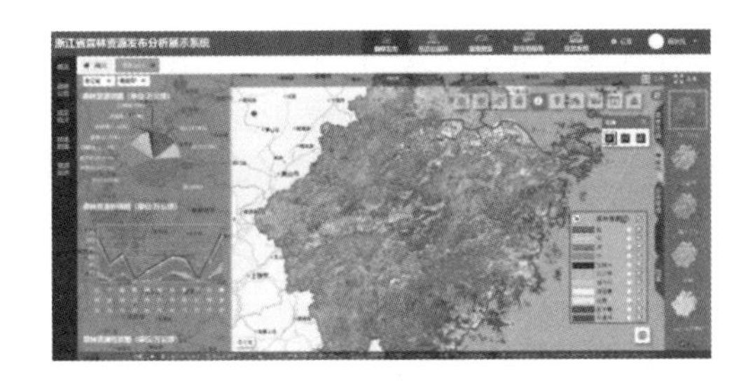
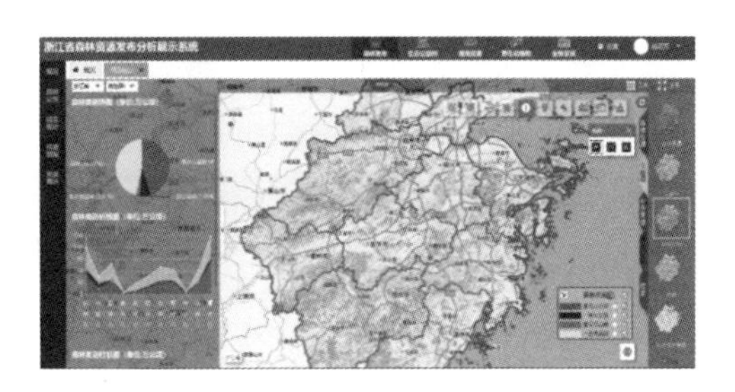

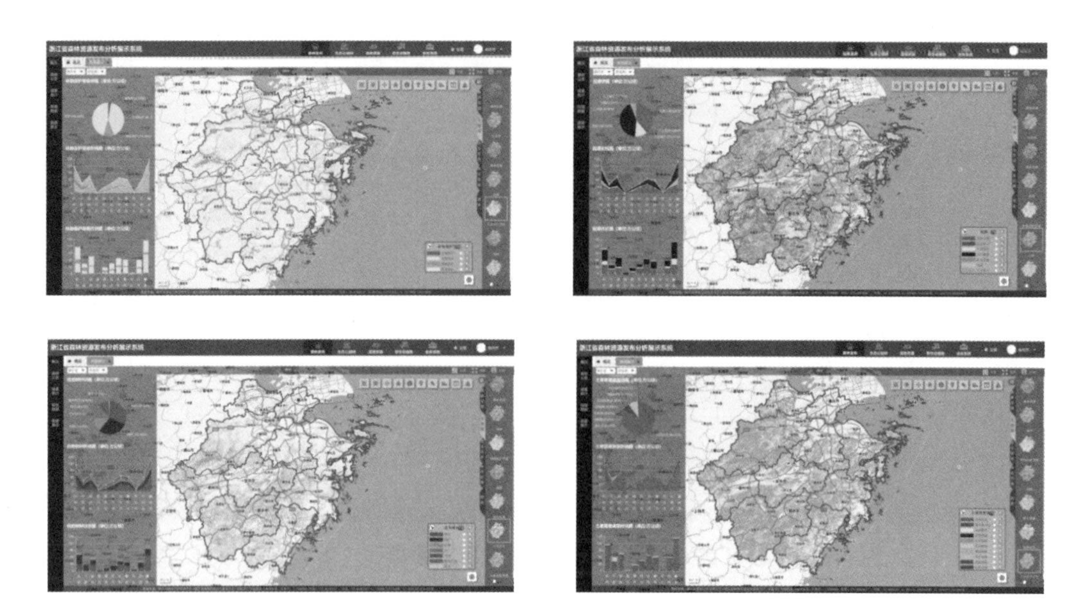

图 6.63　森林资源专题图

参考文献

Alparslan A，Anthonie V L，2007. Forest Mensuration[M].Netherlands：Springer：118-121.

Amey J D，1974. An individual tree model for stand simulation in Douglas-fir[J].Forest Yield Res（30）38-46.

Avery T E，Burkhart H E，1983. Forest Measurements[M].New York：McGraw-Hill.

Beder C，Steffen R，2006. Determining an Initial Image Pair for Fixing the Scale of a 3D Reconstruction from an Image Sequence[J].Joint Pattern Recognition Symposium，4174：657-666.

BEST C，2002. Americas Private Forests：Chellengeo for conservation[J].Jeurmd el"Forestly，100（3）：465-469.

Birdal A C，Avdan U，2017. Estimating tree heights with images from an unmanned aerial vehicle[J]. Geomatics Natural Hazards and Risk，8：1-13.

Bragg D C，2014. Accurately measuring the height of（real）forest trees[J].Journal of Forestry，112（1）：51-54.

Buchman R G，Pederson S P，Walter N R，1983.A tree survival model with application to species of the Great Lakes region[J].Can J For Res（13）：601-608.

Cancelliere R，Gai M，2003. A comparative analysis of neural network performances inastronomical imaging[J]. Applied Numerical Mathematics，45（1）：87-98.

Castro-Neto M，Jeong Y S，Jeong M K，et al，2009.Online-SVR for short-term traffic flow prediction under typical and atypical traffic conditions[J].Expert Systems with Applications，36：6164-6173.

Chen S，Cowan C N，Grant P M，1991.Orthogonal least squares learning algorithm for radial basis function networks[J].IEEE Trans Neural Netw，64（5）：829-837.

Christensen N I，Bartuska A M，Brown J H，et al，1996.The report of the ecological society of america committee on the scientific basis ecosystem management[J].Ecol Appl，6（3）：665-691.

Cubbage F，Harou P，Sills E，2007.Policy instruments to enhance multi-functional forest management[J].Forest Policy and Eeenomics（9）：27-32.

Dandois J P，Ellis E C，2013.High spatial resolution three-dimensional mapping of vegetation spectral dynamics using computer vision[J].Remote Sensing of Environment，136：259-276.

Davis L S, Johnson K N, 1987.Forest managemcnt[M].Ncw York: Mcgraw-Hill Book Company: 12-18.

Dekock R L, Grev R S, Schaefer H F, 1988.The valence isoelectronic molecules CCO, CNN, SiCO, and SiNN in their triplet ground states: Theoretical predictions of structures and infrared spectra[J].Journal of Chemical Physics, 89 (5): 3016-3027.

Draper N R, 1963."Ridge Analysis"of Response Surfaces[J].Technometrics, 5 (4): 469-479.

FAO, 2005.Global Forest Resources Assessment-Country Reports Canadn, Japan, Australia, U.K, 2005[EB/OL].[2006-01-18]http: //www.fao.org.

Fischler M A, Bolles R C, 1987.Random sample consensus: a paradigm for model fitting with applications to image analysis and automated cartography[J].Readings in Computer Vision: 726-740.

Gonzalez-Benecke C A, Gezan S A, Samuelson L J, et al, 2014.Estimating Pinus palustris tree diameter and stem volume from tree height, crown area and stand-level parameters[J]. Journal of forestry research, 25 (1): 43-52.

Hartley R, Zisserman A, 2003.Multiple view geometry in computer vision[J].Kybernetes, 30 (9/10): 1865-1872.

He C, Hong X F, LIU K Z, et al, 2016.An improved technique for non-destructive measurement of the stem volume of standing wood[J].Southern Forests: a Journal of Forest Science, 78 (1): 53-60.

Hegyi F, 1974.A Simulation model for managed jackpine stand[J].In growth model for tree and stand simulation, (30): 74-90.

Holopainen M, Vastaran'ia M, Hyyppa J, 2014.Outlook for the Next Generation's Precision Forestry in Finland[J].Forests, 5 (7): 1682.

Houghton R A, Butman D, Bunn A G, et al, 2007.Mapping Russian forest biomass with data from satellites and forest inventories[J].Environmental Research Letters, 2 (4): 1-7.

Huang C L, Tsai C Y, 2009.A Hybrid Sofm-svr With A Filter-based Feature Selectionfor Stock Market Forecasting[J].Expert systems with applications, 36 (2p1): 1529-1539.

Hui G, Zhao X, Zhao Z, et al, 2011.Evaluating Tree Species Spatial Diversity Based on Neighborhood Relationships[J].Forest Science, 57 (4): 292-300.

Jacobson I M, Catlett I, Marcellin P, et al, 2011.1369 telaprevir substantially improved svr rates across all il28b genotypes in the advance trial[J].Journal of Hepatology, 54 (Suppl 1): 542-543.

Jourabloo A, Liu X, 2017.Pose-Invariant Face Alignment via CNN-Based Dense 3D Model

Fitting[J].International Journal of Computer Vision，124（4）：187-203.

Jucker T，Caspersen J，Chave J，et al，2016.Allometric equations for integrating remote sensing imagery into forest monitoring programmes[J].Global Change Biology，3（1）：177-190.

K·J 奥斯特隆姆，1983. 随机控制理论导论 [M]. 北京：科学出版社 .

Kamnitsas K，Ledig C，Newcombe V F J，et al，2016.Efficient Multi-Scale 3D CNN with fully connected CRF for Accurate Brain Lesion Segmentation[J].Medical Image Analysis，36：61.

Korosuo A，Wikström P，Öhman K，2011.An integrated MCDA software application for forest planning：a case study in southwestern Sweden[J].Mathematical and Computational Forestry & Natural-Resource Sciences（MCFNS），3（2）：75-86.

Lähivaara T，Seppänen A，Kaipio J P，et al，2014.Bayesian approach to tree detection based on airborne laser scanning data[J].IEEE Transactions on Geoscience and Remote Sensing，52（5）：2690-2699.

Lenz R，Tsai R，1988.Techniques for calibration of the scale factor and image center for high accuracy 3D machine vision metrology[J].Proc IEEE Icra，10（5）：713-720.

Leung M T，Chen A S，Daouk H，2000.Forecasting exchange rates using general regression neural networks[J].Computers & Operations Research，27（11）：1093-1110.

Li A，Huang C，Sun G，et al，2011.Modeling the height of young forests regenerating from recent disturbances in Mississippi using Landsat and ICESat data[J].Remote Sensing of Environment，115（8）：1837-1849.

Li W，Guo Q，Jakubowski M K，et al。2012.A new method for segmenting individual trees from the lidar point cloud[J].Photogrammetric Engineering & Remote Sensing，78（1）：75-84.

Lin Y，Hyyppä J，Kukko A，et al，2012.Tree height growth measurement with single-scan airborne，static terrestrial and mobile laser scanning[J].Sensors，12（9）：12798-12813.

Lowe D G，2004.Distinctive Image Features from Scale-Invariant Keypoints[J].International Journal of Computer Vision，60（2）：91-110.

Mcroberts R E，Tomppo E O，Naesset E，2010.Advances and merging issues in national forest inventories[J].Scandinavian Journal of Forest Research，25（4）：368-381.

Nose-Filho K，Lotufo A D P，Minussi C R，2011.Short-Term Multinodal Load Forecasting Using a Modified General Regression Neural Network[J].IEEE Transactions on Power Delivery，26（4）：2862-2869.

Ozdemir I，Donoghue D N M，2013.Modelling tree size diversity from airborne laser scanning using canopy height models with image texture measures[J].Forest Ecology and Management, 295（1）: 28-37.

Panagiotidis D, Abdollahnejad A, Surový P, et al, 2017.Determining tree height and crown diameter from high-resolution UAV imagery[J].International Journal of Remote Sensing, 38（8-10）: 2392-2410.

Podlaski R, Roesch F A, 2014.Modelling diameter distributions of two-cohort forest stands with various proportions of dominant species: a two-component mixture model approach[J]. Mathematical biosciences, 249: 60-74.

Popescu S C, Wynne R H, Nelson R F, 2002.Estimating plot-level tree heights with lidar: local filtering with a canopy-height based variable window size[J].Computers and Electronics in Agriculture, 37（1）: 71-95.

Qian Y Q, Ma K P, 1994.Principle and Methodologies of Biodiversity Studies[M].Beijing: China Science and Technology Press.

Qin J, Cao Q V, 2006.Using disaggregation to link individual-tree and whole-stand growth models[J].Canadian Journal of Forest Research, 36（4）: 953-960.

Qin S J, 1998.Recursive PLS Algorithms for Adaptive Data Modeling[J].Comput chem eng, 22（4）: 503-514.

Radtke P J, Westfall J A, Burkhart H E, 2003.Conditioning a distance-dependent competition index to indicate the onset of inter-tree Competition[J].Forest Ecology and Management, 175（1）: 17-30.

Ridolfi M, Vandermeeren S, Defraye J, et al, 2018.Experimental Evaluation of UWB Indoor Positioning for Sport Postures[J].Sensors（Basel, Switzerland）, 18（1）: 168.

Saremi H, Kumar L, Stone C, et al, 2014.Sub-Compartment Variation in Tree Height, Stem Diameter and Stocking in a *Pinus radiata* D.Don Plantation Examined Using Airborne LiDAR Data[J].Remote Sensing, 6（8）: 7592-7609.

Sharma M, Parton J, 2007.Height–diameter equations for boreal tree species in Ontario using a mixed-effects modeling approach[J].Forest Ecology and Management, 249（3）: 187-198.

Specht D F, 1991.A general regression neural network[J].IEEE Transactions on Neural Networks, 2（6）: 568-576.

Sun X, et al, 2008.How promptly nonindustrial private forest landowners regenerate their lands after harvest: 4 duration anlysis[J].Canadian Journal of Forest Research, 38（8）: 1032-1037.

Tsai R Y, 2003.A versatile camera calibration technique for high-accuracy 3D machine vision metrology using off-the-shelf TV cameras and lenses[J].IEEE Journal on Robotics & Automation，3（4）：323-344.

Vega C，Hamrouni A，Mokhtari S，et al，2014.PTrees：A point-based approach to forest tree extraction from lidar data[J].International Journal of Applied Earth Observation and Geoinformation，33：98-108.

Verma N K，Lamb D W，Reid N，et al，2014.An allometric model for estimating DBH of isolated and clustered Eucalyptus trees from measurements of crown projection area[J].Forest Ecology and Management，326：125-132.

Vilarino D L，Brea V M，Cabello D，1998.Discrete-time CNN for image segmentation by active contours[J].Pattern Recognition Letters，19（8）：721-734.

Vincent L，Soille P，1991.Watersheds in digital spaces：an efficient algorithm based on immersion simulations[J].IEEE Transactions on Pattern Analysis and Machine Intelligence，13（6）：583-598.

Vogel V D，Ruiter C D，Beek D V，et al，2004.Predictive Validity of the SVR-20 and Static-99 in a Dutch Sample of Treated Sex Offenders[J].Law & Human Behavior，28（3）：235-251.

Wang C，2006.Biomass allometric equations for 10 co-occurring tree species in Chinese temperate forests[J].Forest Ecology and Management，222（1-3）：9-16.

Wang D，Li T，Wang J L，et al，2014.Handheld Tree’s Diameter at Breast Height Measurement System Based on Laser Diode and CMOS Image Sensor[J].Sensors & Transducers，172（6）：111-117.

Wang K N，Ma T，Lu J，2016.Inversion of the accumulation of Liangshui Nature Reserve based on random forest algorithm[J].Journal of Southwest Forestry University，36（05）：125-129+157.

Wasserman E，Barash L，Yager W A，1965.The Electron Paramagnetic Resonance of Triplet CNN，NCN，and NCCCN[J].Journal of the American Chemical Society，87（9）：2075-2076.

Yan F，Ullah M R，Gong Y，et al，2012.Use of a no prism total station for field measurements in Pinus tabulaeformis Carr.stands in China[J].Biosystems Engineering，113（3）：259-265.

Zhang K，Zuo W，Chen Y，et al，2017.Beyond a Gaussian Denoiser：Residual Learning of Deep CNN for Image Denoising[J].IEEE Transactions on Image Processing，7：3142-3155.

Zhou R Y，2019.Forest Volume Estimation Based on Landsat-8 Remote Sensing Image[D].HangZhou：Zhejiang Agriculture and Forestry University.

白效乐，高志华，2016. 强化林业资源管理促进生态林业健康发展 [J]. 科研（8）：59.
曹忠，巩奕成，冯仲科，等，2015. 电子经纬仪测量立木材积误差分析 [J]. 农业机械学报，46(1)：292–298.
曾涛，琚存勇，蔡体久，2010. 利用变量投影重要性准则筛选郁闭度估测参数 [J]. 北京林业大学学报，32（06）：37–41.
陈爱军，叶兰芝，李东升，等，2017. 高精度树木胸径测量装置：201610018512.X[P].2017-12-29.
陈存及，梁彦兰，郭玉硕，等，2004. 青钱柳杉木混交林种内及种间竞争的研究 [J]. 福建林学院学报，24（1）：1–4.
陈金星，张茂震，赵平安，等，2013. 一种基于拉绳传感器的树木直径记录仪 [J]. 西北林学院学报，28（4）：188–189.
陈金星，张茂震，赵平安，等，2013. 一种基于拉绳传感器的树木直径记录仪 [J]. 西北林学院学报，28（4）：188–192.
陈盼盼，冯仲科，范永祥，等，2019. 基于视觉里程计的森林样地调查系统研究 [J]. 农业机械学报，50（10）：167–174.
陈西强，黄张裕，2010. 抗差估计的选权迭代法分析与比较 [J]. 测绘工程，19（4）：14–17，21.
程朋乐，刘晋浩，王典，2013. 融合激光和机器视觉的立木胸径检测方法 [J]. 农业机械学报，44（11）：271–275.
初映雪，2017. 浙江省森林资源宏观监测方法的对比研究 [D]. 杭州：浙江农林大学 .
邓成，梁志斌，2012. 国内外森林资源调查对比分析 [J]. 林业资源管理（5）：12–17.
邓晓华，张广福，张怡春，等，2003. 长白落叶松人工林全林分生长模型的研究 [J]. 林业科技，28（1）：10–12.
丁海鹏，王井利，2007. 动态坐标校正法提高手持 GPS 精度 [J]. 中国煤炭地质，19（3）：75–76.
丁世飞，Shifei D，张健，等，2018. 多分类孪生支持向量机研究进展 [J]. 软件学报，29（1）：89–108.
董晨，2016. 福建省杉木人工林形态与收获模型研究 [D]. 北京：北京林业大学 .
董子静，赵朝熠，石茂国，等，2019. 支持向量机在股指现货和衍生品关系建模中的应用 [J]. 数学的实践与认识（10）：308–320.
杜纪山，唐守正，1998. 杉木林分断面积生长预估模型及其应用 [J]. 北京林业大学学报，20（4）：1–5.
段劼，马履一，薛康，等，2010. 北京地区侧柏人工林单木胸径生长模型的研究 [J]. 林业资源管理（2）：62–68.

樊仲谋，冯仲科，李亚东，等，2015. 基于双目相机的森林样地调查方法研究 [J]. 农业机械学报，46（5）：293–299.

樊仲谋，周成军，周新年，等，2018. 无人机航测技术在森林资源调查中的应用 [J]. 森林与环境学报，38（3）：297–301.

范永祥，冯仲科，陈盼盼，等，2019. 基于 RGB-D SLAM 手机的森林样地调查系统研究 [J]. 农业机械学报，50（08）：226–234.

冯仲科，杜鹏志，闫宏伟，等，2018. 创建新一代森林资源调查监测技术体系的实践与探索 [J]. 林业资源管理（3）：5–13.

冯仲科，隋宏大，邓向瑞，等，2007. 三角高程法树高测量与精度分析 [J]. 北京林业大学学报，29（S2）：31–35.

冯仲科，熊妮娜，王佳，等，2008. 北京市侧柏人工林全林分模型建立与研究 [J]. 北京林业大学学报，30（增刊 1）：214–217.

冯仲科，徐伟恒，杨立岩，2015. 利用手持式超站测树仪测量林分空间结构参数 [J]. 农业工程学报，31（6）：213–217.

冯仲科，游晓斌，任谊群，2001. 基于 3s 技术的森林资源与环境监测系统构想 [J]. 北京林业大学学报，23（4）：90–92.

甘剑伟，2017. 森林计测的革命——记空天地一体化森林资源调查监测新技术体系 [J]. 广西林业（9）：4–6.

高峰，谷雨，周滨，等，2009. 一种电容式角度传感器 [J]. 仪表技术与传感器（8）：17–18.

高祥，2015. 森林资源调查监测信息化技术方法研究 [D]. 北京：北京林业大学 .

高翔，马铁华，张艳兵，2011. 基于提升小波变换的容栅传感器输出信号降噪 [J]. 传感技术学报，27（8）：1178–1181.

耿林，李明泽，范文义，等，2018. 基于机载 LiDAR 的单木结构参数及林分有效冠的提取 [J]. 林业科学，54（07）：65–75.

关炳福，2010. 关于森林资源连续清查工作中提高样木胸径测量精度的探讨 [J]. 内蒙古林业调查设计，33（5）：63–64.

韩大校，金光泽，2017. 地形和竞争对典型阔叶红松林不同生长阶段树木胸径生长的影响 [J]. 北京林业大学学报，39（01）：9–19.

韩艳刚，雷泽勇，赵国军，等，2018. 樟子松人工固沙林冠幅——胸径模型 [J]. 干旱区研究（5）：1129–1137.

郝泷，刘华，陈永富，2017. 耦合光谱、纹理信息的森林蓄积量估算研究 [J]. 山地学报（02）：128–136.

何杰，吴雅南，段世红，等，2017. 人体对 UWB 测距误差影响模型 [J]. 通信学报，38

（S1）：58–66.
何文剑，徐静文，张红霄，2016. 森林采伐限制管理制度能否起到保护森林资源的作用[J]. 中国人口资源与环境，26（7）：128–136.
何小弟，朱惜晨，何静，等，2007. 扬州古树名木资源的评价与保护 [J]. 林业工程学报，21（2）：108–111.
贺景平，2007. 国有林区森林资源监督体系研究 [D]. 哈尔滨：东北林业大学 .
洪玲霞，雷相东，李永慈，2012. 蒙古栎林全林整体生长模型及其应用 [J]. 林业科学研究，25（12）：201–206.
侯红亚，王立海，徐华东，等，2012. 目测法估测树高的误差分析 [J]. 森林工程，28（02）：6–8.
侯瑞霞，孙伟，曹姗姗，等，2016. 大数据环境下林业资源信息云服务体系架构——设计与实证 [J]. 中国农学通报，32（2）：170–179.
侯鑫新，谭月胜，钱桦，等，2014. 一种基于单 CCD 与经纬仪的树木胸径测量方法 [J]. 计算机应用研究，31（4）：1225–1228.
侯鑫新，2014. 基于 CCD 和经纬仪的林木图像识别系统研究 [D]. 北京：北京林业大学 .
胡坚强，夏有根，梅艳，等，2004. 古树名木研究概述 [J]. 福建林业科技，31（3）：151–154.
黄民生，何岩，方如康，2011. 中国自然资源的开发、利用和保护 [M]. 北京：科学出版社 .
黄秋蓝，2016. 探究森林资源管理与生态林业的发展方向 [J]. 大科技（11）：181–182.
黄晓东，冯仲科，解明星，等，2015. 自动测量胸径和树高便携设备的研制与测量精度分析 [J]. 农业工程学报，31（18）：92–99.
黄晓东，冯仲科，2015. 基于数码相机的样木胸径获取方法 [J]. 农业机械学报，46（9）：266–272.
黄晓东，2016. 地面摄影测量获取树因子的研究 [D]. 北京：北京林业大学 .
黄心渊，王海，2006. “数字林业” 及其技术与发展 [J]. 北京林业大学学报，28（6）：142–147.
贾榕，张方圆，2017. 我国森林资源监测的现状与发展趋势 [J]. 环球人文地理（10）：10.
姜广宇，2013. 基于多系统的森林资源数据联动更新方法研究 [D]. 杭州：浙江农林大学 .
姜洋，李艳，2014. 浙江省森林信息提取及其变化的空间分布 [J]. 生态学报，43（24）：7261–7270
蒋有绪，2001. 森林可持续经营与林业可持续发展 [J]. 世界林业研究，14（2）：1–7.
金时华，2005. 多面函数拟合法转换 GPS 高程 [J]. 测绘与空间地理信息，28（6）：50–53.
金星姬，李凤日，贾炜玮，等，2013. 树木胸径和树高二元分布的建模与预测 [J]. 林业科学，49（6）：74–82.

金滋力，胡建星，金宏威，等，2018. 基于支持向量机与层次分析法的中药方剂配伍分析 [J]. 中国中药杂志，43（13）：54–56.
靳盼盼，李芙蓉，2013. 基于 harris 算法的黑白棋盘格角点检测 [J]. 软件，34（4）：54–56.
康文智，李媛，2010. 森林资源动态监测技术探讨 [J]. 内蒙古林业调查设计，33（01）：65–83.
赖超，方陆明，李记，等，2015. 森林资源信息集成系统的设计与实现 [J]. 浙江农林大学学报，36（6）：890–896.
郎晓雪，许彦红，舒清态，2019. 香格里拉市云冷杉林蓄积量遥感估测非参数模型研究 [J]. 西南林业大学学报（自然科学），39（01）：152–157.
李崇贵，赵宪文，2001. 以遥感和地理信息系统为基础的森林蓄积 LS 估计自变量选择研究 [J]. 遥感学报，5（4）：277–281.
李春明，2009. 利用非线性混合模型进行杉木林分断面积生长模拟研究 [J]. 北京林业大学学报，31（1）：44–49.
李德仁，李明，2014. 无人机遥感系统的研究进展与应用前景 [J]. 武汉大学学报：信息科学版，39（5）：505–513，540.
李东升，王伟，2000. 森林动态监测技术研究进展 [J]. 森林工程，16（06）：15–17.
李二森，张保明，周晓明，等，2008. 自适应 Canny 边缘检测算法研究 [J]. 测绘科学，33（6）：119–120.
李具来，刘炳义，左维秋，2004. 日本的可持续经营监测评 [J]. 林业勘察设计，132（4）：16–21.
李勤，达飞鹏，温晴川，2010. 任意方向下的摄像机镜头畸变标定 [J]. 仪器仪表学报，31（9）：2022–2027.
李素，袁志高，王聪，等，2018. 群智能算法优化支持向量机参数综述 [J]. 智能系统学报，13（01）：70–84.
李腾宇，易晓梅，陈石 . 基于 RSSI 加权质心和 GASA 优化的 WSN 定位算法 [J]. 计算机工程与应用，2017.53（06）：118–121，134.
李卫东 . 美国的森林资源及其利用现状 [J]. 世界林业研究，2006，19（4）：8
李卫正，申世广，何鹏，等，2014. 低成本小型无人机遥感定位病死木方法 [J]. 北京林业大学学报，28（6）：102–105.
李响，甄贞，赵颖慧，2015. 基于局域最大值法单木位置探测的适宜模型研究 [J]. 北京林业大学学报，37（3）：27–33.
李燕燕，樊后保，2005. 马尾松 – 火力楠混交林生物量及养分结构特征 [J]. 江西农业大学学报，27（5）：699–704.

李永亮，鞠洪波，张怀清，等，2013. 基于林分特征的林木个体信息估算可视化模拟技术 [J]. 林业科学，49（7）：99–105.
李云，陈晓，张英团，2016. 美国、德国、法国和日本森林资源调查体系对我国森林资源调查与监测的启示 [J]. 林业建设（1）：1–9.
李佐晖，方炎杰，等，2016. 仙居县珍贵彩色森林建设浅析 [J]. 林业调查规划，41（3）：126–130.
连亦同，1987. 自然资源利用概论 [M]. 北京：中国人民大学出版社 .
梁赛花，何齐发，王伟，等，2013. 基于林分生长模型的森林资源年度档案更新技术探讨——以江西省森林资源年度档案更新为例 [J]. 南方林业科学（6）：36–39.
梁勇，李天牧，1999. 多方位形态学结构元素在图像边缘检测中的应用 [J]. 云南大学学报：自然科学版，21（5）：392–394.
梁长秀，冯仲科，2001. 森林资源调查数据的稳健估计及分析 [J]. 北京林业大学学报，23（6）：10–12.
林刚，王波，彭辉，等，2018. 基于强泛化卷积神经网络的输电线路图像覆冰厚度辨识 [J]. 中国电机工程学报，38：11.
林力，2019. 浅谈乡土树种在保定美丽乡村建设中的应用 . 现代农村科技，（7）：45–46.
林鹏，1990. 福建植被 [M]. 福州：福建科学出版社：15–20.
林业部，1997. 中国二十一世纪议程林业行动计划 [M]. 北京：中国林业出版社 .
林业部，1989. 林资字 [1989]41 号文 关于建立全国森林资源监测体系有关问题的决定 [J]. 林业资源管理（2）：3–5.
刘传达，2010. 云和县森林资源变化动态分析及经营建议 [J]. 浙江林业科技，30（2）：82–86.
刘金成，冯仲科，范永祥，2017. 电子条码尺立木胸径自动测量研究 [J]. 农业机械学报，48（12）：1–9.
刘钧，2005. 甘肃森林的演变及原因初探 [J]. 甘肃科技（6）：18–19.
刘俊，孟雪，温小荣，2016. 基于不同立地质量的森林蓄积量遥感估测 [J]. 西北林学院学报，31（1）：186–191.
刘明艳，王秀兰，冯仲科，等，2017. 基于主成分分析法的老秃顶子自然保护区森林蓄积量遥感估测 [J]. 中南林业科技大学学报，37（10）：80–83，117.
刘琼阁，彭道黎，涂云燕，2014. 基于偏最小二乘回归的森林蓄积量遥感估测 [J]. 中南林业科技大学学报，34（2）：81–84.
刘思华，1997. 可持续发展经济学 [M]. 武汉：湖北人民出版社 .
刘唐，江涛，李昂，2019. 基于神经网络和不同立地质量的森林蓄积量遥感估测 [J]. 山东科技大学学报：自然科学版，38（02）：30–40.

刘微，李凤日，2010. 落叶松人工林与距离无关的单木生长模型 [J]. 东北林业大学学报，38（5）：24–27.

刘伟乐，林辉，孙华，等，2014. 基于地面三维激光扫描技术的林木胸径提取算法分析 [J]. 中南林业科技大学学报，34（11）：111–115.

刘艳，李腾飞，2014. 对张正友相机标定法的改进研究 [J]. 光学技术，40（6）：565–570.

刘杨豪，谢林柏，2016. 基于共面点的改进摄像机标定方法研究 [J]. 计算机工程，42（8）：289–293.

刘永杰，2009. 森林资源二类调查空间数据获取与更新的关键技术研究 [D]. 北京：北京林业大学 .

刘志华，常禹，陈宏伟，2008. 基于遥感、地理信息系统和人工神经网络的呼中林区森林蓄积量估测 [J]. 应用生态学报，19（9）：1891–1896.

卢妮妮，王新杰，张鹏，等，2015. 不同林龄杉木胸径树高与冠幅的通径分析 [J]. 东北林业大学学报（4）：12–16.

路泽忠，卢小平，付睢宁，等，2019. 一种改进的 RSSI 加权质心定位算法 [J]. 测绘科学，44（01）：26–31.

吕德刚，2009. 集成霍尔磁编码器的研究 [D]. 哈尔滨：哈尔滨工业大学 .

马丽坤，温玫，2009. 加快林业信息化建设推进森林资源资产管理 [J]. 现代农业（12）：62–63.

马颂德，张正友，1998. 计算机视觉：计算理论与算法基础 [M]. 北京：科学出版社 .

马祥庆，2001. 英国林业的经营现状及发展趋势 [J]. 世界林业研究，14（5）：10.

马忠良，等，1997. 中国森林的变迁 [M]. 北京：中国林业出版社 .

孟翠英，2010. 森林资源连续清查简介 [J]. 林业科技情报，42（1）：15–18.

孟京辉，陆元昌，柳新红，等，2009. 国家森林资源调查体系改进探讨 [J]. 浙江林业科技，29（6）：76–79.

孟宪宇，谢守鑫，1992. 华北落叶松人工林单木生长模型的研究 [J]. 北京林业大学学报，14（增刊 1）：96–103.

孟宪宇，2006. 测树学（第三版）[M]. 北京：中国林业出版社 .

牟魁翌，杨洪耕，2019. 基于 PLA–GDTW 支持向量机的非侵入式负荷监测方法 [J]. 电网技术，43：11.

农胜奇，张伟，蔡会德，等，2014.1977—2010 年广西森林资源变化动态及其主要驱动因素分析 [J]. 广西林业科学，43（2）：171–178.

裴志永，陈松利，陈瑛，2012. 树木生长量远程遥测方法研究进展 [J]. 安徽农业科学，40（23）：11736–11738.

乔正年，马骏，徐雁南，2019. 无人机遥感在林木冠幅提取中的应用 [J]. 林业资源管理

（1）：79–84.
邱梓轩，冯仲科，蒋君志伟，等，2017. 森林智能测绘记算器设计与试验 [J]. 农业机械学报，48（5）：179–187.
任俊俊，方陆明，唐丽华，2013. 林业野外作业采集系统设计与稳定性 [J]. 浙江农林大学学报，30（2）：234–239.
沈亚峰，王歆晖，巩宇涵，等，2017. 基于智能手机图像分析的树木胸径测量研究 [J]. 江苏林业科技，44（1）：28–33.
施鹏程，彭道黎，2013. 基于偏最小二乘回归密云森林蓄积量遥感估测 [J]. 江西农业大学学报，35（4）：798–801.
石春娜，王立群，2009. 我国森林资源质量变化及现状分析 [J]. 林业科学，11（11）：90–97.
孙玉婷，王映龙，杨红云，等，2018. 基于支持向量机回归预测水稻叶片 SPAD 值 [J]. 科技通报（9）：28–33.
谭伟，王开琳，罗旭，等，2008. 手持 GPS 在不同林分下的定位精度研究 [J]. 北京林业大学学报，30（S1）：163–167.
唐守正，1991. 广西大青山马尾松全林整体生长模型及应用 [J]. 林业科学研究，4（增刊）：8–13，28–33.
唐伟，尹高杨，2011. 森林资源规划设计调查方法及步骤 [J]. 大科技・科技天地（5）：8–13.
陶吉兴，张国江，季碧勇，等，2014. 杭州市森林资源市县联动年度化监测的探索与实践 [J]. 林业资源管理（4）：14–18.
汪小钦，王苗苗，王绍强，等，2015. 基于可见光波段无人机遥感的植被信息提取 [J]. 农业工程学报，1（5）：152–158.
王伯荪，1987. 植物群落学 [M]. 北京：中国高等教育出版社：60–81.
王海宾，彭道黎，高秀会，2018. 基于 GF–1 PMS 影像和 k–NN 方法的延庆区森林蓄积量估测 J]. 浙江农林大学学报，35（06）：87–95.
王韩民，1994. 森林文化浅谈 [J]. 森林与人类，14（1）：6–7.
王佳，宋珊芸，刘霞，等，2014. 结合影像光谱与地形因子的森林蓄积量估测模型 [J]. 农业机械学报，45（5）：216–220.
王建利，李婷，王典，等，2013. 基于光学三角形法与图像处理的立木胸径测量方法 [J]. 农业机械学报，44（7）：241–245.
王久丽，袁小梅，1992. 单木生长模型和林分模拟系统的研究及应用 [J]. 北京林业大学学报，14（增刊 1）：83–88.
王柯，2011. 森林资源安全监管理论模型的研究 [D] 杭州：浙江农林大学 .

王灵霞，唐丽玉，等，2015. 杉木人工林林分可视化模拟系统设计与实现 [J]. 微型机与应用，34（4）：93–97.

王伟，2015. 无人机影像森林信息提取与模型研建 [D]. 北京：北京林业大学 .

王雪军，2013. 基于多源数据源的森林资源年度动态监测研究 [D]. 北京：北京林业大学 .

王永国，冯仲科，苗婕，等，2012. 基于小班信息 GIS 更新的森林资源动态监测研究 [J]. 林业调查规划，37（1）：1–5.

王育民，1995. 中国人口史 [M]. 南京：江苏人民出版社：71.

王媛媛，2006. 容栅式数显卡尺专用芯片的设计 [D]. 西安：西安科技大学 .

王智超，冯仲科，闫飞，等，2013. 全站仪测树的内外业一体化方法研究 [J]. 西北林学院学报 .28（6）：134–138.

韦淑英，1991. 森林资源消长动态微机监测系统 [J]. 林业科技（3）：15–16.

文彦桂，来庭，1995. 国外用两阶抽样估计森林蓄积 [J]. 中南林业调查规划（1）：63.

吴承祯，洪伟，林成来，等 2001. 柳杉 – 杉木混交林种间竞争的研究 [J]. 生物数学学报，16（2）：247–251.

吴发云，高显连，潘超，2018. 机载林业探测大光斑激光雷达系统的设计与应用 [J]. 林业资源管理（4）：125–132.

吴吉贤，杜海燕，张耀文，等，2008.WGS84 与 ITRF2000 参考框架坐标转换的研究及应用 [J]. 测绘科学，33（5）：73–74.

吴鹏，楼雄伟，易晓梅，2013. 基于 PDA 的林权调查系统研建 [J]. 西北林学院学报，28（1）：255–260.

吴小平，岳德鹏，陈金星，等，2016.RD1000 电子测树仪立木因子测定及适用性研究 [J]. 西北林学院学报，31（2）：219–224.

吴鑫，2016. 基于物联网技术的森林资源时空数据更新研究 [D]. 长沙：中南林业科技大学 .

向胜兵，2015. 森林资源管理与林业信息化建设研究 [J]. 大科技（2）：239–240.

肖化顺，2004. 森林资源监测中林业 3S 技术的应用现状与展望 [J]. 林业资源管理（2）：53–58.

肖兴威，姚昌恬，陈雪峰，等，2005. 美国森林资源清查的基本做法和启示 [J]. 林业资源管理，（4）：27–33，42.

谢鸿宇，温志庆，钟世锦，等，2011. 无棱镜全站仪测量树高及树冠的方法研究 [J]. 中南林业科技大学学报，31（11）：53–58.

谢锐，马铁华，武耀艳，等，2012. 嵌入式容栅传感技术及轴功率测试研究 [J]. 仪器仪表学报，33（4）：844–849.

谢阳生，2010. 大都市森林及绿地资源监测信息协同技术体系研究 [D]. 北京：中国林业科学研究院 .

熊冲，2009. 基于信息共享的森林资源动态监测研究 [D]. 长沙：中南林业科技大学 .
徐萍，徐天蜀，2007. 森林资源动态监测技术综述 [J]. 云南大学学报 .，29：251–254.
徐伟恒，冯仲科，苏志芳，等，2013. 手持式数字化多功能电子测树枪的研制与试验 [J]. 农业工程学报，29（3）：90–99.
徐文兵，高飞，杜华强，2009. 几种测量方法在森林资源调查中的应用与精度分析 [J]. 浙江林学院学报，26（01）：132–136.
徐哲超，冯晔，2020. 基于 TOA/AOA 的 UWB 室内定位 NLOS 识别研究 [C]// 中国卫星导航系统管理办公室学术交流中心 . 第十一届中国卫星导航年会论文集——S02 导航与位置服务 . 北京：中国卫星导航系统管理办公室学术交流中心，中科北斗汇（北京）科技有限公司：144–149.
许超，1999. 形态学准圆结构元素和骨架的研究 [J]. 电子学报，27（8）：78–81.
鄢前飞，2007. 林业数字式测高测距仪的研制 [J]. 中南林业科技大学学报，27（5）：66–70.
鄢前飞，2008. 林业数字式测径仪的研制 [J]. 中南林业科技大学学报，28（2）：95–99.
闫宏伟，黄国胜，曾伟生，等，2011. 全国森林资源一体化监测体系建设的思考 [J]. 林业资源管理（6）：6–11，26.
杨国清，张予东，2010. 平面控制网四参数法坐标转换与残差内插 [J]. 测绘通报（11）：48–50.
杨晋生，杨雁南，李天骄，2019. 基于深度可分离卷积的交通标志识别算法 [J]. 液晶与显示，34（12）：1191–1201.
杨立身，魏兰，贺军义，2016. 基于 WiFi 的四边测距修正加权质心定位算法 [J]. 测控技术，35（03）：152–156.
杨丽雯，曾朝阳，张永继，2012. 一种基于数学形态学的灰度图像边缘检测方法 [J]. 国外电子测量技术（2）：27–30.
杨龙，孙中宇，唐光良，等，2016. 基于微型无人机遥感的亚热带林冠物种识别 [J]. 热带地理，36（5）：833–838.
杨永琴，2015. 加强森林资源管理，促进林业可持续发展 [J]. 农业开发与装备（9）：325–325.
叶发茂，董萌，罗威，等，2019. 基于卷积神经网络和重排序的农业遥感图像检索 [J]. 农业工程学报，35（15）：138–145.
叶荣华，2003. 美国国家森林资源清查体系的新设计 [J]. 林业资源管理（3）：65–68.
伊・普里戈金，伊・斯唐热，1987. 从混沌到有序 [M]. 上海：上海译文出版社 .
佚名，1991. 森林资源动态监测系统的概况与原理研究报告（二）[J]. 林业科技（02）：10–15.

易淮清，1991. 中国林业调查规划设计发展史 [M]. 长沙：湖南出版社 .
尹瑞安，吴达胜，周如意，2018. 基于 BP 神经网络模型的森林资源蓄积量动态估测 [J]. 现代农业科技（10）：154–155.
应启围，秦凤梅，2015.1973—2009 年柳江县森林资源变化分析 [J]. 低碳世界（4）：335–336.
尤静妮，2017. 基于高分遥感纹理信息的森林蓄积量估测研究 [D]. 西安：西安科技大学 .
于政中，1993. 森林经理学（第二版）[M]. 北京：中国林业出版社 .
余松柏，魏安世，何开伦，2004. 森林资源档案数据更新模型和方法的探讨 [J]. 林业调查规划，29（4）：99–102.
张广海，曲正，2019. 我国国家公园研究与实践进展 [J]. 世界林业研究，32（4）：57–61.
张建成，2006. 共有森林资源的三次悲剧——论我国林业发展史上人们长期重采轻育的产权制度原因 [J]. 北方经济（6）：70–72.
张剑清，潘励，王树根，2006. 摄影测量学 [M]. 武汉：武汉大学出版社 .
张连金，2011. 基于一次性调查数据的森林生长与收获预估模型研究 [D]. 北京：中国林业科学研究院 .
张敏，张怀清，陈永富，2009. 杉木人工林抚育间伐可视化模拟技术研究 [J]. 林业科学研究，22（6）：813–818.
张雄清，雷渊才，2010. 基于定期调查数据的全林分年生长预测模型研究 [J]. 中南林业科技大学学报，30（4）：69–74.
张雄清，张建国，段爱国，2014. 基于单木水平和林分水平的杉木兼容性林分蓄积量模型 [J]. 林业科学，50（1）：82–87.
张彦，林德宏，1990. 系统自组织概论 [M]. 南京：南京大学出版社 .
张烨，许艇，冯定忠，等，2019. 基于难分样本挖掘的快速区域卷积神经网络目标检测研究 [J]. 电子与信息学报，41（6）：69–74.
张园，陶萍，梁世祥，等，2011. 无人机遥感在森林资源调查中的应用 [J]. 西南林业大学学报，31（3）：49–53.
张增，王兵，伍小洁，等，2015. 无人机森林火灾监测中火情检测方法研究 [J]. 遥感信息，30（1）：107–110.
张支援，2016. 森林资源调查技术研究 [J]. 自然科学：文摘版（4）：97.
赵芳，冯仲科，高祥，等，2014. 树冠遮挡条件下全站仪测量树高及材积方法 [J]. 农业工程学报（2）：182–190.
赵强国，2012. 使用七参数法实现 WGS84 经纬度坐标到北京 54 平面坐标的转换 [J]. 山东林业科技，42（6）：68–70.
赵天忠，李慧丽，陈钊，2004. 森林资源信息集成系统解决方案的探讨 [J]. 北京林业大学学报，26：11–15.
赵吴广，2015. 电感式非接触角度传感器实现机理及实验研究 [D]. 武汉：武汉理工大学 .
郑俊，龚声蓉，刘纯平，2011. 一种使用校正模板的非线性摄像机标定方法 [J]. 计算机工程与应用，47（31）：192–196.
中国科学院可持续发展研究组，2000. 中国可持续发展战略报告 [M]. 北京：科学出版社 .
中国森林编辑委员会，1997. 中国森林 [M]. 北京：中国林业出版社 .
中国树木志编委会，1985. 中国树木志 [M]. 北京：中国林业出版社 .
钟珊绵，1982. 最优控制的数学方法及其应用 [M]. 南京：江苏科学技术出版社 .
周冰，徐辉，程正逢，2016. 基于 Windows Mobile 的移动数据采集系统开发 [J]. 工程地球物理学报，13（5）：684–688.
周克瑜，汪云珍，李记，等，2016. 基于 Android 平台的测树系统研究与实现 [J]. 南京林业大学学报（自然科学版），40（4）：95–100.
周磊，刘榜真，等，2016. 城市部件手机移动数据采集系统的建立 [J]. 测绘标准化，32（1）：34–35.
周立，1998. 森林灾害动态监测防治与预测模型研究 . 林业科技，7（4）：18–21.
周树怀，2003. 德国的国有林和森林公园建设与管理 [J]. 湖南林业（7）：10–11.
朱明德，1991. 森林资源动态监测原理与方法 [J]. 南京林业大学学报（自然科学版）（4）：77–82.
朱胜利，2001. 国外森林资源调查监测的现状和未来发展特点 [J]. 林业资源管理，（02）：21–26.
朱星星，赵亮，雷默涵，等，2019. 精密进给系统热误差的协同训练支持向量机回归建模与补偿方法 [J]. 西安交通大学学报（10）：40–47.
朱忠记，何熊熊，章晓，等，2014. 基于 RSSI 的四边测距改进加权质心定位算法 [J]. 杭州电子科技大学学报，34（01）：17–20.
邹建成，田楠楠，2017. 简易高精度的平面五点摄像机标定方法 [J]. 光学精密工程，25（3）：786–791.

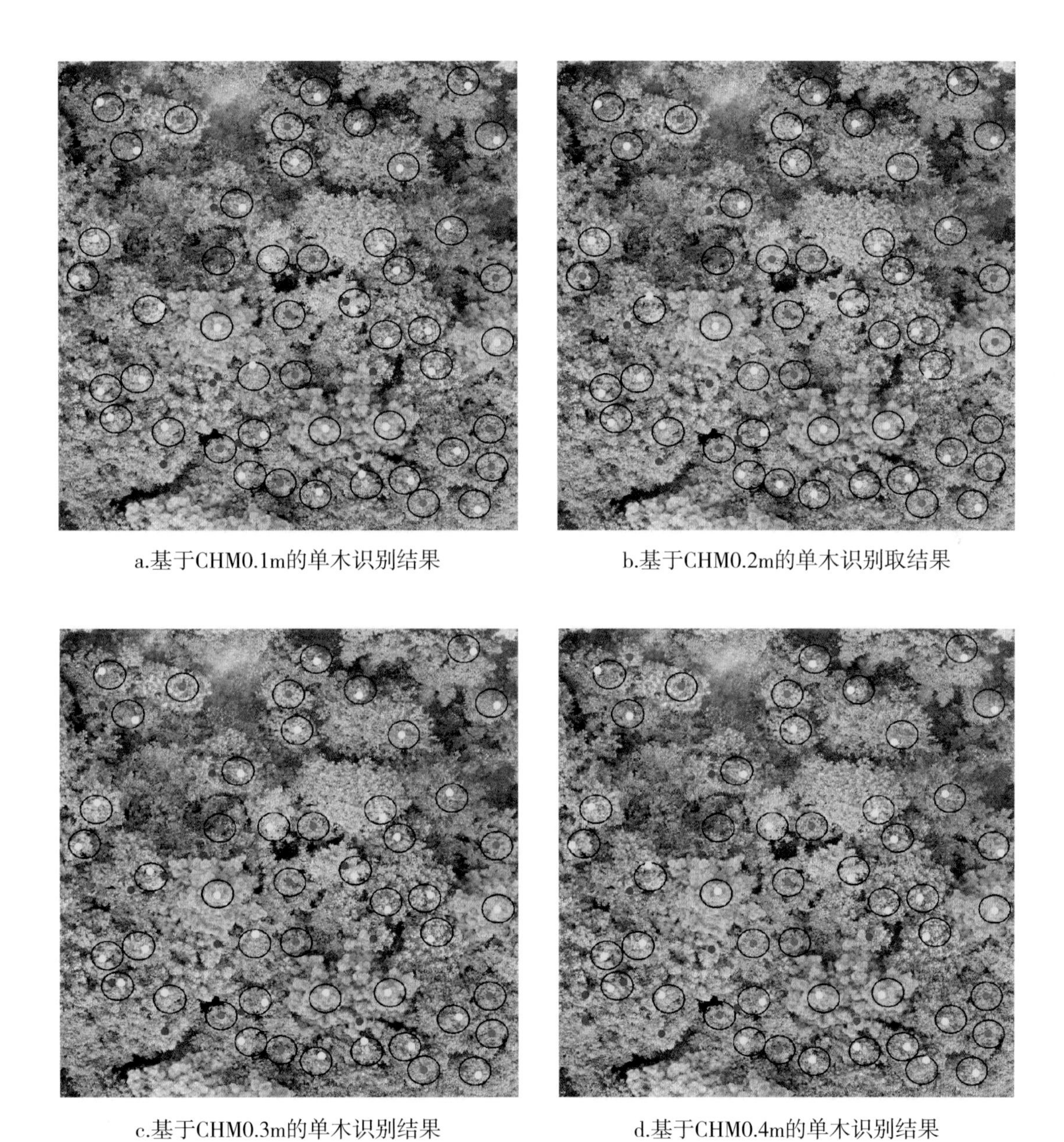

a.基于CHM0.1m的单木识别结果

b.基于CHM0.2m的单木识别取结果

c.基于CHM0.3m的单木识别结果

d.基于CHM0.4m的单木识别结果

注：黄点表示正确，蓝点表示遗漏，红点表示错误，黑圈表示以参考树顶点为圆心的 1m 缓冲区。

图 4.26　样地 1 基于不同分辨率 CHM 的单木识别结果

a.基于CHM0.1m的单木识别结果

b.基于CHM0.2m的单木识别取结果

c.基于CHM0.3m的单木识别结果

d.基于CHM0.4m的单木识别取结果

注：黄点表示正确，蓝点表示遗漏，红点表示错误，黑圈表示以参考树顶点为圆心的1m缓冲区。

图 4.27　样地 2 基于不同分辨率 CHM 的单木识别结果

图 4.28　基于分水岭分割算法的树冠提取结果

图 4.30　基于“ForestCAS”算法的树冠提取结果

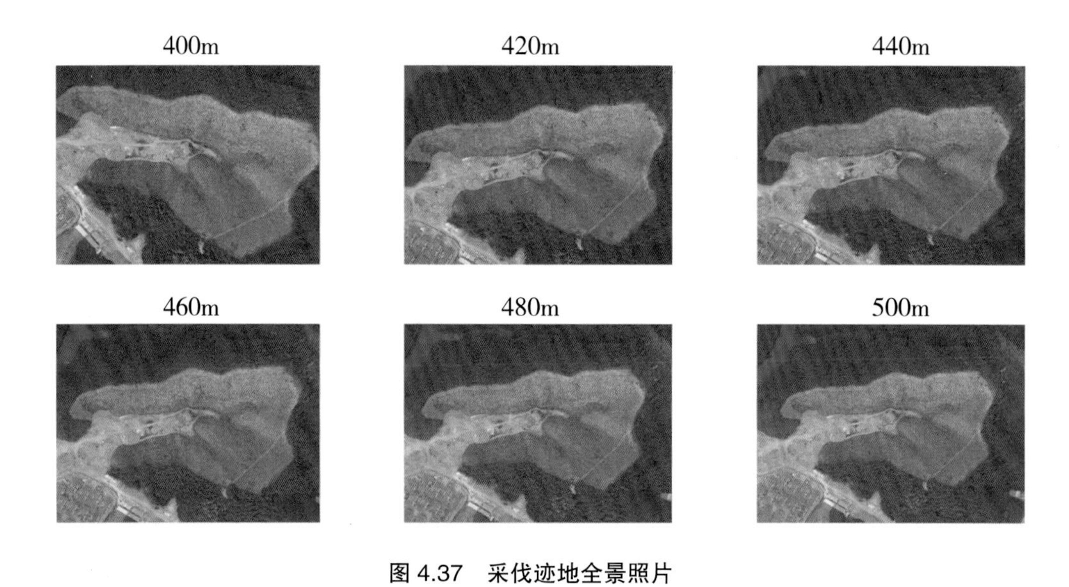

图 4.37 采伐迹地全景照片

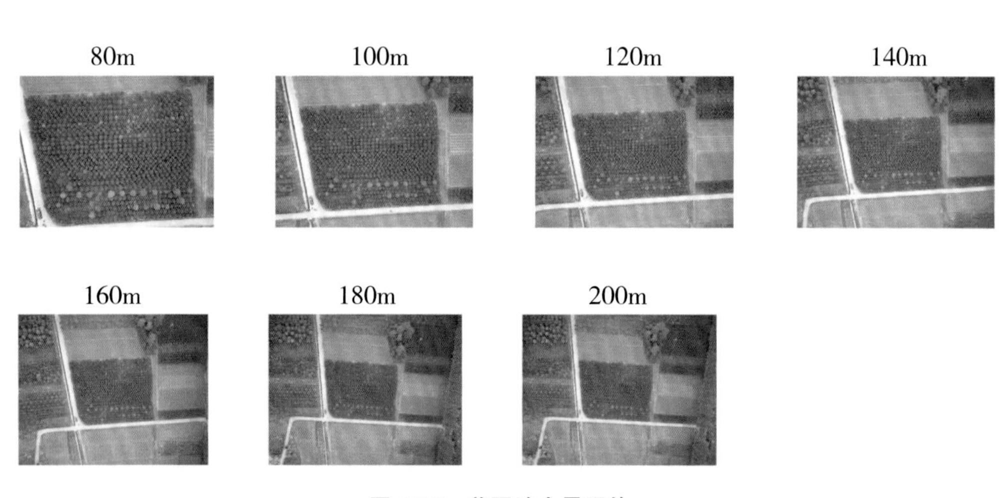

图 4.38 苗圃地全景照片